SCOPOS

Collection dirigée par
J.-M. Ghidaglia
Professeur à l'École normale supérieure de Cachan
61, avenue du Président Wilson
94235 Cachan Cedex, France
http://www.cmla.ens-cachan.fr

Une des grandes difficultés dans l'apprentissage des sciences réside dans la dualité entre savoir local et savoir global. Pour les pratiquer, if faut tout à la fois avoir des connaissances techniques précises (savoir local), et un certain recul par rapport à celles-ci, pour bien comprendre comment elle se situent (savoir global). En mathématiques, c'est l'exercice qui permet d'acquérir ce savoir local alors que le savoir global relève plutôt du problème.

Ce volume propose 29 textes qui sont des compromis intéressants entre l'exercice, où les connaissances requises sont en général bien délimitées, et le problème de concours, où le spectre des connaissances demandées est le plus large possible. Bien souvent, ces textes ont aussi un grand intéret, comme par exemple lorsqu'ils conduisent à la preuve d'un théorème.

A la lecture de cet ouvrage, on comprend très vite que les auteurs sont des amoureux des mathématiques qui ont à cœur de faire partager leur passion. Sans nul doute, les lecteurs en tireront un plaisir à la mesure de leur enthousiasme !

Ce livre sera naturellement utile aux étudiants de premier cycle à l'université et en classes préparatoires, mais aussi aux candidats aux concours de recrutement d'enseignants (CAPES et Agrégation).

Un site internet : **http://scopos.org** est associé à cette collection. Il permet de dialoguer avec les auteurs de la collection mais aussi plus généralement avec des ingénieurs, chercheurs et enseignants un peu partout sur la toile.

SCOPOS
14

Springer
Berlin
Heidelberg
New York
Barcelone
Hong Kong
Londres
Milan
Paris
Tokyo

H. Gianella   R. Krust
F. Taieb   N. Tosel

Problèmes choisis de mathématiques supérieures

avec 19 figures

Springer

Hervé Gianella
Romain Krust
Frank Taieb
Nicolas Tosel

Lycée Louis-le-Grand
123, rue Saint Jacques
75005 Paris, France

Mathematics Subject Classification (2000):
A07, 26A06, 26B10, 34A12, 40A05, 40A10

Die Deutsche Bibliothek – CIP-Einheitsaufnahme

Problèmes choisis de mathématiques superieures / par H. Gianella ... –
Berlin; Heidelberg; New York; Barcelona; Hongkong; London; Mailand; Paris; Tokio:
Springer 2001
(SCOPOS; Vol. 14)
ISBN 3-540-42335-4
0101 deutsche buecherei

ISSN 1618-2537
ISBN 3-540-42335-4 Springer-Verlag Berlin Heidelberg New York

Springer-Verlag Berlin Heidelberg New York
est membre du groupe BertelsmannSpringer Science+Business Media GmbH

http://www.scopos.org
http://www.springer.de

© Springer-Verlag Berlin Heidelberg 2001
Imprimé en Allemagne

Maquette de couverture: *design & production* GmbH, Heidelberg

Printed on acid-free paper   SPIN 10844977   41/3142XT – 5 4 3 2 1 0

Avant-Propos

Ce livre est destiné aux étudiants des classes préparatoires scientifiques MPSI/PCSI et du premier cycle universitaire. Ils y trouveront un ensemble de problèmes qui leur permettront d'approfondir, ou de réviser, la totalité du programme de mathématiques habituellement enseigné en première année.

Assimiler un cours de Mathématiques suppose évidemment d'en connaître les notions, les résultats, et les démonstrations. Mais il est indispensable d'aller un peu plus loin : c'est ainsi qu'il convient de s'interroger systématiquement sur la nécessité des hypothèses, la force des conclusions, d'établir des liens et des hiérarchies entre les diverses définitions et propositions. Ce travail est en général nouveau et difficile pour le bachelier. C'est pour l'y aider que nous avons débuté chaque chapitre par une série de questions "vrai ou faux". Il s'agit de **questions naturelles suscitées par le cours, ou de petits exercices visant à faciliter l'acquisition de mécanismes importants.** Le niveau en est variable, mais aucun énoncé ne devrait exiger plus de cinq minutes (rédaction comprise) si le cours afférent est parfaitement maîtrisé. L'expérience nous a convaincus, depuis plusieurs années, de l'efficacité de tels tests, particulièrement s'ils donnent lieu à une correction commentée. Les réponses sont donc développées, et parfois assorties de remarques qui éclairent le contexte mathématique de la question posée. Nous conseillons très vivement au lecteur de résoudre, dès la fin des cours, les "vrai ou faux" correspondants.

Les problèmes constituent l'essentiel de l'ouvrage. Ils sont de longueurs variées, et, au sein d'un même chapitre, rangés par ordre de difficulté croissante. Les derniers sont souvent des sujets de synthèse, permettant une bonne révision de l'ensemble du thème. Tous, en tout cas, présentent une véritable structure de problème, avec un ou plusieurs buts, une progression logique, des liens entre les questions. C'est ce type d'épreuve que l'étudiant devra le plus souvent affronter, notamment aux concours des Grandes Ecoles Scientifiques. Aborder un tel texte est généralement très difficile pour le bachelier. Il faut, avant de se précipiter dans la résolution des questions, **apprendre à lire le sujet, en comprendre la finalité, dégager les connexions entre les parties.** A cette fin, un entraînement régulier dès la première année est très utile, et un des buts essentiels de cet ouvrage est de fournir un outil efficace pour une telle préparation.

Nous tenons à remercier Jean-Pierre Barani et Hervé Pépin, qui reconnaî-tront dans plusieurs problèmes un emprunt à leurs idées. Nous remercions aussi l'ensemble de nos collègues du lycée Louis-le-Grand, qui nous ont notam-ment aidés dans l'élaboration des vrai ou faux. Enfin un grand merci à tous nos élèves, qui ont testé l'ensemble des textes présentés, et dont la réaction nous a permis de simplifier certains passages délicats, ainsi qu'à Brice (huit ans à l'époque des faits) à qui Steiner doit sa chute.

Nous espérons surtout que ce livre sera utile aux étudiants de première et deuxième année, offrant aux uns un complément attractif à l'enseignement qui leur est dispensé, aux autres la possibilité de réviser agréablement et de façon approfondie des thèmes de première année en vue des examens et concours.

Mode d'emploi

Ce livre rassemble une trentaine de problèmes de mathématiques proposés par les auteurs à leurs étudiants de classes préparatoires MPSI au lycée Louis-le-Grand à Paris entre 1996 et 2001, complétés par environ cent trente questions de type "vrai ou faux", testées sur le même public. Il est divisé en sept chapitres, correspondant aux principaux thèmes généralement abordés dans une première année d'études scientifiques. Trois d'entre eux concernent l'analyse (nombres et suites, continuité et dérivabilité, calcul intégral), trois autres l'algèbre (structures algébriques et arithmétique, polynômes, algèbre linéaire), tandis que le dernier est consacré à la géométrie. Cette division a pour seule vertu de structurer l'ouvrage afin d'en faciliter l'utilisation, et ne doit en aucun cas masquer une unité plus profonde ; c'est ainsi, pour n'évoquer qu'un exemple, que les raisonnements à caractère géométrique sont omniprésents dans les textes et non pas cantonnés au chapitre "Géométrie".

Les problèmes réunis ici sont, pour la plupart, originaux. A notre connaissance, quatre seulement d'entre eux sont des adaptations de sujets de concours récents. Les objectifs de chacun sont brièvement expliqués dans une introduction qui permet parfois de le situer dans un contexte plus général. Beaucoup établissent des résultats mathématiques substantiels, soit classiques mais rarement accessibles à ce niveau (structure des groupes abéliens finis, théorème de Poncelet, ...), soit récents mais cependant élémentaires (théorème de Singer, Théorème de Mason, ...). Tous sont corrigés en détail. Par ce choix de sujets, nous avons voulu montrer qu'au-delà de leur rôle dans l'évaluation, les problèmes peuvent permettre d'entrevoir, tôt dans les études, des mathématiques stimulantes. Dans le même esprit, et suivant la tradition de la collection Scopos, nous avons fait suivre la plupart des corrigés d'abondantes remarques fournissant aussi bien d'autres résultats que des indications historiques et bibliographiques. Quelques-uns de ces commentaires pourront paraître ambitieux à un étudiant de première année, mais prendront du sens un peu plus tard ; les références ont pour but d'encourager à la fréquentation (même à petites doses) d'une littérature non strictement dévolue à la préparation des examens et concours, mais néanmoins extrêmement profitable.

Table des matières

Chapitre 1
Nombres réels et complexes, suites

Vrai ou faux ?

1. Soient A une partie non vide et majorée de $\mathbb{R}$, et s la borne supérieure de A. Alors on peut trouver une suite (x_n) d'éléments de A qui tend vers s.

2. Pour tout entier naturel n, on a $2^{(2^n)} = \left(2^2\right)^n$.

3. Pour tous réels x, y, on a $E(x + y) \geqslant E(x) + E(y)$ où $E(x)$ désigne la partie entière de x.

4. Soit $x \in \mathbb{R}$. Alors $\arccos(\cos x) = x$.

5. Soit $x \in [-1, 1]$. Alors $\cos(\arccos x) = x$.

6. Les deux solutions de l'équation $x^2 + 3ix + 1 = 0$ sont conjuguées.

7. Soient f et g deux fonctions majorées de I dans $\mathbb{R}$. Alors

$$\sup_{x \in I} (f(x) + g(x)) = \sup_{x \in I} f(x) + \sup_{x \in I} g(x).$$

8. Soient f et g deux fonctions de $\mathbb{R}$ dans $\mathbb{R}$, telles que pour tout réel x, $f(x)g(x) = 0$. Alors $f = 0$ ou $g = 0$.

9. Soient a et b des réels fixés. L'ensemble des suites $(u_n)_{n \in \mathbb{N}}$ qui satisfont à la relation de récurrence $u_{n+2} = au_{n+1} + bu_n$ est un sous-espace vectoriel de dimension 2 de l'espace des suites réelles.

10. Soit u_n une suite réelle vérifiant la récurrence $u_{n+1} = au_n + b$ avec $a \neq 1$. Alors la suite $v_n = u_n - \dfrac{b}{1 - a}$ est une suite géométrique.

11. Une suite (u_n) à valeurs dans $\mathbb{Z}$ ne converge que si elle est stationnaire.

12. Si $(u_n)_{n \in \mathbb{N}}$ est une suite réelle croissante telle que $u_{n+1} - u_n$ tend vers 0 alors u_n converge.

13. Soit $(u_n)_{n \in \mathbb{N}}$ est une suite réelle croissante. Si on peut trouver une suite extraite de $(u_n)_{n \in \mathbb{N}}$ qui converge, alors u_n converge.

14. Une suite réelle décroissante minorée par 0 converge vers 0.

15. Soit (u_n) une suite de réels strictement positifs qui converge vers 0. Alors (u_n) est décroissante à partir d'un certain rang.

16. Si $(u_n)_{n \in \mathbb{N}}$ et $(v_n)_{n \in \mathbb{N}}$ sont deux suites convergentes telles que pour tout n on ait $u_n < v_n$, alors $\lim u_n < \lim v_n$.

17. Si $(u_n)_{n \in \mathbb{N}}$ est une suite réelle telle que $(u_n)^2$ soit convergente, alors $|u_n|$ est convergente.

18. Il n'y a pas de suite u_n tendant vers $+\infty$ telle que u_n soit négligeable devant $\ln n$.

19. Soit (u_n) une suite réelle. Alors 1 est négligeable devant u_n si et seulement si u_n tend vers $+\infty$.

Pour la solution, voir page 11.

Problème 1
Théorème de Schnirelmann (1930)

Prérequis. *Entiers naturels, borne supérieure.*

Introduction. *En théorie additive des nombres, on dit qu'une partie A de $\mathbb{N}$ est une base d'ordre h si et seulement si tout élément de $\mathbb{N}$ peut s'écrire comme somme de h éléments de A. Le théorème de Schnirelmann, établi dans ce texte, donne une condition suffisante simple pour qu'une partie de $\mathbb{N}$ soit une base. Ce résultat a de nombreuses applications, nous en signalerons quelques-unes à la fin du corrigé.*

Définitions et notations.

- Si A est une partie de $\mathbb{N}$, on pose pour tout $n \geqslant 1$, $S_n(A) = \mathrm{Card}(\llbracket 1, n \rrbracket \cap A)$ et on appelle *densité de Schnirelmann* de A le réel

$$\sigma(A) = \inf \left\{ \frac{S_n(A)}{n}, \ n \geqslant 1 \right\}.$$

- Si A, B sont deux parties de $\mathbb{N}$, on pose $A + B = \{a + b, \ a \in A, b \in B\}$.

PARTIE I. *Généralités, exemples.*

Soit A une partie de $\mathbb{N}$.

1. Justifier la définition de $\sigma(A)$.
2. Que vaut $\sigma(A)$ si $1 \notin A$?
3. A quelle condition a-t-on $\sigma(A) = 1$?
4. Si $A \subset B$ comparer $\sigma(A)$ et $\sigma(B)$.
5. Calculer $\sigma(A)$ pour les parties A suivantes:
   a) A est une partie finie de $\mathbb{N}$.
   b) A est l'ensemble des entiers impairs.
   c) $A = \{n^k, n \in \mathbb{N}\}$ est l'ensemble des puissances k-ièmes, $k \geqslant 2$.

PARTIE II. *Théorème de Schnirelmann (1930).*

1. Soient A, B deux parties de $\mathbb{N}$ qui contiennent 0.
   a) Soit $n \geqslant 1$. Montrer que si $S_n(A) + S_n(B) \geqslant n$, alors $n \in A + B$.
   b) En déduire que si $\sigma(A) + \sigma(B) \geqslant 1$, alors $A + B = \mathbb{N}$.
   c) Prouver que si $\sigma(A) \geqslant \dfrac{1}{2}$, alors A est une base d'ordre 2.

2. Soient A, B deux parties de $\mathbb{N}$ qui contiennent 0, A étant infinie. On numérote $0 = a_0 < a_1 < \ldots$ la suite croissante des éléments de A.

   a) Montrer que pour tout $n \geqslant 1$,

$$S_n(A + B) \geqslant S_n(A) + \sum_{i=0}^{S_n(A)-1} S_{a_{i+1}-a_i-1}(B) + S_{n-a_{S_n(A)}}(B)$$

   b) En déduire que $\sigma(A + B) \geqslant \sigma(A) + \sigma(B) - \sigma(A)\sigma(B)$.

   c) Cette inégalité reste-t-elle vraie si A est finie?

3. Soit $A_1, \ldots, A_p$ des parties de $\mathbb{N}$ contenant 0. Montrer que

$$1 - \sigma(A_1 + A_2 + \cdots + A_p) \leqslant \prod_{i=1}^{p}(1 - \sigma(A_i))$$

4. Montrer qu'une partie A de $\mathbb{N}$ contenant 0 et telle que $\sigma(A) > 0$ est une base.

Pour la solution, voir page 14.

Problème 2
Suites vérifiant $u_{n+2} = \dfrac{1}{2}(u_{n+1}^2 + u_n^2)$

Prérequis. *Suites réelles, continuité des fonctions de la variable réelle.*

Définitions et notations.

- On note S l'ensemble des suites $u = (u_n)_{n \geqslant 0}$ vérifiant $u_0 \in \mathbb{R}_+$, $u_1 \in \mathbb{R}_+$ et
  $u_{n+2} = \dfrac{1}{2}(u_{n+1}^2 + u_n^2)$ pour tout entier naturel n.
- Pour $(x, y) \in \mathbb{R}_+^2$, $u(x, y)$ désigne l'unique suite u de S telle que $u_0 = x$ et
  $u_1 = y$. Le terme de rang n de la suite $u(x, y)$ est noté $u_n(x, y)$.
- Enfin, si $\lambda \in \overline{\mathbb{R}}$, on note E_λ l'ensemble des couples $(x, y) \in \mathbb{R}_+^2$, tels que
  $u(x, y)$ tend vers λ.

Introduction. *Le but du problème est d'étudier les éléments de S, en particulier de décrire l'ensemble des couples (x, y) de $\mathbb{R}^2$ tels que $u(x, y) \to 0$.*

PARTIE I. *Généralités.*

1. a) Déterminer les suites constantes appartenant à S.
   b) Soit $u \in S$. On suppose que u tend vers $\lambda \in \overline{\mathbb{R}}$. Quelles sont les valeurs possibles de λ?
   c) Si $u \in S$ et $n \in \mathbb{N}$, exprimer $u_{n+3} - u_{n+2}$ en fonction de u_{n+2} et u_n.
2. Dans cette question, on suppose que $u \in S$ vérifie la condition (C_1) suivante:
$$(C_1) \quad \exists N \in \mathbb{N}, \quad u_{N+2} > \max(u_N, u_{N+1}).$$

   a) Si N est fixé comme dans (C_1), montrer que $(u_n)_{n \geqslant N+1}$ est strictement croissante.
   b) Montrer que u tend vers $+\infty$.
   On prouverait de même que si u vérifie la condition
$$(C_2) \quad \exists N \in \mathbb{N}, \quad u_{N+2} < \min(u_N, u_{N+1}),$$

   alors u converge vers 0.
3. a) Etudier les suites $u(2, 0)$ et $u(1, 0)$.
   b) Montrer que E_0, E_1 et $E_{+\infty}$ sont non vides.
4. Dans cette question, on suppose que $u \in S$ est non nulle et vérifie la condition
$$(C_3) \quad \forall n \in \mathbb{N}, \quad \min(u_n, u_{n+1}) \leqslant u_{n+2} \leqslant \max(u_n, u_{n+1}).$$

Dans les questions 4.a) et 4.b) on suppose de plus que $u_0 \leqslant u_1$.

    a) Montrer que $(u_{2k})_{k \geqslant 0}$ (resp. $(u_{2k+1})_{k \geqslant 0}$) est croissante (resp. décroissante).

    b) Montrer que u converge vers 1.

    c) Si $u_0 > u_1$ que deviennent les résultats de 4.a) et 4.b)?

5. Déterminer $E_0 \cup E_1 \cup E_{+\infty}$.

PARTIE II. *Etude des bassins d'attraction.*

1. Soit $u \in S$. On suppose que u converge vers 1. Soit $u' \in S$ telle que $u_0' \geqslant u_0$ et $u_1' \geqslant u_1$, l'une au moins des deux inégalités étant stricte.

    a) Montrer qu'il existe $\varepsilon > 0$ tel que $u_n' \geqslant u_n + \varepsilon$ pour tout $n \geqslant 2$.

    b) Que dire de u_n' lorsque n tend vers $+\infty$?

2. Soit $A = \{x \in \mathbb{R}_+, \ u_n(x, 0) \to 0\}$.

    a) Justifier l'existence de $a = \sup A$. Etablir que $1 \leqslant a \leqslant 2$.

    b) Si $k \in \mathbb{N}$, montrer que $x \longmapsto u_k(x, 0)$ est continue sur $\mathbb{R}_+$.

    c) En utilisant 2.b) et les résultats de la partie I, montrer que $u(a, 0)$ converge vers 1.

    d) Etudier le comportement de $u(x, 0)$ selon la position de x par rapport à a.

    e) Si $x > a$ et $y \in \mathbb{R}_+$, étudier $u(x, y)$.

3. Ici, $x \in [0, a]$ est fixé.

    a) Montrer qu'il existe un unique $y \in \mathbb{R}_+$ tel que $u(x, y)$ converge vers 1. On note $y = \varphi(x)$ ce réel. L'application φ est donc définie sur $[0, a]$.

    b) Décrire les trois ensembles E_0, E_1 et $E_{+\infty}$ à l'aide du réel a et de l'application φ.

4.   a) Montrer que φ est strictement décroissante sur $[0, a]$.

    b) Montrer que φ est continue sur $[0, a]$.

Pour la solution, voir page 17.

Problème 3
Suites vérifiant $u_{n+1} = \dfrac{u_n^2}{n+1}$

Prérequis. *Suites réelles, continuité et dérivabilité des fonctions d'une variable réelle.*

Définitions et notations.

- On appellera S l'ensemble des suites réelles vérifiant pour tout entier n la relation de récurrence

$$u_{n+1} = \frac{u_n^2}{n+1} \quad (*)$$

- Pour tout $x \in \mathbb{R}$, on appellera $u(x)$ la suite de S dont le premier terme est $u_0 = x$. Le n-ième terme de la suite $u(x)$ sera noté $u_n(x)$. On dira que x est la *condition initiale* de la suite $u(x)$.

Introduction. *Le but du problème est d'étudier les éléments de S, et en particulier de calculer un équivalent simple de $u_n(x)$ lorsque n tend vers l'infini.*

PARTIE I. *Généralités.*

1. Montrer que pour tout $x \in \mathbb{R}$ et pour tout entier $n \geqslant 1$, on a $u_n(x) \geqslant 0$ et $u_n(x) = u_n(-x)$.
2. Soit $(u_n) \in S$. On suppose qu'il existe un rang $n \in \mathbb{N}$, tel que $u_n = 0$. Montrer que u est une suite constante.
3. Soient x et y deux réels positifs, tels que $x < y$. Montrer que pour tout $n \in \mathbb{N}, u_n(x) < u_n(y)$.
4. Montrer que la seule limite possible de $u \in S$ est 0.

PARTIE II. *Etude des bassins d'attraction.*

On appelle E_0 l'ensemble des conditions initiales $x \in \mathbb{R}^+$ telles que $u(x)$ converge vers 0. De même, E_∞ est l'ensemble des conditions initiales $x \in \mathbb{R}^+$ telles que $u(x)$ diverge vers $+\infty$. *Dans toute la suite du problème, on considère que la condition initiale u_0 est positive.*

1. Déterminer à quelle condition sur u_n on a $u_{n+1} \leqslant u_n$.
2. Soit $u \in S$. On suppose qu'il existe $n \geqslant 0$ tel que $u_{n+1} \leqslant u_n$. Montrer que u est décroissante à partir du rang n et que u converge vers 0.
3. Soit $u \in S$ telle que u ne converge pas vers 0. Montrer que u diverge vers $+\infty$.
4. Montrer que $\mathbb{R}^+ = E_0 \cup E_\infty$.

5. Montrer que $1 \in E_0$.

6. Soit $u \in S$ telle qu'il existe un rang n_0 tel que $u_{n_0} \geqslant n_0 + 2$. Montrer alors que pour tout $n \geqslant n_0, u_n \geqslant n + 2$. En déduire que E_∞ est non vide.

7. Soit $x \in E_0$. Montrer que $[0, x] \subset E_0$. Montrer un résultat similaire pour E_∞.

8. En déduire qu'il existe un unique $\delta \in \mathbb{R}^+$ tel que

$$[0, \delta[\subset E_0 \text{ et }]\delta, +\infty[\subset E_\infty.$$

PARTIE III. *Propriétés et calcul de δ.*

1. Vérifier que $x \to u_n(x)$ est une fonction continue.

2. Soit $(u_n) \in S$. Montrer que si il existe un rang $n \geqslant 1$ tel que $u_n < 1$, alors u_n tend vers 0. Montrer que la réciproque est vraie.

3. En déduire que si $x \in E_0$, il existe $\varepsilon > 0$ tel que $x + \varepsilon \in E_0$. Montrer que $\delta \in E_\infty$.

4. Montrer que pour tout $n > 1$, on a $n + 1 < u_n(\delta) \leqslant n + 2$. Donner un équivalent de $u_n(\delta)$.

5. On pose $\varepsilon_n = n + 2 - u_n(\delta)$. Vérifier l'inégalité $\varepsilon_{n+1} \geqslant 2\varepsilon_n - \dfrac{1}{n}$, et en déduire que $\varepsilon_n \to 0$.

6. Soit $x > 0$. En étudiant la suite définie par $z_n = \dfrac{u_n(x)}{u_n(\delta)}$, montrer que

$$u_n \sim n \left(\frac{x}{\delta} \right)^{2^n}.$$

Prouver que si $x \in \mathbb{R}^+$ est tel que $u_n(x) \sim n$, alors $x = \delta$.

7. On pose $v_n = \dfrac{\ln u_n}{2^n}$. Montrer que $v_n \to 0$ si et seulement si $u_0 = \delta$. Calculer la différence $v_{n+1} - v_n$ et en déduire que

$$\delta = \lim_{n \to \infty} \exp \left(\sum_{k=0}^{n} \frac{\ln(k+1)}{2^{k+1}} \right)$$

8. Calculer une valeur approchée de δ à 10^{-3} près. On justifiera soigneusement l'approximation.

Pour la solution, voir page 22.

Problème 4
L'inégalité isopérimétrique pour les polygones

Prérequis. *Interprétation géométrique des nombres complexes.*

Définitions et notations.

- On désigne par n un entier au moins égal à trois, et l'on pose $\omega = e^{\frac{2i\pi}{n}}$. On utilisera, le plus souvent possible, les propriétés de ω plutôt que son expression.

- Etant donné $Z = (z_0, z_1, \ldots, z_{n-1}) \in \mathbb{C}^n$ (qui représente un polygone à n côtés), on pose $\hat{Z} = (\hat{z}_0, \hat{z}_1, \ldots, \hat{z}_{n-1})$, où pour tout j,

$$\hat{z}_j = \frac{1}{\sqrt{n}} \sum_{k=0}^{n-1} \left(\overline{\omega}^j \right)^k z_k.$$

  On convient aussi de noter systématiquement $z_n = z_0$, $\hat{z}_n = \hat{z}_0$.

- Un polygone $Z = (z_0, z_1, \ldots, z_{n-1}) \in \mathbb{C}^n$ est dit *équilatéral* si $|z_{j+1} - z_j|$ ne dépend pas de j.

- Un polygone $Z = (z_0, z_1, \ldots, z_{n-1}) \in \mathbb{C}^n$ est dit *régulier* s'il existe $a \in \mathbb{C}^*$, $b \in \mathbb{C}$ tels que

$$\forall k, \ z_k = a\omega^k + b \ \text{ou} \ \forall k, \ z_k = a\overline{\omega}^k + b$$

Introduction. *Le but de ce problème est de montrer que parmi les polygones à n sommets du plan de périmètre fixé, ceux qui ont une aire maximale sont les polygones réguliers.*

PARTIE I. *Questions préliminaires.*

1. Soit $p \in \mathbb{Z}$. Calculer $\displaystyle\sum_{k=0}^{n-1} (\omega^p)^k$.

2. On munit le plan complexe de sa structure euclidienne et de son orientation canonique. Montrer que si z_1, z_2 sont deux nombres complexes, l'aire algébrique du triangle $(0, z_1, z_2)$ vaut $\dfrac{1}{2} \operatorname{Im}(\overline{z_1} z_2)$.

3. Soit $Z = (z_0, z_1, \ldots, z_{n-1}) \in \mathbb{C}^n$. Vérifier que $z_j = \dfrac{1}{\sqrt{n}} \displaystyle\sum_{k=0}^{n-1} \left(\omega^j \right)^k \hat{z}_k$.

PARTIE II. *L'inégalité isopérimétrique.*

On pose, pour tout polygone $Z = (z_0, z_1, \ldots, z_{n-1}) \in \mathbb{C}^n$ (on rappelle que l'on note $z_n = z_0$) :

$$L(Z) = \sum_{k=0}^{n-1} |z_{k+1} - z_k|, \quad E(Z) = \sum_{k=0}^{n-1} |z_{k+1} - z_k|^2 \text{ et } A(Z) = \frac{1}{2} \operatorname{Im}\left(\sum_{k=0}^{n-1} \overline{z_k} z_{k+1}\right)$$

1. Interpréter géométriquement les quantités $L(Z)$ et $A(Z)$.

La quantité $E(Z)$ peut se voir comme "l'énergie" du système (mettez des élastiques entre les z_j...).

2. Calculer $L(Z)$, $E(Z)$, $|A(Z)|$ lorsque Z est un polygone régulier inscrit dans un cercle de rayon R. En déduire, dans ce cas, la valeur des rapports $\dfrac{|A(Z)|}{L(Z)^2}, \dfrac{|A(Z)|}{E(Z)}$, et $\dfrac{L(Z)^2}{E(Z)}$.

L'objet du problème est de démontrer que les rapports que l'on vient d'obtenir sont maximaux.

3. Vérifier, pour tout $Z \in \mathbb{C}^n$ non constant, que $\dfrac{L(Z)^2}{E(Z)} \leqslant n$. A quelle condition a-t-on l'égalité ?

4. Etablir les relations

$$A(Z) = \frac{1}{2} \sum_{k=0}^{n-1} \sin\left(\frac{2k\pi}{n}\right) |\hat{z}_k|^2 \text{ et } E(Z) = 4 \sum_{k=0}^{n-1} \sin^2\left(\frac{k\pi}{n}\right) |\hat{z}_k|^2.$$

5. Vérifier ensuite que $E(Z) - 4\tan\left(\dfrac{\pi}{n}\right) A(Z)$ est égal à la quantité

$$4 \sum_{k=2}^{n-1} \sin\left(\frac{k\pi}{n}\right) \left[\sin\left(\frac{k\pi}{n}\right) - \tan\left(\frac{\pi}{n}\right) \cos\left(\frac{k\pi}{n}\right)\right] |\hat{z}_k|^2,$$

et en déduire la majoration cherchée de $\dfrac{|A(Z)|}{E(Z)}$. Montrer que l'égalité ne se produit que si Z est un polygone régulier.

6. On pose maintenant $\alpha = \sup_{Z} \dfrac{|A(Z)|}{L(Z)^2} \in \mathbb{R}_+ \cup \{+\infty\}$, la borne supérieure étant prise sur l'ensemble des polygones non constants $Z \in \mathbb{C}^n$.

   a) Montrer que l'on peut trouver une suite $(Z^k)_k = (z_0^k, z_1^k, \ldots, z_{n-1}^k)_k$ de polygones vérifiant

$$\sum_{j=0}^{n-1} z_j^k = 0, \quad L(Z^k) = 1, \text{ et } \lim_{k \to \infty} |A(Z^k)| = \alpha$$

   Les exposants k sont à considérer ici comme une numérotation.

b) Soit Z un polygone vérifiant $\sum_{j=0}^{n-1} z_j = 0$, $L(Z) = 1$. Montrer que Z est contenu dans le disque $D = \{z \in \mathbb{C}; \ |z| \leqslant 1/2\}$.

c) Montrer que l'on peut extraire de $(Z^k)_k$ une sous-suite $(Z^{\phi(k)})_k$ telle que, pour tout j, $(z_j^{\phi(k)})_k$ converge.

d) Etablir l'existence d'un polygone $Z \in \mathbb{C}^n$ vérifiant $\dfrac{|A(Z)|}{L(Z)^2} = \alpha$ et en déduire $\alpha < +\infty$.

7. Montrer qu'un polygone Z vérifiant $\dfrac{|A(Z)|}{L(Z)^2} = \alpha$ est équilatéral. *On pourra, en vue d'établir $|z_j - z_{j-1}| = |z_{j+1} - z_j|$, "déplacer" z_j parallèlement à $(z_{j+1} - z_{j-1})$.*

8. Déduire de ce qui précède la majoration cherchée de $\dfrac{|A(Z)|}{L(Z)^2}$ (on pourra utiliser le résultat de la question 5). Quels sont les cas d'égalité?

9. On ne cherchera pas dans cette question à être rigoureux, mais à établir de façon intuitive le fait suivant: si une courbe fermée simple (*i.e.* sans point double) du plan de longueur L délimite une portion du plan d'aire A, alors

$$\frac{A}{L^2} \leqslant \frac{1}{4\pi}.$$

Pour la solution, voir page 25.

Solutions des problèmes du chapitre 1

Solution du vrai ou faux

1. *Soient A une partie non vide et majorée de $\mathbb{R}$, et s la borne supérieure de A. Alors on peut trouver une suite x_n d'éléments de A qui tend vers s.*

   Vrai. Comme $s - \dfrac{1}{n}$ n'est pas un majorant de A, car il est plus petit que la borne supérieure s, on peut trouver un élément x_n de A tel que $s - 1/n < x_n$. Comme par ailleurs s majore A, on a $x_n \leqslant s$ et le théorème d'encadrement permet de conclure que x_n tend vers s.

2. *Pour tout entier naturel n, on a $2^{(2^n)} = \left(2^2\right)^n$.*

   Faux. On rappelle que $\left(a^b\right)^c = a^{(bc)}$. L'égalité proposée dans l'énoncé n'est donc vraie que lorsque $2^n = 2n$, donc pour $n = 1$ et $n = 2$. Elle est fausse dans tous les autres cas (notamment pour $n = 0$).

3. *$E(x + y) \geqslant E(x) + E(y)$.*

   Vrai. En effet, $E(x) + E(y)$ est un entier inférieur à $x + y$, donc à sa partie entière.

4. *Soit $x \in \mathbb{R}$. Alors $\arccos(\cos x) = x$.*

   Faux. Rappelons que la fonction arccos est la réciproque de la restriction de $x \mapsto \cos(x)$ à l'intervalle $[0, \pi]$. L'égalité proposée n'est donc valable que lorsque $x \in [0, \pi]$. Par exemple, $\arccos(\cos -\pi) = \arccos(-1) = +\pi$.

   A titre d'exercice, le lecteur pourra tracer le graphe de $x \mapsto \arccos(\cos x)$ sur $\mathbb{R}$.

5. *Soit $x \in [-1, 1]$. Alors $\cos(\arccos x) = x$.*

   Vrai. La fonction $x \mapsto \cos(x)$ est bijective de $[0, \pi]$ dans $[-1, 1]$; la fonction $x \mapsto \arccos(x)$ est sa réciproque, d'où la relation de l'énoncé.

6. *Les deux solutions de l'équation $x^2 + 3ix + 1 = 0$ sont conjuguées.*

   Faux. Si les solutions de l'équation étaient conjuguées, leur somme et leur produit seraient réels! Ce n'est pas le cas car leur somme fait ici $-3i$. Les solutions de l'équation proposée sont $i\dfrac{-3 \pm \sqrt{13}}{2}$. Elles sont d'ailleurs imaginaires pures.

7. *On a $\sup\limits_{x \in I} (f(x) + g(x)) = \sup\limits_{x \in I} f(x) + \sup\limits_{x \in I} g(x)$.*

   Faux. Tout ce que l'on peut dire, c'est que le terme de gauche est inférieur ou égal à celui de droite. En effet, pour tout $x \in I$, on a la relation $f(x) + g(x) \leqslant \sup f + \sup g$. Ainsi le réel $\sup f + \sup g$ majore la fonction $f + g$, et on a donc

$$\sup_{x \in I} (f(x) + g(x)) \leqslant \sup_{x \in I} f(x) + \sup_{x \in I} g(x)$$

Mais l'inégalité peut être stricte, comme le prouve le cas où $f(x) = \sin x$, $g(x) = -\sin x$ et $I = \mathbb{R}$. On a alors $\sup f = \sup g = 1$ et $\sup(f + g) = 0$ car $f + g$ est la fonction nulle.

8. *Si pour tout réel x, $f(x)g(x) = 0$, alors $f = 0$ ou $g = 0$.*

   Faux. En termes structurels, on dit que l'anneau des fonctions réelles n'est pas intègre. A titre de contre-exemple, on peut choisir pour f et g deux fonctions nulles, à l'exception de $f(0) = 1$ et $g(1) = 1$.

9. *L'ensemble des suites $(u_n)_{n \in \mathbb{N}}$ qui satisfont à la relation de récurrence $u_{n+2} = au_{n+1} + bu_n$ est un sous-espace vectoriel de dimension 2 de l'espace des suites réelles.*

   Vrai. Il est facile de vérifier qu'il s'agit d'un sous-espace vectoriel (stable par addition et par multiplication par un scalaire). La dimension de cet espace que nous appelerons E provient de l'isomorphisme entre E et $\mathbb{R}^2$ défini par $\varphi((u_n)_{n \in \mathbb{N}}) = (u_0, u_1)$. En bref, il s'agit de remarquer qu'une suite récurrente d'ordre 2 est caractérisée par ses deux premiers termes.

10. *Soit u_n une suite réelle vérifiant la récurrence $u_{n+1} = au_n + b$ avec $a \neq 1$. Alors la suite $v_n = u_n - \dfrac{b}{1-a}$ est une suite géométrique.*

    Vrai. Posons $l = \dfrac{b}{1-a}$. On a alors $l = al + b$. En soustrayant cette égalité à la relation de récurrence $u_{n+1} = au_n + b$, on obtient $v_{n+1} = av_n$, ce qui confirme que la suite v_n est géométrique. En particulier cette technique permet de calculer tous les termes de la suite u_n (puisque l'on sait calculer tous les termes de v_n). Cette suite, dite arithmético-géométrique, est par exemple utilisée pour calculer les remboursements liés à un prêt bancaire.

11. *Une suite (u_n) à valeurs dans $\mathbb{Z}$ ne converge que si elle est stationnaire.*

    Vrai. Si u_n est convergente, alors $u_{n+1} - u_n$ tend vers 0. En particulier, à partir d'un certain rang N, on a l'inégalité $|u_{n+1} - u_n| \leqslant \dfrac{1}{2}$. Mais comme $u_{n+1} - u_n$ est entier, on en déduit que $u_{n+1} = u_n$ à partir d'un certain rang, ce qui veut dire que la suite $(u_n)_{n \in \mathbb{N}}$ est stationnaire.

12. *Si $(u_n)_{n \in \mathbb{N}}$ est une suite réelle croissante telle que $u_{n+1} - u_n$ tend vers 0 alors u_n converge.*

    Faux. Comme contre-exemple, on peut considérer la suite $u_n = \sqrt{n}$. On a alors $u_{n+1} - u_n = \dfrac{1}{\sqrt{n+1} + \sqrt{n}}$ qui tend vers 0, mais u_n ne converge pas puisqu'elle tend vers $+\infty$.

13. *Soit $(u_n)_{n \in \mathbb{N}}$ est une suite réelle croissante. Si on peut trouver une suite extraite de $(u_n)_{n \in \mathbb{N}}$ qui converge, alors u_n converge.*

Vrai. Rappelons que pour une suite $(u_n)_{n \in \mathbb{N}}$ croissante, on est forcément dans une des deux situations suivantes :

- La suite u_n tend vers une limite $l \in \mathbb{R}$.
- La suite u_n tend vers $+\infty$.

Or, dans le deuxième cas, toute suite extraite tendrait vers $+\infty$, ce qui est exclu par l'énoncé. Donc on est dans le premier cas, et u_n converge.

14. *Une suite réelle décroissante minorée par* 0 *converge vers* 0.

Faux. Tout ce que l'on peut dire, c'est que la suite est convergente, et que sa limite est positive au sens large. Par exemple la suite $u_n = 1 + \dfrac{1}{n+1}$ est décroissante minorée par 0, et tend vers 1.

15. *Soit* (u_n) *une suite de réels strictement positifs qui converge vers* 0. *Alors* (u_n) *est décroissante à partir d'un certain rang.*

Faux. On construit un contre-exemple de la façon suivante : pour n pair on pose $u_n = \dfrac{1}{2n}$ et pour n impair on pose $u_n = \dfrac{1}{n}$. Alors u_n tend bien vers 0, et pourtant $u_{2n} < u_{2n+1}$ pour tout n, donc $(u_n)_{n \in \mathbb{N}}$ n'est pas décroissante à partir d'un certain rang.

16. *Si* $(u_n)_{n \in \mathbb{N}}$ *et* $(v_n)_{n \in \mathbb{N}}$ *sont deux suites convergentes telles que pour tout* n *on ait* $u_n < v_n$, *alors* $\lim u_n < \lim v_n$.

Faux. Seules les inégalités larges passent à la limite. Donc tout ce que l'on peut dire, c'est que $\lim u_n \leqslant \lim v_n$. Mais il peut y avoir égalité, par exemple si $u_n = \dfrac{1}{2n}$ et $v_n = \dfrac{1}{n}$, suites qui tendent toutes deux vers 0.

17. *Si* $(u_n)^2$ *est convergente, alors* $|u_n|$ *est convergente.*

Vrai. La fonction $x \mapsto \sqrt{x}$ est continue, ce qui veut dire que la racine carrée d'une suite (positive !) convergente tend vers la racine de la limite. Ainsi $|u_n| = \sqrt{u_n^2}$ est convergente. Par contre, même si u_n^2 converge, u_n peut très bien ne pas converger, comme dans le cas où $u_n = (-1)^n$.

18. *Il n'y a pas de suite* u_n *tendant vers* $+\infty$ *telle que* $u_n \ll \ln n$.

Faux. La suite $\sqrt{\ln n}$ est négligeable devant $\ln n$ et tend pourtant vers $+\infty$. En fait, dès que l'on a deux suites u_n et v_n avec $u_n \in o(v_n)$, on peut construire la suite $w_n = \sqrt{|u_n v_n|}$ qui est "entre les deux", dans le sens où $u_n \in o(w_n)$ et $w_n \in o(v_n)$.

19. *La suite* 1 *est négligeable devant* u_n *si et seulement si* u_n *tend vers* $+\infty$.

Faux. Il faut se méfier des problèmes de signe ! Ainsi 1 est négligeable devant u_n si et seulement si $\dfrac{1}{u_n}$ tend vers 0, ce qui implique $|u_n| \to +\infty$. Mais 1 est négligeable devant la suite $(-n)$, qui tend vers $-\infty$, ou bien devant $(-1)^n n$, qui diverge.

Solution du problème 1
Théorème de Schnirelmann (1930)

PARTIE I. *Généralités, exemples.*

1. La borne inférieure $\sigma(A)$ existe car l'ensemble $\left\{ \dfrac{S_n(A)}{n}, \ n \in \mathbb{N}^* \right\}$ est une partie non vide de $\mathbb{R}$ minorée par 0. On a en particulier $0 \leqslant \sigma(A) \leqslant 1$.

2. Si $1 \notin A$, $S_1(A) = 0$ et $\sigma(A) = 0$.

3. Pour tout n, $S_n(A) \leqslant n$. Donc $\sigma(A) = 1$ si et seulement si $S_n(A) = n$ pour tout n, c'est-à-dire si et seulement si $A = \mathbb{N}$ ou $\mathbb{N}^*$.

4. Si $A \subset B$, $S_n(A) \leqslant S_n(B)$ pour tout n. Donc $\sigma(A) \leqslant \dfrac{S_n(A)}{n} \leqslant \dfrac{S_n(B)}{n}$ pour tout n et, en passant à la borne inférieure, $\sigma(A) \leqslant \sigma(B)$.

5. a) Si A est une partie finie de $\mathbb{N}$, la suite $S_n(A)$ est stationnaire, donc $\dfrac{S_n(A)}{n}$ tend vers 0 et $\sigma(A) = 0$.

   b) Si A est l'ensemble des entiers impairs, on a $S_{2k+1}(A) = k + 1$ et $S_{2k+2}(A) = k + 1$. Il en résulte que $\sigma(A) = 1/2$.

   c) Si $A = \{n^k, n \in \mathbb{N}\}$ est l'ensemble des puissances k-ièmes, alors $S_n(A)$ est la partie entière de $\sqrt[k]{n}$. Donc $\dfrac{S_n(A)}{n}$ est majoré par $\dfrac{n^{1/k}}{n}$ et tend donc vers 0. Ainsi, $\sigma(A) = 0$.

PARTIE II. *Théorème de Schnirelmann.*

1. a) Posons $A' = A \cap [\![0, n]\!]$, $B' = B \cap [\![0, n]\!]$ et
$$C = n - A' = \{n - a', \ a' \in A'\}.$$

   L'ensemble C est (tout comme A') de cardinal $S_n(A) + 1$ et est inclus dans $[\![0, n]\!]$. Or, l'ensemble B' est aussi inclus dans $[\![0, n]\!]$ et est de cardinal $S_n(B) + 1$. Comme $S_n(A) + S_n(B) + 2 > n + 1$, C et B' sont d'intersection non vide. Il existe donc $a \in A$ et $b \in B$ tels que $n - a = b$, i.e. $n \in A + B$.

   b) C'est immédiat, puisque pour tout n,
$$S_n(A) + S_n(B) \geqslant n(\sigma(A) + \sigma(B)) \geqslant n.$$

   c) Si $\sigma(A) \geqslant \dfrac{1}{2}$, alors d'après la question précédente $A + A = \mathbb{N}$, donc A est une base d'ordre 2.

2. a) On va regarder le nombre d'éléments de $A + B$ qu'on peut trouver dans chaque intervalle $]a_i, a_{i+1}[$.
   • Dans $[\![1, a_1[\![$, on a au moins toutes les sommes $a_0 + b = 0 + b$ où b est dans $[\![1, a_1 - 1]\!]$: il y en a $S_{a_1 - a_0 - 1}(B)$.

• Dans $]a_1, a_2[$, on a au moins toutes les sommes $a_1 + b$ où b est dans $[1, a_2 - a_1 - 1]$: il y en a $S_{a_2 - a_1 - 1}(B)$.

...

• Dans l'intervalle $]a_{S_n(A)-1}, a_{S_n(A)}[$, on a au moins toutes les sommes $a_{S_n(A)-1} + b$ où b est dans $[1, a_{S_n(A)} - a_{S_n(A)-1} - 1]$: il y en a au moins $S_{a_{S_n(A)} - a_{S_n(A)-1} - 1}(B)$.

• Les a_i sont également dans $A + B$ et n'ont pas été comptés jusqu'à présent : il y en a $S_n(A)$.

• Pour finir, dans l'intervalle $[a_{S_n(a)}, n]$ on trouve encore au moins $S_{n - a_{S_n(A)}}(B)$ éléments de la forme $a_{S_n(A)} + b$ avec $b \in B$, $b \geqslant 1$.

En conclusion :

$$S_n(A + B) \geqslant S_n(A) + \sum_{i=0}^{S_n(A)-1} S_{a_{i+1} - a_i - 1}(B) + S_{n - a_{S_n(A)}}(B)$$

b) On minore $S_k(B)$ par $k\sigma(B)$ pour tout $k \in \mathbb{N}^*$. Il vient pour tout $n \geqslant 1$,

$$
\begin{aligned}
S_n(A + B) \;\geqslant\; & S_n(A) \quad +(n - a_{S_n(A)})\sigma(B) \\
& \quad\quad\quad + \sum_{i=0}^{S_n(A)-1} \sigma(B)(a_{i+1} - a_i - 1) \\
=\; & n\sigma(B) \quad + S_n(A) - S_n(A)\sigma(B) \\
=\; & n\sigma(B) \quad +(1 - \sigma(B))S_n(A) \\
\geqslant\; & n\sigma(B) \quad +(1 - \sigma(B))n\sigma(A)
\end{aligned}
$$

En divisant par n et en passant à la borne inférieure on a donc

$$\sigma(A + B) \geqslant \sigma(A) + \sigma(B) - \sigma(A)\sigma(B).$$

c) Si A est finie, $\sigma(A) = 0$ et l'inégalité est encore vraie car $B \subset A + B$ (cf. I.4).

3. On procède par récurrence, la question 2.b) ayant montré le résultat pour $p = 2$. Supposons le résultat vrai au rang p. Soient $A_1, \ldots, A_{p+1}$ des parties de $\mathbb{N}$ contenant 0. Comme

$$A_1 + \cdots + A_p + A_{p+1} = (A_1 + \cdots + A_p) + A_{p+1}$$

on a d'après la question 2.b)

$$1 - \sigma(A_1 + A_2 + \cdots + A_p) \leqslant (1 - \sigma(A_1 + \cdots + A_p))(1 - \sigma(A_{p+1}))$$

et il suffit de majorer la premier facteur grâce à l'hypothèse de récurrence pour conclure.

4. Soit A une partie de $\mathbb{N}$ contenant 0 et telle que $\sigma(A) > 0$. Pour $h \in \mathbb{N}^*$ on pose $hA = A + A + \cdots + A$ (h fois). D'après ce qui précède, $1 - \sigma(hA) \leqslant (1 - \sigma(A))^h \to 0$ lorsque $h \to +\infty$. Il existe donc h tel que $\sigma(hA) \geqslant 1/2$. D'après la question II.1.c), hA est une base d'ordre 2. Mais alors A est une base d'ordre $2h$.

Commentaires. *En 1770, Lagrange a prouvé que tout entier naturel est somme de quatre carrés. La même année, Waring a proposé la généralisation suivante : étant donné un entier $k \geqslant 2$, existe-t-il un entier h (dépendant de k), tel que tout entier naturel soit somme de h puissances k-ièmes d'entiers naturels ? Après plusieurs résultats partiels (Liouville a prouvé en 1859, par une application ingénieuse du résultat de Lagrange, que tout naturel est somme de 53 puissances quatrièmes !), cette conjecture connue sous le nom de "problème de Waring" est résolue positivement en 1909 par Hilbert.*

Avec le vocabulaire de l'introduction du sujet, le problème de Waring se paraphrase en $\{x^k, x \in \mathbb{N}\}$ est-il une base de $\mathbb{N}$? Bien sûr, cet ensemble est de densité nulle (question I.5); mais, grâce au théorème de Schnirelmann, le problème de Waring est ramené à celui de trouver un entier r tel que l'ensemble $\{x_1^k + \cdots + x_r^k, (x_1, \ldots, x_r) \in \mathbb{N}^r\}$ soit de densité strictement positive. Cette approche est menée à bien dans le beau livre de D.J. Newman : "Analytic Number Theory" (Springer Verlag). Cependant, la lecture du chapitre correspondant demande une certaine motivation, beaucoup de détails étant omis. Par ailleurs, une discussion du problème de Waring avec de très nombreuses références bibliographiques est accessible dans le célèbre texte de G.H. Hardy et E.M. Wright "An Introduction to the Theory of Numbers" (Oxford).

La motivation originale de Schnirelmann était un autre problème arithmétique célèbre : la "conjecture de Goldbach", encore ouverte aujourd'hui, qui demande si tout nombre entier pair supérieur à 6 peut s'écrire comme somme de deux nombres premiers impairs. En 1930, Schnirelmann a obtenu l'existence d'une constante absolue C_0 telle que tout nombre entier s'écrit comme somme d'au plus C_0 nombres premiers. Dans l'ouvrage de A. Gelfond et Y. Limnik "Méthodes élémentaires dans la théorie analytique des nombres", ce résultat est établi en combinant au "théorème de Schnirelmann" du problème, une méthode de crible due à Selberg. Le lecteur trouvera dans cette même référence quelques précisions sur C_0.

Enfin, dans le livre de Gelfond et Limnik référencé ci-dessus, le lecteur trouvera la preuve du théorème de G. Mann (1942), qui renforce grandement celui de Schnirelmann : avec les notations de la partie II, on a l'inégalité

$$\sigma(A + B) \geqslant \min(1, \sigma(A) + \sigma(B))$$

nettement plus fine que II.2.c).

Solution du problème 2

Suites vérifiant $u_{n+2} = \dfrac{1}{2}(u_{n+1}^2 + u_n^2)$

PARTIE I. *Généralités.*

1. a) Si $u \in S$ est la suite constante égale à λ, on a $2\lambda = \lambda^2 + \lambda^2$, ce qui force $\lambda \in \{0,1\}$. Inversement, la suite nulle et la suite constante égale à 1 sont dans S.

   b) Comme u est à valeurs dans $\mathbb{R}_+$, la seule limite infinie possible est $+\infty$, et si $u \in S$ converge vers $\lambda \in \mathbb{R}$, on a, par passage à la limite dans la relation de récurrence, $\lambda = \lambda^2$. Donc $\lambda \in \{0,1\}$.

   c) On a $u_{n+3} - u_{n+2} = \dfrac{1}{2}(u_{n+2}^2 + u_{n+1}^2 - u_{n+1}^2 - u_n^2) = \dfrac{1}{2}(u_{n+2}^2 - u_n^2)$.

2. a) On va montrer par récurrence à deux termes sur $n \geqslant N+1$, que $u_{n+1} > u_n$.

   • C'est vrai pour $n = N+1$ puisque $u_{N+2} > \max(u_{N+1}, u_N) \geqslant u_{N+1}$.

   • Pour $n = N+2$, cela résulte de la question 1.c) puisque

   $$u_{N+3} - u_{N+2} = \frac{1}{2}(u_{N+2}^2 - u_N^2) > 0$$
   $$\text{car} \quad u_{N+2} > \max(u_{N+1}, u_N) \geqslant u_N.$$

   • Supposons maintenant que $u_{p+1} > u_p$ et $u_p > u_{p-1}$, où $p \geqslant N+2$, et montrons que $u_{p+2} > u_{p+1}$. Par définition,

   $$u_{p+2} = \frac{1}{2}(u_{p+1}^2 + u_p^2) > \frac{1}{2}(u_p^2 + u_{p-1}^2) = u_{p+1}$$

   ce qui achève donc la récurrence.

   b) Comme u est croissante à partir du rang $N+1$, si elle ne diverge pas vers $+\infty$, c'est qu'elle converge vers un réel λ. D'après 1.b), $\lambda \in \{0,1\}$. Comme u est à valeurs dans $\mathbb{R}_+$ et strictement croissante à partir du rang $N+1$, le cas $\lambda = 0$ est exclu. Supposons donc que u converge vers 1. On a alors pour tout $n \geqslant N+1$, $1 > u_{n+2} > u_{n+1} > u_n$. Mais alors, pour un tel indice n, on aurait $u_{n+2} = \dfrac{1}{2}(u_{n+1}^2 + u_n^2) < u_{n+1}^2 < u_{n+1}$ (car $u_{n+1} < 1$), ce qui est contredit l'inégalité précédente. Il en résulte que u diverge nécessairement vers $+\infty$.

3. a) • Pour $u = u(2,0)$ on a $u_0 = 2$, $u_1 = 0$, $u_2 = 2$, $u_3 = 2$ et $u_4 = 4$ de sorte que l'hypothèse (C_1) est vérifiée pour $N = 2$. Donc $u(2,0)$ tend vers $+\infty$.

   • Pour $u = u(1,0)$ on a $u_0 = 1$, $u_1 = 0$, $u_2 = 1/2$, $u_3 = 1/8$ et $u_4 = 17/128$ et $u_5 < \min(u_3, u_4)$. L'hypothèse (C_2) est vérifiée pour $N = 3$ et $u(1,0)$ tend vers 0.

b) Les ensembles E_0, E_1 et $E_{+\infty}$ sont non vides puisque $(0,0) \in E_0$, $(1,1) \in E_1$ et $(2,0) \in E_{+\infty}$ d'après les questions 1.a) et 3.a).

4. a) Montrons par récurrence sur $k \in \mathbb{N}$ que

$$u_0 \leqslant u_2 \leqslant \cdots \leqslant u_{2k} \leqslant u_{2k+1} \leqslant \cdots \leqslant u_3 \leqslant u_1.$$

- Pour $k = 0$ il s'agit simplement de l'hypothèse $u_0 \leqslant u_1$.
- Supposons le résultat établi au rang k. On sait alors que u_{2k+2} est compris entre $\min(u_{2k}, u_{2k+1}) = u_{2k}$ et $\max(u_{2k}, u_{2k+1}) = u_{2k+1}$ de sorte que $u_{2k} \leqslant u_{2k+2} \leqslant u_{2k+1}$. Un raisonnement analogue montre que $u_{2k+2} \leqslant u_{2k+3} \leqslant u_{2k+1}$ ce qui démontre les inégalités au rang $k + 1$ et achève la récurrence.

b) La suite $(u_{2k})_{k \geqslant 0}$ est croissante et majorée par u_1, donc converge par le théorème de la limite monotone. Notons λ sa limite. De même, la suite décroissante minorée $(u_{2k+1})_{k \geqslant 0}$ converge vers un réel μ. Or, on a la relation $u_{2k+2} = \dfrac{1}{2}(u_{2k+1}^2 + u_{2k}^2)$ pour tout k. En passant à la limite, on obtient

$$\lambda = \frac{1}{2}(\lambda^2 + \mu^2).$$

De même en passant à la limite la relation $u_{2k+3} = \dfrac{1}{2}(u_{2k+2}^2 + u_{2k+1}^2)$ il vient

$$\mu = \frac{1}{2}(\lambda^2 + \mu^2).$$

On a donc $\lambda = \mu$. Les deux suites $(u_{2k})_{k \geqslant 0}$ et $(u_{2k+1})_{k \geqslant 0}$ sont adjacentes et la suite u converge vers λ. Si $\lambda = 0$, on aurait $u_0 = u_2 = 0$ par croissance de la suite $(u_{2k})_{k \geqslant 0}$, puis $u_1 = 0$ et finalement u serait la suite nulle, ce qu'exclut l'énoncé. Donc d'après la question 1.c), on a $\lambda = 1$.

c) Si $u_0 > u_1$, on montre que les suites $(u_{2k})_{k \geqslant 0}$ et $(u_{2k+1})_{k \geqslant 0}$ sont encore adjacentes, mais cette fois c'est la première qui est décroissante et la seconde qui est croissante. La suite u converge toujours vers 1.

5. L'une au moins des trois conditions (C_1), (C_2) ou (C_3) est satisfaite pour toute suite non nulle de S. Les questions 2 et 4 montrent alors que toute suite de S est soit divergente vers $+\infty$, soit convergente vers 0 ou 1. En d'autres termes, $E_0 \cup E_1 \cup E_{+\infty} = \mathbb{R}_+ \times \mathbb{R}_+$.

PARTIE II. *Etude des bassins d'attraction.*

1. a) Il est clair que $u_2' > u_2$ et $u_3' > u_3$. Posons $\varepsilon = \min(u_2' - u_2, u_3' - u_3)$. On va prouver par récurrence sur deux termes que $u_n' \geqslant u_n + \varepsilon$ pour tout $n \geqslant 2$. C'est vrai pour $n = 2$ et $n = 3$ par choix de ε. Supposons cela vrai au rang k et au rang $k - 1$ avec $k \geqslant 3$. On a donc $u_k' \geqslant u_k + \varepsilon$ et $u_{k-1}' \geqslant u_{k-1} + \varepsilon$. Il en résulte que,

$$u'_{k+1} = \frac{1}{2}\left({u'_k}^2 + {u'_{k-1}}^2\right)$$

$$\geqslant \frac{1}{2}\left(u_k^2 + 2\varepsilon u_k + \varepsilon^2 + u_{k-1}^2 + 2\varepsilon u_{k-1} + \varepsilon^2\right)$$

$$\geqslant \frac{1}{2}\left(u_k^2 + u_{k-1}^2\right) + \varepsilon(u_k + u_{k-1})$$

$$= u_{k+1} + \varepsilon(u_k + u_{k-1})$$

Or l'étude faite en I montre que, puisque la suite u converge vers 1, elle vérifie la condition (C_3). On a donc pour tout $k \geqslant 1$ l'inégalité $\max(u_k, u_{k-1}) \geqslant 1$ et en particulier $u_k + u_{k-1} \geqslant 1$. Il en résulte que $u'_{k+1} \geqslant u_{k+1} + \varepsilon$, ce qui achève la récurrence.

b) La question précédente et le fait que u converge vers 1, montrent que u' ne peut converger vers 0 ou 1. D'après I.5, la suite u'_n tend forcément vers $+\infty$ lorsque n tend vers $+\infty$.

2. a) D'après la question I.3.a), $1 \in A$ et $2 \notin A$. Soit $x > 2$. On a pour tout n, $u_n(x,0) \geqslant u_n(2,0)$ et $u_n(2,0)$ tend vers $+\infty$. Donc $x \notin A$ de sorte que A est majoré par 2. Comme A est une partie non vide et majorée de $\mathbb{R}$, elle admet une borne supérieure a et on a $1 \leqslant a \leqslant 2$.

b) On montre par récurrence à deux termes sur k que $x \longmapsto u_k(x,0)$ est continue sur $\mathbb{R}_+$. Pour $k = 0$, $u_0(x,0) = x$ et pour $k = 1$, $u_1(x,0) = 0$: ce sont clairement des applications continues. Si $u_k(x,0)$ et $u_{k+1}(x,0)$ sont continues, alors $u_{k+2}(x,0) = \frac{1}{2}(u_{k+1}(x,0)^2 + u_k(x,0)^2)$ est encore continue par les théorèmes d'opérations.

c) On va montrer par l'absurde que $u(a,0)$ ne peut ni converger vers 0, ni tendre vers $+\infty$, la question I.5 permettant alors de conclure. Supposons tout d'abord que $u(a,0)$ converge vers 0, c'est-à-dire que $a \in A$. Comme $a > 0$, la suite $u(a,0)$ n'est pas la suite nulle et la partie I montre alors qu'elle vérifie nécessairement la condition (C_2). Il existe donc un entier N tel que

$$u_{N+2}(a,0) < \min(u_N(a,0), u_{N+1}(a,0)).$$

Or, la fonction $x \longmapsto u_{N+2}(x,0) - \min(u_{N+1}(x,0), u_N(x,0))$ est continue et strictement négative en a. Donc il existe $\alpha > 0$ tel que cette fonction soit strictement négative sur tout l'intervalle $[a - \alpha, a + \alpha]$. Mais alors

$$u_{N+2}(a + \alpha, 0) < \min(u_N(a + \alpha, 0), u_{N+1}(a + \alpha, 0))$$

i.e. la suite $u(a + \alpha, 0)$ vérifie la condition (C_2) et converge donc vers 0. Ainsi, $a + \alpha \in A$ ce qui contredit la définition de a.

Pour écarter la possibilité $u(a,0) \to +\infty$, on effectue un raisonnement par l'absurde analogue à l'aide de la condition (C_1), qui montre l'existence de $\alpha \in]0,1[$ tel que $u(a - \alpha, 0)$ tende vers $+\infty$. Mais alors $u(x,0)$

tend vers $+\infty$ pour tout $x \in [a - \alpha, a]$ de sorte que $a - \alpha$ majore A, ce qui contredit à nouveau le fait que $a = \sup A$.

d) On vient de voir que $u(a, 0)$ converge vers 1. D'après la question II.1.b), la suite $u(x, 0)$ tend vers $+\infty$ pour $x > a$. Supposons maintenant $x < a$. Par définition de la borne supérieure, il existe $y \geqslant x$ appartenant à A. Comme on a pour tout n, $0 \leqslant u_n(x, 0) \leqslant u_n(y, 0)$ et que $u_n(y, 0)$ tend vers 0, la suite $u(x, 0)$ converge vers 0 par le théorème d'encadrement.

e) Si $x > a$ et $y \in \mathbb{R}_+$, on a $u_n(x, y) \geqslant u_n(x, 0)$ pour tout n. Comme $u(x, 0)$ tend vers $+\infty$ d'après la question précédente, $u(x, y) \to +\infty$.

3. a) Pour $x = a$ l'unique réel $y \in \mathbb{R}_+$ tel que $u(a, y)$ converge vers 1 est 0. On suppose dans la suite $x < a$. On a alors $u(x, 0)$ qui tend vers 0. Posons

$$A_x = \{y \in \mathbb{R}_+, \ u(x, y) \to 0\}.$$

Il s'agit d'une partie non vide de $\mathbb{R}_+$. Elle est majorée par 2 car pour $y \geqslant 2$, $u_n(x, y) \geqslant u_n(x, 2) \geqslant u_n(0, 2)$ pour tout n et $(0, 2) \in E_{+\infty}$. Cela permet de poser $\varphi(x) = \sup A_x$. On montre alors exactement comme dans la question II.2.c) que $u(x, \varphi(x))$ converge vers 1, que $u(x, y)$ converge vers 0 si $y < \varphi(x)$ et tend vers $+\infty$ si $y > \varphi(x)$.

b) On a donc

$$\begin{aligned}
E_0 &= \{(x, y) \in [0, a] \times \mathbb{R}_+, \ y < \varphi(x)\}, \\
E_1 &= \{(x, \varphi(x)), \ x \in [0, a]\} \\
\text{et} \quad E_{+\infty} &= \{(x, y) \in [0, a] \times \mathbb{R}_+, \ y > \varphi(x)\} \cup]a, +\infty[\times \mathbb{R}_+.
\end{aligned}$$

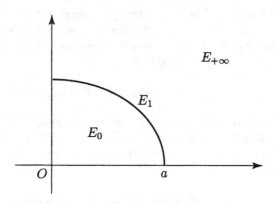

FIG. 1. *Les bassins d'attraction de la suite u_n*

4. a) Soit x, y deux réels vérifiant $0 \leqslant x < y \leqslant a$. Comme $u(x, \varphi(x))$ tend vers 1, la question II.1.b) montre que $u(y, \varphi(x))$ diverge vers $+\infty$, ce qui signifie que $\varphi(y) < \varphi(x)$. Donc φ est strictement décroissante sur $[0, a]$.

b) En échangeant les rôles de x et y dans la question II.3.a), on montre que pour tout $y \in [0, \varphi(0)]$, il existe $x \in [0, a]$ tel que $u(x, y)$ tende vers 1, c'est à dire que $\varphi : [0, a] \to [0, \varphi(0)]$ est surjective. Comme φ est strictement décroissante, elle est injective et établit donc une bijection strictement décroissante de l'intervalle $[0, a]$ sur l'intervalle $[0, \varphi(0)]$. Cela permet d'affirmer que φ est continue sur $[0, a]$. En effet, soit $x_0 \in]0, a[$. Comme φ est strictement décroissante elle admet une limite à gauche et à droite en x_0 et

$$\lim_{x \to x_0^-} \varphi(x) \geqslant \varphi(x_0) \geqslant \lim_{x \to x_0^+} \varphi(x)$$

Si l'une des inégalités était stricte, disons par exemple la première, les réels de l'intervalle $]\varphi(x_0), \lim_{x \to x_0^-} \varphi(x)[$ ne seraient pas atteints pas φ, ce qui contredirait la surjectivité. Donc

$$\lim_{x \to x_0^-} \varphi(x) = \lim_{x \to x_0^+} \varphi(x) = \varphi(x_0),$$

ce qui signifie que φ est continue en x_0. On raisonne de même pour la continuité en 0 et en a.

Commentaires. *Ce problème est adapté d'un sujet posé en 1989 au concours de l'Ecole Centrale. Il n'épuise pas le sujet. C'est ainsi que l'application φ mise en évidence dans la partie II est de classe C^∞ sur $[0, a[$, mais il est difficile de le prouver sans recourir à des arguments relativement sophistiqués. Se posent également les problèmes asymptotiques (rapidité de la convergence et de la divergence, en terme de calcul d'équivalents); le problème suivant illustre ce dernier point sur un exemple assez différent.*

Solution du problème 3
Suites vérifiant $u_{n+1} = \dfrac{u_n^2}{n+1}$

PARTIE I. *Généralités.*

1. L'inégalité $u_n = \dfrac{u_{n-1}^2}{n+1} \geqslant 0$ est claire. L'égalité $u_n(x) = u_n(-x)$ est vraie pour $n = 1$, puis se propage par récurrence sur n.

2. On vérifie facilement par récurrence sur n que si $u_0 \neq 0$ alors pour tout entier n, $u_n \neq 0$. En contraposant, si on peut trouver n tel que $u_n = 0$ alors $u_0 = 0$. Et si $u_0 = 0$, alors pour tout entier n, on a $u_n = 0$.

3. Le résultat est immédiat par récurrence sur n : si $u_n(x) < u_n(y)$ alors $u_n^2(x) < u_n^2(y)$ car les termes sont positifs.

4. Si u_n tend vers $l \in \mathbb{R}$, alors en passant à la limite l'égalité $u_{n+1} = \dfrac{u_n^2}{n+1}$, on obtient $l = l^2 \times 0 = 0$.

PARTIE II. *Etude des bassins d'attraction.*

1. Comme $u_n \geqslant 0$, alors l'inégalité $u_{n+1} \leqslant u_n$ a lieu si et seulement si $u_n \leqslant (n+1)$.

2. D'après la question précédente, si $u_{n+1} \leqslant u_n$, alors $u_{n+1} \leqslant n+1 \leqslant n+2$ et donc $u_{n+2} \leqslant u_{n+1}$. Par récurrence sur k, on obtient $u_{n+k+1} \leqslant u_{n+k}$ pour tout entier k.

   La suite u_n est minorée par 0 et elle est décroissante à partir d'un certain rang, donc elle converge. D'après la question I.4, la seule limite possible pour u_n est 0.

3. En contraposant le résultat de la question précédente, si u_n ne converge pas vers 0, alors u_n est strictement croissante. Si u_n etait majorée, alors elle convergerait vers $l \geqslant u_0 > 0$, ce qui est impossible d'après la question I.4. Donc u_n n'est pas majorée, et $u_n \to +\infty$ par le théorème des limites monotones.

4. Soit $x \in \mathbb{R}$. D'après la question précédente, soit $u_n(x)$ tend vers 0, et $x \in E_0$; soit $u_n(x)$ tend vers $+\infty$ et $x \in E_\infty$. Donc $\mathbb{R} = E_0 \cup E_\infty$.

5. Si $u_0 = 1$, alors $u_1 = 1$ et $u_2 = \dfrac{1}{2}$. Donc d'après la question 2, $1 \in E_0$.

6. Ce résultat se propage bien par récurrence. En effet, si $u_n \geqslant n+2$, alors

$$u_{n+1} = \frac{(n+2)^2}{n+1} = n+3 + \frac{1}{n+1} > n+3.$$

   En particulier, on en déduit que $2 \in E_\infty$.

7. On utilise le résultat de la question I.3. Si $x \in E_0$ et $t \in [0,x]$, alors $0 \leqslant u_n(t) \leqslant u_n(x)$ et, par le théorème d'encadrement, $t \in E_0$. Donc

$[0, x] \subset E_0$. De même, si $x \in E_\infty$ et $t \geqslant x$, alors $u_n(t) \geqslant u_n(x)$ et comme $u_n(x) \to +\infty$, on a bien $u_n(t) \to +\infty$. Ainsi $[x, +\infty[\subset E_\infty$.

8. On sait que si $x \geqslant 2$, alors $x \in E_\infty$. Donc $E_0 \subset [0, 2]$; c'est une partie majorée de $\mathbb{R}$. Elle admet donc une borne supérieure δ. Si $x \in [0, \delta[$, on peut trouver $x_0 > x$ dans E_0. Comme $x < x_0$, alors x est dans E_0 d'après la question précédente. Ainsi on a démontré que $[0, \delta[\subset E_0$.

Comme δ est la borne supérieure de E_0, si $x > \delta$ alors $x \notin E_0$ donc $x \in E_\infty$ d'après la question II.4. En conclusion $]\delta, +\infty[\subset E_{+\infty}$. L'unicité de δ est immédiate d'après la question II.7.

PARTIE III. *Propriétés et calcul de δ.*

1. La fonction $u_0(x) = x$ est continue, et par récurrence sur n, $u_n(x)$ est un produit de fonctions continues, donc est continue.

2. Si $u_n < 1$, alors $u_n \leqslant (n+1)$ et u_n tend vers 0 d'après la question II.2. Réciproquement, si u_n tend vers 0, alors pour n assez grand, $u_n < 1$.

3. Raisonnons par l'absurde. Si on avait $\delta \in E_0$, alors on pourrait trouver n tel que $u_n(\delta) \leqslant \dfrac{1}{2}$. Par continuité de $x \mapsto u_n(x)$, on pourrait trouver $\varepsilon > 0$ tel que $u_n(\delta + \varepsilon) \leqslant \dfrac{3}{4}$. Alors on aurait $\delta + \varepsilon \in E_0$, ce qui est en contradiction avec $]\delta, +\infty[\subset E_{+\infty}$. Ainsi, $\delta \notin E_0$, et forcément $\delta \in E_\infty$.

4. D'après la question II.2, pour tout n, on a $u_n(\delta) > n+1$ car $\delta \in E_\infty$. Supposons par l'absurde que $u_{n_0}(\delta) > n_0 + 2$. Comme u_{n_0} est continue, on peut trouver $\varepsilon > 0$ avec $u_{n_0}(\delta - \varepsilon) > n_0 + 2$. Donc $(\delta - \varepsilon) \in E_\infty$, ce qui est impossible. Alors pour tout $n, u_n(\delta) \leqslant n+2$. On en déduit par le théorème d'encadrement que $u_n(\delta) \sim n$, car

$$\frac{n+1}{n} < \frac{u_n(\delta)}{n} \leqslant \frac{n+2}{n}.$$

5. On sait déjà que $\varepsilon_n \in [0, 1]$ pour tout n. En reportant la définition de ε_n dans la relation de récurrence $(*)$, on obtient

$$(**)\qquad \varepsilon_{n+1} \geqslant 2\varepsilon_n - \frac{1}{n}.$$

Si pour un rang n_0 fixé on avait $\varepsilon_{n_0} \geqslant \dfrac{1}{n_0}$, alors on aurait $\varepsilon_{n_0+1} \geqslant \varepsilon_{n_0}$ et donc $\varepsilon_{n_0+1} \geqslant \dfrac{1}{n_0 + 1}$. On en déduirait par récurrence que ε_n est croissante à partir du rang n_0, donc convergente puisque ε_n est majoré par 1. Or en posant $l = \lim \varepsilon_n$, la relation $(**)$ passée à la limite donne $l \geqslant 2l$ et donc $l \leqslant 0$, ce qui est incompatible avec $l \geqslant \varepsilon_{n_0} > 0$.

Ainsi pour tout n on a $\varepsilon_n \leqslant \dfrac{1}{n}$, et par le théorème d'encadrement, ε_n tend vers 0.

6. On obtient facilement $z_{n+1} = z_n^2$ et donc $z_n = z_0^{2^n}$. Ainsi, on a exactement $u_n(x) = u_n(\delta)\left(\dfrac{x}{\delta}\right)^{2^n}$. Le résultat demandé provient de $u_n(\delta) \sim n$. De même,

$$u_n(x) \sim n \iff u_n(x) \sim u_n(\delta)$$
$$\iff \left(\frac{x}{\delta}\right)^{2^n} \to 1 \iff x = \delta.$$

7. On a $\ln u_n = 2^n \ln\left(\dfrac{x}{\delta}\right) + \ln u_n(\delta)$ donc $v_n = \ln\dfrac{x}{\delta} + \dfrac{\ln u_n(\delta)}{2^n}$. Or

$$\left|\frac{\ln u_n(\delta)}{2^n}\right| \leqslant \frac{\ln(n+2)}{2^n} \longrightarrow 0.$$

Donc $v_n \to \ln\dfrac{x}{\delta}$, et la limite est nulle si et seulement si $x = \delta$. On a de plus la relation $v_{n+1} - v_n = \dfrac{\ln u_{n+1}}{2^{n+1}} - \dfrac{\ln u_n}{2^n} = -\dfrac{\ln n + 1}{2^{n+1}}$. Donc on peut sommer cet écart pour obtenir $v_n = v_0 - \displaystyle\sum_{k=0}^{n-1} \dfrac{\ln k + 1}{2^{k+1}}$ et v_n tend vers 0 si et seulement si $\displaystyle\sum_{k=0}^{n-1} \dfrac{\ln k + 1}{2^{k+1}}$ tend vers $v_0 = \ln u_0 = \ln\delta$. Le résultat en résulte par continuité de l'exponentielle.

8. Posons $\ln\delta = \lim S_n$ où $S_n = \displaystyle\sum_{k=0}^{n} \dfrac{\ln(k+1)}{2^{k+1}}$. La suite S_n tend vers $\ln\delta$ en croissant. Pour obtenir une approximation de δ, il suffit d'avoir une approximation de $\ln\delta$ par S_n pour une valeur convenable de n. On aura alors $\delta - e^{S_n} \leqslant \delta(\ln\delta - S_n)$, et ce, par le théorème des accroissements finis appliqué à la fonction exponentielle entre S_n et $\ln\delta$. Comme $\delta < 2$ (voir question II.6), il suffit d'avoir $\ln\delta - S_n \leqslant 5.10^{-4}$. Or

$$\ln\delta - S_n = v_n(\delta) = \frac{\ln u_n(\delta)}{2^n} \leqslant \frac{\ln(n+2)}{2^n}.$$

Il suffit donc d'avoir $\dfrac{\ln(n+2)}{2^n} \leqslant 5.10^{-4}$ pour obtenir une valeur de n qui donne une approximation convenable. Cette condition est réalisée pour $n \geqslant 13$. Donc on peut affirmer que $\delta \simeq e^{S_{13}} \simeq 1.661$ à 10^{-3} près. La commande MAPLE :

```
evalf(exp(sum(ln(k+1)/2^(k+1), k=0..infinity)))
```

permet d'affiner le résultat et d'obtenir $\delta = 1.661687950\ldots$

Commentaires. *Les techniques qui ont été employées ici peuvent se généraliser à toute une famille de suites du type $u_{n+1} = f(n, u_n)$. Par exemple, le lecteur est invité à démontrer que la suite $u_{n+1} = \dfrac{e^{u_n}}{n+1}$ suit un comportement similaire, tendant vers 0 ou vers $+\infty$ selon la position de u_0 par rapport à une valeur critique δ. On démontre là encore que $u_n(\delta)$ est équivalent à la solution x_n de l'équation $f(n,x) = x$.*

Solution du problème 4
L'inégalité isopérimétrique pour les polygones

PARTIE I. *Questions préliminaires.*

1. Si p est un multiple de n, $\omega^p = 1$ et $\displaystyle\sum_{k=0}^{n-1} (\omega^p)^k = n$. Sinon, $\omega^p \neq 1$ et

$$\sum_{k=0}^{n-1} (\omega^p)^k = \frac{1 - \omega^{pn}}{1 - \omega^p} = 0.$$

2. Posons $z_1 = x_1 + iy_1$, $z_2 = x_2 + iy_2$. L'aire algébrique du triangle $(0, z_1, z_2)$ vaut

$$\frac{1}{2} \begin{vmatrix} x_1 & x_2 \\ y_1 & y_2 \end{vmatrix} = \frac{1}{2}(x_1 y_2 - x_2 y_1) = \frac{1}{2} \operatorname{Im}(\overline{z_1} z_2).$$

On peut aussi retrouver cette formule en utilisant le produit vectoriel.

3. On calcule :

$$\frac{1}{\sqrt{n}} \sum_{k=0}^{n-1} (\omega^j)^k \hat{z}_k = \frac{1}{n} \sum_{k=0}^{n-1} \omega^{jk} \sum_{m=0}^{n-1} \overline{\omega}^{km} z_m$$

$$= \frac{1}{n} \sum_{m=0}^{n-1} z_m \sum_{k=0}^{n-1} \omega^{(j-m)k}.$$

Puisque $0 \leqslant j \leqslant n - 1$, et $m \leqslant n - 1$, $j - m$ n'est un multiple de n que si $m = j$. Donc, en utilisant le résultat de la première question :

$$\frac{1}{\sqrt{n}} \sum_{k=0}^{n-1} (\omega^j)^k \hat{z}_k = z_j.$$

PARTIE II. *L'inégalité isopérimétrique.*

1. $L(Z)$ est le périmètre du polygone Z. Comme $A(Z)$ est la somme des aires algébriques des triangles $(0, z_k, z_{k+1})$, on peut l'interpréter comme étant l'aire algébrique du polygone Z. Notons que l'aire algébrique est, comme on s'y attend, une notion invariante par translation. En effet, si a est un complexe quelconque et $Z + a = (z_0 + a, z_1 + a, \ldots, z_{n-1} + a)$:

$$A(Z + a) = \frac{1}{2} \text{Im} \left(\sum_{k=0}^{n-1} \overline{(z_k + a)}(z_{k+1} + a) \right)$$

$$= \frac{1}{2} \text{Im} \left(\sum_{k=0}^{n-1} \overline{z_k} z_{k+1} \right) + \frac{1}{2} \text{Im} \left(\sum_{k=0}^{n-1} a\overline{z_k} \right) + \frac{1}{2} \text{Im} \left(\sum_{k=1}^{n} \overline{a} z_k \right)$$

$$= \frac{1}{2} \text{Im} \left(\sum_{k=0}^{n-1} \overline{z_k} z_{k+1} \right) + \frac{1}{2} \text{Im} \left(\sum_{k=0}^{n-1} a\overline{z_k} + \overline{a} z_{k+1} \right)$$

$$= \frac{1}{2} \text{Im} \left(\sum_{k=0}^{n-1} \overline{z_k} z_{k+1} \right)$$

$$= A(Z)$$

2. On peut bien entendu supposer que Z est le polygone régulier défini par les points $z_k = R\omega^k$. On a alors

$$|A(Z)| = \frac{1}{2} \left| \text{Im} \left(\sum_{k=0}^{n-1} R^2 \omega \right) \right| = \frac{nR^2}{2} \sin \left(\frac{2\pi}{n} \right)$$

$$L(Z) = nR|\omega - 1| = nR|e^{i\pi/n} - e^{-i\pi/n}| = 2nR \sin \left(\frac{\pi}{n} \right)$$

$$E(Z) = nR^2|\omega - 1|^2 = 4nR^2 \sin^2 \left(\frac{\pi}{n} \right).$$

On obtient donc,

$$\frac{|A(Z)|}{L(Z)^2} = \frac{1}{4n \tan \left(\frac{\pi}{n} \right)}, \quad \frac{|A(Z)|}{E(Z)} = \frac{1}{4 \tan \left(\frac{\pi}{n} \right)}, \quad \frac{L(Z)^2}{E(Z)} = n.$$

3. L'inégalité de Cauchy-Schwarz permet d'écrire

$$L(Z)^2 = \left(\sum_{k=0}^{n-1} |z_{k+1} - z_k| \times 1 \right)^2$$

$$\leqslant \left(\sum_{k=0}^{n-1} |z_{k+1} - z_k|^2 \right) \left(\sum_{k=0}^{n-1} 1^2 \right) = nE(Z)$$

L'égalité a lieu si et seulement si les $|z_{k+1} - z_k|$ sont deux à deux égaux, c'est-à-dire si le polygone est équilatéral.

4. D'une part on a,

$$A(Z) = \frac{1}{2}\operatorname{Im}\left(\sum_{j=0}^{n-1}\overline{z_j}z_{j+1}\right)$$

$$= \frac{1}{2n}\operatorname{Im}\left(\sum_{j=0}^{n-1}\left(\sum_{s=0}^{n-1}(\overline{\omega}^j)^s\overline{\hat{z}_s}\right)\left(\sum_{t=0}^{n-1}(\omega^{j+1})^t\hat{z}_t\right)\right)$$

$$= \frac{1}{2n}\operatorname{Im}\left(\sum_{j=0}^{n-1}\left(\sum_{s,t}(\overline{\omega}^j)^s\overline{\hat{z}_s}(\omega^{j+1})^t\hat{z}_t\right)\right)$$

$$= \frac{1}{2n}\operatorname{Im}\left(\sum_{s,t}\left(\sum_{j=0}^{n-1}(\omega^{t-s})^j\right)\omega^t\overline{\hat{z}_s}\hat{z}_t\right)$$

$$= \frac{1}{2n}\operatorname{Im}\left(\sum_{s=0}^{n-1}n\omega^s|\hat{z}_s|^2\right) = \frac{1}{2}\sum_{s=0}^{n-1}\sin\left(\frac{2s\pi}{n}\right)|\hat{z}_s|^2$$

D'autre part :

$$E(Z) = \sum_{j=0}^{n-1}|z_{j+1}-z_j|^2$$

$$= \sum_{j=0}^{n-1}|z_{j+1}|^2 - 2\operatorname{Re}(\overline{z_j}z_{j+1}) + |z_j|^2$$

$$= 2\left(\sum_{j=0}^{n-1}|z_j|^2 - \operatorname{Re}\left(\sum_{j=0}^{n-1}\overline{z_j}z_{j+1}\right)\right)$$

La seconde somme se déduit du calcul de $A(Z)$ en remplaçant Im par Re :

$$\operatorname{Re}\left(\sum_{j=0}^{n-1}\overline{z_j}z_{j+1}\right) = \sum_{s=0}^{n-1}\cos\left(\frac{2s\pi}{n}\right)|\hat{z}_s|^2$$

Quant à la première, elle se calcule de la même manière :

$$\sum_{j=0}^{n-1}|z_j|^2 = \sum_{j=0}^{n-1}\overline{z_j}z_j = \frac{1}{n}\sum_{j=0}^{n-1}\left(\sum_{s=0}^{n-1}\omega^{-sj}\overline{\hat{z}_s}\right)\left(\sum_{t=0}^{n-1}\omega^{tj}\hat{z}_t\right)$$

$$= \frac{1}{n}\sum_{s,t}\left(\sum_{j=0}^{n-1}(\omega^{t-s})^j\right)\overline{\hat{z}_s}\hat{z}_t = \sum_{s=0}^{n-1}|\hat{z}_s|^2$$

Vient ensuite :

$$E(Z) = 2\sum_{s=0}^{n-1}|\hat{z}_s|^2\left(1 - \cos\left(\frac{2s\pi}{n}\right)\right) = 4\sum_{s=0}^{n-1}\sin^2\left(\frac{s\pi}{n}\right)|\hat{z}_s|^2$$

5. En posant $\Gamma = E(Z) - 4\tan\left(\dfrac{\pi}{n}\right) A(Z)$ on a alors :

$$
\begin{aligned}
\Gamma &= \sum_{s=0}^{n-1} \left(4\sin^2\left(\frac{s\pi}{n}\right) - 2\sin\left(\frac{2s\pi}{n}\right)\tan\left(\frac{\pi}{n}\right) \right) |\hat{z}_s|^2 \\
&= 4\sum_{s=0}^{n-1} \sin\left(\frac{s\pi}{n}\right)\left[\sin\left(\frac{s\pi}{n}\right) - \tan\left(\frac{\pi}{n}\right)\cos\left(\frac{s\pi}{n}\right) \right]|\hat{z}_s|^2
\end{aligned}
$$

Et les deux premiers termes de la somme, pour $s = 0$ ou 1, sont bien sûr nuls.
Si $\dfrac{s\pi}{n} \geqslant \dfrac{\pi}{2}$, alors $\cos\left(\dfrac{s\pi}{n}\right) \leqslant 0$ et on a trivialement

$$
\sin\left(\frac{s\pi}{n}\right) - \tan\left(\frac{\pi}{n}\right)\cos\left(\frac{s\pi}{n}\right) > 0.
$$

Sinon, $\cos\left(\dfrac{s\pi}{n}\right) > 0$, et

$$
\sin\left(\frac{s\pi}{n}\right) - \tan\left(\frac{\pi}{n}\right)\cos\left(\frac{s\pi}{n}\right) = \cos\left(\frac{s\pi}{n}\right)\left(\tan\left(\frac{s\pi}{n}\right) - \tan\left(\frac{\pi}{n}\right) \right) > 0.
$$

On a donc $E(Z) - 4\tan\left(\dfrac{\pi}{n}\right) A(Z) \geqslant 0$, d'où

$$
\frac{A(Z)}{E(Z)} \leqslant \frac{1}{4\tan(\pi/n)}.
$$

La minoration sera obtenue en remplaçant Z par $\overline{Z} = (\overline{z_0}, \overline{z_1}, \ldots, \overline{z_{n-1}})$, puisque $A(\overline{Z}) = -A(Z)$, $E(\overline{Z}) = E(Z)$.
Enfin, l'égalité $\dfrac{A(Z)}{E(Z)} = \dfrac{1}{4\tan(\pi/n)}$ ne peut se produire que si tous les termes de la somme sont nuls, ce qui équivaut à $\hat{z}_s = 0$ pour tout s dans $\{2, 3, \ldots, n-1\}$. On a alors, pour tout $j \in [\![0, n-1]\!]$:

$$
z_j = \frac{1}{\sqrt{n}}\sum_{s=0}^{n-1} (\omega^j)^s \hat{z}_s = \frac{1}{\sqrt{n}}(\hat{z}_0 + \omega^j \hat{z}_1).
$$

Donc Z est l'image par la similitude directe $w \mapsto \dfrac{1}{\sqrt{n}}(\hat{z}_0 + w\hat{z}_1)$ du polygone formé par les racines n-ièmes de l'unité : il est régulier "direct".
Quant à l'égalité $\dfrac{A(Z)}{E(Z)^2} = -\dfrac{1}{4\tan(\pi/n)}$, elle ne se produit que dans le cas d'un polygone régulier "indirect".

6. a) Il existe une suite de polygones $(Z^k)_k$ telle que $\displaystyle\lim_{k\to\infty} \frac{|A(Z^k)|}{L(Z^k)^2} = \alpha$.
   Quitte à translater Z^k, ce qui ne modifie ni $L(Z^k)$ ni $A(Z^k)$, on

peut supposer que son barycentre est 0. Puis en appliquant à Z^k l'homothétie de centre 0 et de rapport $\dfrac{1}{L(Z^k)^2}$, qui ne change pas le rapport $\dfrac{|A(Z^k)|}{L(Z^k)^2}$, on peut supposer que $L(Z^k) = 1$. La suite $(Z^k)_k$ possède alors les propriétés requises.

b) Soit $j \in \{0, 1, \dots, n-1\}$ tel que $z_j \neq 0$. Désignons par H le demi-plan

$$H = \{z \in \mathbb{C}; \ \operatorname{Im}(z\overline{z_j}) \leqslant 0\},$$

c'est-à-dire le demi-plan ne contenant pas z_j et délimité par la droite passant par 0 et orthogonale au "vecteur" z_j. Puisque 0 est l'isobarycentre des sommets de Z, on peut trouver $k \in \{0, 1, \dots, n-1\} \setminus \{j\}$ tel que $z_k \in H$.

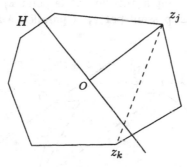

FIG. 2.

On a alors

$$|z_j| \leqslant |z_j - z_k|.$$

Mais puisque $L(Z) = 1$, l'un des deux "arcs" de polygone joignant z_j à z_k est de longueur au plus $1/2$. Donc

$$|z_j| \leqslant |z_j - z_k| \leqslant 1/2.$$

Ceci montre que Z est contenu dans D.

c) Puisque la suite $(z_1^k)_k$ est bornée, le théorème de Bolzano-Weierstrass permet d'en extraire une sous-suite convergente $(z_1^{\phi_1(k)})_k$ (où $\phi_1 : \mathbb{N} \to \mathbb{N}$ est strictement croissante). Et comme la suite $(z_2^{\phi_1(k)})_k$ est bornée, on peut de nouveau en extraire une sous-suite convergente $(z_2^{\phi_1 \circ \phi_2(k)})_k$. Notons que la suite $(z_1^{\phi_1 \circ \phi_2(k)})_k$, qui est extraite de $(z_1^{\phi_1(k)})_k$, converge elle aussi. En répétant n fois cette construction, on construit

$$\phi = \phi_1 \circ \phi_2 \circ \dots \circ \phi_n$$

telle chaque suite extraite $(z_j^{\phi(k)})_k$ converge.

d) Posons, avec les notations de la question précédente,

$$z_j = \lim_{k \to \infty} z_j^{\phi(k)}.$$

En passant à la limite dans les définitions de $A(Z^{\phi(k)})$ et $L(Z^{\phi(k)})$, on voit que

$$A(Z) = \lim_{k \to \infty} A(Z^{\phi(k)}), \quad L(Z) = \lim_{k \to \infty} L(Z^{\phi(k)}) = 1,$$

et donc que $\dfrac{|A(Z)|}{L(Z)^2} = \alpha.$

7. Donnons une solution "géométrique" de cette question. Soit Z un polygone tel que $\dfrac{|A(Z)|}{L(Z)^2} = \alpha$. Fixons $j \in \{1, 2, \dots, n\}$, et désignons par Z' le polygone obtenu en remplaçant dans Z le point z_j par un point z quelconque de la droite Δ passant par z_j et parallèle à $z_{j+1} - z_{j-1}$.

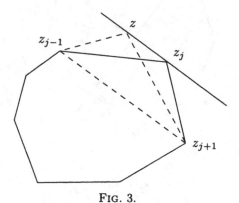

FIG. 3.

On a $A(Z') = A(Z)$, donc $L(Z) \leqslant L(Z')$ (car $\dfrac{A(Z')}{L(Z')^2} \leqslant \alpha = \dfrac{A(Z)}{L(Z)^2}$). Ce qui s'écrit aussi

$$|z - z_{j-1}| + |z_{j+1} - z| \geqslant |z_j - z_{j-1}| + |z_{j+1} - z_j|$$

Posons $|z_j - z_{j-1}| + |z_{j+1} - z_j| = 2a$ et désignons par (E) l'ellipse (de foyers z_{j-1} et z_{j+1}) d'équation (en w)

$$(E) \quad |w - z_{j-1}| + |z_{j+1} - w| = 2a.$$

Le point z_j se trouve sur (E), cependant que $z \in \Delta$ doit être à l'extérieur de (E). Ceci montre que Δ est tangente à (E) en z_j, donc que z_j se trouve sur la médiatrice de z_{j-1}, z_{j+1}, et donc que $|z_j - z_{j-1}| = |z_{j+1} - z_j|$.

Pour montrer le même résultat, on peut aussi procéder (moins élégamment mais sans recours aux coniques) comme suit. On considère deux points distincts A et A', correspondant à z_{j-1} et z_{j+1}. On prend une droite $\mathcal{D}$ parallèle à (AA'). Tout revient à montrer que lorsque M parcourt $\mathcal{D}$, $MA + MA'$ est minimum lorsque M est sur la médiatrice de $[AA']$. Dans un repère orthonormé convenable, centré au milieu de A et A', et dont le premier vecteur est dans la droite (AA'), il suffit de vérifier (par un calcul de dérivée) que la fonction

$$x \mapsto \sqrt{(x+a)^2 + b^2} + \sqrt{(x-a)^2 + b^2}$$

est minimale en 0.

8. D'après ce qui précède, il existe $Z \in \mathbb{C}^n$ vérifiant $\dfrac{A(Z)}{L(Z)^2} = \alpha$, et Z est forcément équilatéral. Or, pour un tel polygone, $L(Z)^2 = nE(Z)$. Ceci montre que Z réalise aussi le maximum de $\dfrac{A(Z)}{E(Z)}$ dans l'ensemble des polygones équilatéraux, que l'on sait, d'après la question 5, être aussi le maximum global de $\dfrac{A(Z)}{E(Z)}$. Cela entraîne que Z est régulier, et que

$$\alpha = \frac{A(Z)}{L(Z)^2} = \frac{A(Z)}{nE(Z)} = \frac{1}{4n\tan(\pi/n)}.$$

On a ainsi prouvé l'inégalité souhaitée, et établi que l'égalité n'a lieu que pour les polygones réguliers.

9. Admettons que l'on puisse "approcher" la courbe par une suite de polygones Z_n, de telle sorte que $\lim\limits_{n\to\infty} L(Z_n) = L$ et $\lim\limits_{n\to\infty} A(Z_n) = A$. On obtient alors, en passant à la limite dans $\dfrac{A(Z_n)}{L(Z_n)^2} \leqslant \dfrac{1}{4n\tan(\pi/n)}$:

$$\frac{A}{L^2} \leqslant \frac{1}{4\pi}$$

Commentaires. *L'inégalité isopérimétrique était déjà sans doute connue dans l'Antiquité. La première tentative de preuve (incomplète) semble remonter à Steiner (1838). Une méthode célèbre utilisant les séries de Fourier, dûe à Hurwitz (1901), est accessible dans plusieurs ouvrages destinés aux étudiants de premier cycle, par exemple J. Moisan, N. Tosel, J. Vernotte "Suites et séries de fonctions" (Ellipses). La méthode suggérée dans la dernière question a été menée à bien par Edler (1882). Enfin, il existe des généralisations, notamment en dimension supérieure ou égale à 3. Le lecteur est renvoyé, pour une étude de cette question, au paragraphe 12.10 du traité "Géométrie" de Marcel Berger (Nathan).*

Chapitre 2
Continuité et dérivabilité

Vrai ou faux ?

1. Une application bijective de $\mathbb{R}$ dans $\mathbb{R}$ est soit strictement croissante, soit strictement décroissante.
2. Si f et g sont deux fonctions de $\mathbb{R}_+$ dans $\mathbb{R}$, et si $f(x)g(x)$ tend vers $+\infty$ quand x tend vers $+\infty$, alors $f(x)$ ou $g(x)$ tend vers $+\infty$.
3. Si deux applications f et g définies sur $]0, +\infty[$ sont équivalentes en 0^+, alors $f - g$ tend vers 0 en 0^+.
4. $(x + 1)^x$ est négligeable devant $x^{(x+1)}$ lorsque x tend vers $+\infty$.
5. Une fonction continue périodique est bornée sur $\mathbb{R}$.
6. Soit f continue de $[0,1]$ dans $\mathbb{R}$. Il existe $\alpha > 0$ tel que f soit monotone sur $[0, \alpha]$.
7. Soit f dérivable sur $\mathbb{R}$, telle que $f'(0) = 1$. On peut trouver un intervalle du type $[-a, a]$ avec $a > 0$, sur lequel f est croissante.
8. Soit f dérivable. f est paire si et seulement si f' est impaire.
9. Soit f une fonction $\mathcal{C}^1$ sur $[1, +\infty[$. Si $f(x) \longrightarrow 0$ lorsque $x \longrightarrow +\infty$, alors $f'(x)$ tend aussi vers 0.
10. La composée de deux fonctions convexes est convexe.
11. Soit f une fonction de $\mathbb{R}$ dans $\mathbb{R}$. Si f^2 est continue, alors f est continue.
12. Soient I un intervalle borné de $\mathbb{R}$, et f une fonction continue de I dans $\mathbb{R}$. Alors f est bornée sur I.
13. Soient I un intervalle borné de $\mathbb{R}$, et f une fonction continue de $\mathbb{R}$ dans $\mathbb{R}$. Alors f est bornée sur I.
14. Soient f et g deux fonctions continues sur $\mathbb{R}$. Alors la fonction $\max(f, g)$ est continue sur $\mathbb{R}$.
15. Soit f uniformément continue de $[0, 1[$ dans $\mathbb{R}$. Alors f est bornée sur $[0, 1[$.
16. Une application de classe $\mathcal{C}^1$ de $[0, 1]$ dans $\mathbb{R}$ est lipschitzienne.
17. Soit f une fonction de $\mathbb{R}^+$ dans $\mathbb{R}$, dérivable et à dérivée bornée sur $\mathbb{R}^+$, et telle que la suite $(f(n))_{n \in \mathbb{N}}$ tende vers $+\infty$. Alors $f(x)$ tend vers $+\infty$ lorsque x tend vers $+\infty$.
18. Soit f une fonction de classe $\mathcal{C}^1$ de $[0, 1]$ dans $\mathbb{R}$. On suppose que pour tout $x \in [0, 1]$, $f(x)$ et $f'(x)$ ne sont pas simultanément nuls. Alors l'ensemble des zéros de f est fini.

Pour la solution, voir page 44.

Problème 5
Entropie

Prérequis. *Suites réelles, continuité des fonctions d'une variable réelle.*

Définitions et notations.

- Dans tout le problème, $\mathcal{P}_c$ désigne l'ensemble des suites $(a_n)_{n \geqslant 1}$ vérifiant les trois propriétés suivantes :

  a) Pour tout $n \geqslant 1$, $a_n \in [0, 1]$.

  b) Il existe un rang r tel que $a_n = 0$ pour tout $n \geqslant r$, ce qui revient à dire que la suite $(a_n)_{n \geqslant 1}$ est nulle à partir d'un certain rang. Attention, le rang r dépend de la suite considérée.

  c) La somme des termes de la suite vaut 1.

- Si $a = (a_1, \ldots, a_n, 0, 0, \ldots)$ est dans $\mathcal{P}_c$, on notera a plus simplement par la suite finie $(a_1, \ldots, a_n)$. Il est à remarquer que cette notation ne signifie pas forcément que $a_n \neq 0$. Ainsi la suite $\left(\dfrac{1}{2}, \dfrac{1}{2}, 0, 0, \ldots \right)$ pourra être notée au choix $\left(\dfrac{1}{2}, \dfrac{1}{2} \right)$ ou bien $\left(\dfrac{1}{2}, \dfrac{1}{2}, 0, 0 \right)$.

Introduction. *On désire construire une fonction d'entropie $H : \mathcal{P}_c \mapsto \mathbb{R}^+$ qui vérifie les propriétés suivantes :*

a) *Continuité : pour tout n, si $f_1, f_2, \ldots, f_n$ sont des fonctions continues de $[0, 1]$ dans $\mathbb{R}^+$, telles que $f_1(x) + \cdots + f_n(x) = 1$ pour tout x, alors la fonction*

$$x \mapsto H(f_1(x), \ldots, f_n(x))$$

est continue de $[0, 1]$ dans $\mathbb{R}$.

b) *Additivité : si $u = (a_1, a_2, \ldots, a_n, b_1, b_2, \ldots, b_m)$ est dans $\mathcal{P}_c$, et si on pose $s_a = a_1 + a_2 + \cdots + a_n$ et $s_b = b_1 + \cdots + b_m$ (et donc $s_a + s_b = 1$), on a alors la relation*

$$H(u) = H(s_a, s_b) + s_a H\left(\frac{a_1}{s_a}, \ldots, \frac{a_n}{s_a} \right) + s_b H\left(\frac{b_1}{s_b}, \ldots, \frac{b_m}{s_b} \right).$$

La formule n'a de sens que lorsque s_a et s_b sont non nuls.

c) *Croissance : la suite $\sigma(n) = H\left(\dfrac{1}{n}, \ldots, \dfrac{1}{n} \right)$ est croissante.*

Il est à noter que la fonction H s'applique sur une suite et non sur un réel. La notion de continuité de H est donc à manipuler avec prudence.

Dans les parties I et II, on suppose l'existence de H et on détermine la forme nécessaire d'une telle fonction. Dans la partie III, on vérifie que la fonction d'entropie H ainsi obtenue convient.

PARTIE I. *Etude de la distribution uniforme.*

Pour $n \geqslant 1$ on pose $\sigma(n) = H\left(\dfrac{1}{n}, \ldots, \dfrac{1}{n}\right)$.

1. En exploitant la formule d'additivité dans un cas où $n = m = 1$, prouver que $\sigma(1) = H(1) = 0$.
2. Vérifier que $\sigma(n) = H\left(\dfrac{n-1}{n}, \dfrac{1}{n}\right) + \dfrac{n-1}{n}\sigma(n-1)$. En déduire que $\sigma(nm) = \sigma(n) + \sigma(m)$ pour tous $n, m \geqslant 1$. *On pourra procéder par récurrence sur n.*
3. Vérifier que $\sigma(a^b) = b\sigma(a)$ pour a et b entiers supérieurs ou égaux à 2. En déduire qu'il existe $C \geqslant 0$ tel que pour tout $a \geqslant 1, \sigma(a) = C\ln a$.

   Indication : prendre un entier n et poser $m = E\left(n\dfrac{\ln b}{\ln a}\right)$. Comparer b^n, a^m et a^{m+1} et en déduire que $\dfrac{\sigma(a)}{\ln a} = \dfrac{\sigma(b)}{\ln b}$

PARTIE II. *Forme nécessaire de H.*

On considère la fonction f, définie sur $[0,1]$ par $f(x) = -Cx\ln x$ si $x > 0$ et $f(0) = 0$.

1. Justifier la continuité de f sur $[0,1]$.
2. Montrer que si x est rationnel dans $]0,1[, H(x, 1-x) = f(x) + f(1-x)$.
3. En déduire que $H(x, 1-x) = f(x) + f(1-x)$ pour tout $x \in [0,1]$.
4. Déduire de la question précédente et de la formule d'additivité que

$$H(a_1, \ldots, a_n) = \sum_{k=1}^{n} f(a_k)$$

   pour toute suite $(a_1, \ldots, a_n)$ dans $\mathcal{P}_c$.

PARTIE III. *Etude de la réciproque.*

On pose pour toute suite $(a_1, \ldots, a_n)$ dans $\mathcal{P}_c$

$$H(a_1, \ldots, a_n) = -\sum_{k=1}^{n} a_k \ln a_k$$

avec la convention $0\ln 0 = 0$.

1. Vérifier la croissance de $H\left(\dfrac{1}{n}, \ldots, \dfrac{1}{n}\right)$.
2. Vérifier la propriété de continuité.
3. Vérifier la propriété d'additivité.
4. Montrer que H est maximale pour la répartition uniforme, i.e. si la suite $(a_1, \ldots, a_n) \in \mathcal{P}_c$, alors $H(a_1, \ldots, a_n) \leqslant H\left(\dfrac{1}{n}, \ldots, \dfrac{1}{n}\right)$.

Pour la solution, voir page 49.

Problème 6
Inégalité de Bernstein

Prérequis. *Continuité et dérivabilité des fonctions de la variable réelle*

Définitions et notations.

- Dans tout ce problème, lorsque f est une fonction bornée de $\mathbb{R}$ dans $\mathbb{R}$, on note $\|f\|_\infty = \sup\limits_{x \in \mathbb{R}} |f(x)|$.
- Si une fonction réelle f est k fois dérivable, on désignera par $f^{(k)}$ la fonction dérivée k−ième de f. On convient que $f^{(0)} = f$. On appellera *zéro* de f tout réel x tel que $f(x) = 0$.
- On considère un entier n strictement positif et on note $\mathcal{T}_n$ l'ensemble des fonctions f de $\mathbb{R}$ dans $\mathbb{R}$ définies par :

$$f(x) = \sum_{j=0}^{n} \Big(a_j \cos(jx) + b_j \sin(jx) \Big)$$

où les a_j et les b_j sont des réels. On dit que les éléments de $\mathcal{T}_n$ sont des *polynômes trigonométriques* de degré inférieur ou égal à n.

Introduction. *Le but de ce problème est de majorer $\|f'\|_\infty$ en fonction de $\|f\|_\infty$ si $f \in \mathcal{T}_n$.*

PARTIE I. *Généralités.*

Dans tout le problème, on fixe f dans $\mathcal{T}_n$, avec

$$f(x) = \sum_{j=0}^{n} \Big(a_j \cos(jx) + b_j \sin(jx) \Big).$$

1. Montrer que f est 2π-périodique, bornée sur $\mathbb{R}$, et que

$$\|f\|_\infty \leqslant \sum_{j=0}^{n} \Big(|a_j| + |b_j| \Big)$$

2. Montrer que pour tout $k \in \mathbb{N}$, $f^{(k)} \in \mathcal{T}_n$.
3. Soient a et b deux réels et s la fonction définie par $s(x) = a \sin(nx + b)$ pour tout réel x. Montrer que $s \in \mathcal{T}_n$ et que $\|s'\|_\infty = n\|s\|_\infty$.

PARTIE II. *Majoration du nombre de zéros de f.*

On suppose dans cette partie qu'il existe $\alpha \in \mathbb{R}$ tel que f s'annule en $2n + 1$ points distincts de l'intervalle $[\alpha, \alpha + 2\pi[$, et on se propose de montrer de deux façons différentes que les a_j et b_j sont nuls.

1. Montrer que f' s'annule en $2n + 1$ points distincts de $[\alpha, \alpha + 2\pi[$. En déduire le même résultat pour $f^{(k)}$ pour tout $k \in \mathbb{N}$.

2. On pose $g_k(x) = \dfrac{f^{(4k)}(x)}{n^{4k}}$. Calculer $g_k(x)$ et montrer que l'on peut écrire $g_k(x) = a_n \cos(nx) + b_n \sin(nx) + \varepsilon_k(x)$ où ε_k est telle que $\|\varepsilon_k\|_\infty \to 0$, et que $\|\varepsilon'_k\|_\infty \to 0$ lorsque k tend vers l'infini.

3. On suppose dans cette question que $(a_n, b_n) \neq (0, 0)$. Montrer que la fonction $l_n(x) = a_n \cos(nx) + b_n \sin(nx)$ s'annule en exactement $2n$ points distincts de $[\alpha, \alpha + 2\pi[$ et calculer $|l'_n(x)|$ en chacun de ces zéros.

4. Montrer que si $(a_n, b_n) \neq (0, 0)$, alors pour k grand, g_k ne pourrait s'annuler que $2n$ fois sur l'intervalle $[\alpha, \alpha + 2\pi[$.

5. Conclure.

6. Parvenir au même résultat en considérant $e^{inx} f(x)$ comme une fonction polynomiale de e^{ix}. *Cette question nécessite d'avoir traité le cours sur les polynômes.*

PARTIE III. *L'inégalité de Bernstein.*

On se propose dans cette partie de démontrer l'inégalité de Bernstein :

$$\|f'\|_\infty \leqslant n\|f\|_\infty.$$

Pour cela, on suppose par l'absurde qu'il existe un réel u tel que $f'(u) = \|f'\|_\infty$ et que $f'(u) > n\|f\|_\infty$, et on note h la fonction définie sur $\mathbb{R}$ par

$$h(x) = \left[\frac{1}{n}\|f'\|_\infty \sin\left(n(x - u)\right)\right] - f(x)$$

1. Montrer que $h \in \mathcal{T}_n$.

2. Soit $k \in \{0, \ldots, 2n - 1\}$. Montrer que h admet au moins un zéro sur l'intervalle $\left[u + \dfrac{\pi}{2n} + \dfrac{k\pi}{n}, u + \dfrac{\pi}{2n} + \dfrac{(k+1)\pi}{n}\right[$.

3. Calculer $h'(u)$ et montrer que h' s'annule au moins $2n + 1$ fois sur l'intervalle $[u, u + 2\pi]$.

4. Calculer $h''(u)$ et montrer que h'' s'annule au moins $2n + 1$ fois sur l'intervalle $[u, u + 2\pi[$. En déduire une expression explicite de f.

5. Les hypothèses faites sur f sont-elles compatibles entre elles ?

6. Pour toute fonction $f \in \mathcal{T}_n$ et tout entier $k \geqslant 0$, établir l'inégalité

$$\|f^{(k)}\|_\infty \leqslant n^k\|f\|_\infty$$

Si k et n sont fixés, existe t-il des fonctions pour lesquelles l'égalité est atteinte ?

Pour la solution, voir page 54.

Problème 7
Théorème de Singer (1978)

Prérequis. *Suites récurrentes* $u_{n+1} = f(u_n)$, *continuité et dérivabilité des fonctions de la variable réelle.*

Définitions et notations.

- Si f est une application de classe $\mathcal{C}^1$ de $\mathbb{R}$ dans $\mathbb{R}$, on pose

$$C(f) = \{x \in \mathbb{R}, \ f'(x) = 0\}.$$

Un réel de $C(f)$ sera appelé *point critique* de f.

- Pour tout $n \in \mathbb{N}^*$, $f^n = f \circ \cdots \circ f$ désigne la composée de f avec elle-même n fois.

Introduction. *Etant donnés un intervalle I de $\mathbb{R}$ et une fonction numérique f de I dans I, l'étude de la dynamique de f consiste à comprendre le comportement de toutes les suites récurrentes*

$$\begin{cases} u_0 \in I \\ \forall n \in \mathbb{N}, u_{n+1} = f(u_n) \end{cases}$$

Les comportements peuvent être très variés, allant d'une très grande régularité au chaos. Les parties I et II du problème, fondamentales, étudient des situations régulières, et en montrent la stabilité. Les parties III et IV sont consacrées à la preuve d'un résultat récent et remarquable, qui fournit un renseignement global sur la dynamique de f sous réserve d'une hypothèse différentielle ("fonctions à Schwarzien négatif"). Il faut souligner que ce résultat s'applique en particulier aux polynômes du second degré, dont l'étude a suscité beaucoup de travaux ces trente dernières années, tant dans le domaine complexe que dans le domaine réel.

PARTIE I. *Points fixes attractifs.*

Soit f une application de classe $\mathcal{C}^1$ de $\mathbb{R}$ dans $\mathbb{R}$. On suppose que le réel x_0 est un point fixe *attractif* de f, ce qui signifie que $f(x_0) = x_0$ et $|f'(x_0)| < 1$.

1. Montrer qu'il existe $\alpha > 0$ tel que pour tout $x \in]x_0 - \alpha, x_0 + \alpha[$, la suite $(f^n(x))_{n \geqslant 0}$ converge vers x_0.

On pose $B_f(x_0) = \{x \in \mathbb{R}, \ \lim_{n \to +\infty} f^n(x) = x_0\}$; cet ensemble est appelé *bassin d'attraction* de x_0 pour f.

2. Exemples.
   a) Pour $f(x) = x^3$ indiquer les points fixes attractifs et les bassins d'attraction correspondants.
   b) Si $a > 0$, soit $f_a(x) = ax(1 - x)$. A quelle condition la fonction f_a possède-t-elle un point fixe attractif?
3. a) Montrer que $f(B_f(x_0))$ et $f^{-1}(B_f(x_0))$ sont contenus dans $B_f(x_0)$.
   b) Soit x dans $B_f(x_0)$. Montrer qu'il existe $\beta > 0$ tel que $]x - \beta, x + \beta[$ soit inclus dans $B_f(x_0)$.
   c) On désigne par $I_f(x_0)$ le plus grand intervalle contenant x_0 et inclus dans $B_f(x_0)$. Prouver que $I_f(x_0)$ est un intervalle ouvert de $\mathbb{R}$.
   d) Montrer que $f(I_f(x_0)) \subset I_f(x_0)$.

Dans la suite de la partie I, on suppose que $I_f(x_0)$ est borné. On peut donc écrire $I_f(x_0) =]a, b[$ avec $a < b$.

4. Montrer que $f(\{a, b\}) \subset \{a, b\}$.
5. On fait l'hypothèse supplémentaire que f' ne s'annule pas sur $]a, b[$.
   a) Montrer que $(f^2)'$ ne s'annule pas sur $]a, b[$.
   b) Déterminer $f^2(a)$ et $f^2(b)$.
   c) En déduire qu'il existe $a' \in]a, x_0[$ et $b' \in]x_0, b[$ tels que
   $$(f^2)'(a') = (f^2)'(b') = 1.$$

PARTIE II. *Orbites périodiques attractives.*

Soit f une application de classe C^1 de $\mathbb{R}$ dans $\mathbb{R}$. On appelle *orbite périodique* de f toute partie finie non vide F de $\mathbb{R}$ telle que:
   (i) $f(F) \subset F$
   (ii) si X est une partie non vide de F telle que $f(X) \subset X$, alors $X = F$.

1. Si F est une orbite périodique de f de cardinal q et si $x \in F$, montrer que
   $$F = \{f^k(x), 0 \leqslant k \leqslant q - 1\}.$$
2. Pour $n \in \mathbb{N}^*$, montrer que $(f^n)' = \prod_{i=0}^{n-1} f' \circ f^i$.
3. Soit F une orbite périodique de f de cardinal q et $x_0 \in F$. Montrer que l'on a
   $$|(f^q)'(x_0)| < 1 \iff \forall x \in F, \ \ |(f^q)'(x)| < 1.$$

Si cette condition est réalisée, on dit que que F est une *orbite périodique attractive.*

4. On garde les notations de la question 3 en supposant de plus F attractive. Si x est proche de x_0, décrire le comportement de la suite $(f^n(x))_{n \geqslant 0}$ lorsque $n \to +\infty$.

5. On considère à nouveau la famille $(f_a)_{a>0}$ de la question I.2.b).

   a) Pour quelles valeurs de a la fonction f_a admet-elle une orbite périodique de cardinal 2 ?

   b) Pour quelles valeurs de a la fonction f_a admet-elle une orbite périodique attractive de cardinal 2 ?

PARTIE III. *Fonctions à schwarzien négatif.*

Si f est une application de classe $\mathcal{C}^3$ de $\mathbb{R}$ dans $\mathbb{R}$, on pose

$$Sf = 2f'''f' - 3(f'')^2.$$

C'est par définition le schwarzien de f. On note E l'ensemble des applications $f : \mathbb{R} \to \mathbb{R}$ de classe $\mathcal{C}^3$ telle que

$$\forall x \in \mathbb{R} \setminus C(f), \quad Sf(x) < 0.$$

1. Montrer que les fonctions suivantes sont dans E :

   a) Les polynômes du second degré.

   b) Les fonctions $x \longmapsto \lambda \sin x$ où $\lambda > 0$.

2. a) Si f et g sont dans E montrer que $f \circ g$ est dans E.

   b) Si $f \in E$ que dire de f^n pour $n \in \mathbb{N}^*$?

3. Soit $f \in E$. Montrer que si $|f'|$ possède un minimum local en un point x alors $f'(x) = 0$.

4. Une classe générale d'exemples : soit p un polynôme réel de degré $d \geqslant 2$ tel que p' soit scindé sur $\mathbb{R}$, i.e. s'écrive $p'(x) = \lambda \prod_{i=1}^{d-1}(x - x_i)$, les x_i n'étant pas forcément distincts. Pour x dans $\mathbb{R} \setminus C(p)$, simplifier $\dfrac{p''(x)}{p'(x)}$ afin de prouver que $p \in E$.

PARTIE IV. *Le théorème de Singer.*

Dans cette partie f est un élément de E.

1. Soit x_0 un point fixe attractif de f. Démontrer que l'une au moins des trois assertions suivantes est satisfaite :

   - $[x_0, +\infty[\subset B_f(x_0)$
   - $] - \infty, x_0] \subset B_f(x_0)$
   - $C(f) \cap B_f(x_0) \neq \emptyset$.

2. Soit F une orbite périodique attractive de f de cardinal q et $x_0 \in F$. On note $B_f(F) = \{x \in \mathbb{R}, \exists p \in F, \lim_{n \to +\infty} f^{qn}(x) = p\}$; c'est le bassin d'attraction de l'orbite F. Démontrer que l'une au moins des trois assertions suivantes est satisfaite :

- $[x_0, +\infty[\subset B_f(F)$
- $] - \infty, x_0] \subset B_f(F)$
- $C(f) \cap B_f(F) \neq \emptyset$.

3. a) Si $C(f)$ est de cardinal $n \in \mathbb{N}$, montrer que f admet au plus $n + 2$ orbites périodiques attractives.

    b) Si $C(f)$ est de cardinal $n \in \mathbb{N}$, et s'il existe $A > 0$ tel que, pour tout x tel que $|x| \geqslant A$, $(f^n(x))_{n \in \mathbb{N}}$ soit non bornée, montrer que f a au plus n orbites périodiques attractives.

    Ces deux résultats constituent le théorème de Singer.

4. a) Soit p un polynôme réel de degré $d \geqslant 2$ vérifiant l'hypothèse de III.4. Établir que p admet au plus $d - 1$ orbites périodiques attractives.

    b) Que dire du nombre d'orbites périodiques attractives d'un polynôme de degré 2 ?

    c) Soit $F(x) = 4x(1 - x)$. Montrer que F n'a pas d'orbite périodique attractive. Pour $x \in [0, 1]$, on pourra poser $x = \sin^2 \theta$ où $\theta \in \mathbb{R}$.

Pour la solution, voir page 60.

Problème 8
Les équations de duplication

Prérequis. *Continuité et dérivabilité des fonctions de la variable réelle.*

Définitions et notations. Soit G une application de $\mathbb{R}$ dans $\mathbb{R}$. On note S l'ensemble des fonctions f définies de $\mathbb{R}$ dans $\mathbb{R}$ qui satisfont à l'équation de duplication $(\mathcal{D})$:

$$\forall x \in \mathbb{R}, \ f(2x) = G(f(x))$$

Introduction. *L'objectif du problème est d'établir certaines propriétés relatives à la structure de S.*

PARTIE I. *Quelques exemples.*

1. Déterminer les fonctions f continues en 0 telles que $f(2x) = f(x)$.
2. Déterminer les fonctions f de classe $\mathcal{C}^1$ sur $\mathbb{R}$, vérifiant $f(2x) + 2f(x) = 1$.
3. Déterminer les fonctions f dérivables en 0 telles que $f(2x) = 2f(x)$.

PARTIE II. *Généralités.*

Dans cette partie, G est une fonction quelconque. Les quatre questions sont indépendantes.

1. Montrer que S est non vide si et seulement si G admet au moins un point fixe.
2. Soit $f \in S$ et $\lambda \in \mathbb{R}$. Montrer que la fonction f_λ définie par $f_\lambda(x) = f(\lambda x)$ est dans S.
3. Etablir le *principe de concordance locale* : si f et g sont des fonctions de S telles que $f(x) = g(x)$ pour tout $x \in [-a, a]$ avec $a > 0$, alors f et g sont égales.
4. On considère la fonction $\widehat{G}(x) = G(x + a) - a$. Soit f vérifiant pour tout x réel $f(2x) = G(f(x))$ et $h(x) = f(x) - a$. Former l'équation de duplication vérifiée par h. Quel est le lien entre les points fixes de G et ceux de $\widehat{G}$?

PARTIE III. *Une famille de solutions à un paramètre.*

Dans cette partie, on suppose que $G(0) = 0$ et que G est de classe $\mathcal{C}^1$. On s'intéresse à l'ensemble S^1 des fonctions f solutions de $(\mathcal{D})$ dérivables en 0, et telles que $f(0) = 0$. On suppose qu'il existe une solution h dans S^1, qui est continue et qui vérifie $h'(0) = 1$. On veut montrer que les seuls éléments de S^1 sont alors les $h_\lambda(x) = h(\lambda x)$ pour $\lambda \in \mathbb{R}$.

1. Calculer $G'(0)$. En déduire que $x \mapsto G(x)$ est strictement croissante sur un intervalle du type $[-a, a]$ avec $a > 0$.
2. Justifier l'existence de $c > 0$ tel que $h([-c, c]) \subset [-a, a]$. Montrer que h est bijective de $[-c, c]$ dans un intervalle $I = [\alpha, \beta]$ avec $\alpha < 0 < \beta$.
   On prêtera attention au fait que h n'est a priori dérivable qu'en zéro.
3. Soit $f \in \mathcal{S}^1$. Justifier l'existence de g dérivable en 0 tel que l'on puisse écrire $f = h \circ g$ sur un intervalle centré en 0.
4. Conclure.
5. Utiliser les résultats précédents pour trouver les solutions dérivables en 0 de l'équation fonctionnelle $f(2x) = G(f(x))$ lorsque $G(x) = 2x\sqrt{1 + x^2}$ (on cherchera une solution particulière du coté de la trigonométrie hyperbolique).

PARTIE IV. *Un autre cas de famille à un paramètre.*

On s'intéresse ici au cas où $G(x) = 2x^2 - 1$, et on recherche l'ensemble $\mathcal{S}^2$ des solutions f de $(\mathcal{D})$ qui admettent un développement limité d'ordre 2 en 0, et qui vérifient $f(0) = 1$. Les fonctions $x \mapsto \cos x$ et $x \mapsto \operatorname{ch} x$ sont clairement dans $\mathcal{S}^2$.

1. Soit $\lambda \in \mathbb{R}$. Déterminer f_λ dans $\mathcal{S}^2$, telle que $f_\lambda''(0) = \lambda$.
2. Montrer que si $f \in \mathcal{S}^2$, alors $f'(0) = 0$. Dans la suite, on pose $\mu = f''(0)$.
3. On considère λ et λ' tels que $\mu - 1 \leqslant \lambda < \mu < \lambda'$. On pose $c = 1$ si $\mu - 1 \geqslant 0$, et $c = \dfrac{\pi}{2(1 - \mu)}$ si $\mu - 1 < 0$.
   Montrer que pour tout $x \in [-c, c]$ on a $0 \leqslant f_\lambda(x) \leqslant f(x) \leqslant f_{\lambda'}(x)$.
4. Déterminer l'ensemble $\mathcal{S}^2$.
5. Soit f une solution de $(\mathcal{D})$ de classe $\mathcal{C}^1$ telle que $f(0) = -\dfrac{1}{2}$. Montrer que f est constante.

PARTIE V. *Cas général : existence et unicité.*

On s'interesse enfin dans cette partie au cas général. On suppose que $G(0) = 0$ et on veut montrer, dans un cadre raisonnable, l'existence et l'unicité d'une solution f de l'équation de duplication sur $\mathbb{R}_+$, continue sur $\mathbb{R}_+$, vérifiant $f(0) = 0$, et dont le comportement local est régi par la dérivée de G en 0.

1. On suppose que G est dérivable en 0 et que l'on peut trouver une solution f telle que $f(x) \sim Ax^\alpha$ lorsque $x \to 0$ (avec $\alpha > 0$). Montrer que $G'(0) = 2^\alpha$.

Dans toute la suite, on considère que G s'écrit sous la forme $G(x) = 2^\alpha x H(x)$, où $\alpha > 0$ est un réel fixé et H une fonction de classe $\mathcal{C}^1$ sur $\mathbb{R}$. On veut montrer l'existence et l'unicité d'une solution de la forme $f(x) = x^\alpha g(x^\alpha)$, où g est une fonction continue vérifiant $g(0) = 1$. Pour cela, on utilise une méthode de construction itérative.

2. Pour x et y réels, on pose $K(x,y) = yH\left(\dfrac{xy}{2^\alpha}\right)$. Montrer que f est solution de l'équation de duplication sur $\mathbb{R}_+$ si et seulement g vérifie pour tout $x \in \mathbb{R}_+$ l'équation $g(x) = K\left(x, g\left(\dfrac{x}{2^\alpha}\right)\right)$, que l'on notera $(\mathcal{D}')$.

On suppose dans les questions 3 à 5 que H' est bornée sur $\mathbb{R}$. Soit, pour $x \in \mathbb{R}$, K_x l'application définie de $[-2,2]$ dans $\mathbb{R}$ par $K_x(y) = K(x,y)$.

3. Montrer qu'il existe un réel $C > 0$ tel que, pour tout x de $\mathbb{R}$, K_x soit $(1 + C|x|)-$lipschitzienne sur $[-2,2]$.

4. Trouver un réel $\lambda > 0$ tel que pour tout $n \in \mathbb{N}$, $\displaystyle\prod_{k=0}^{n}\left(1 + \dfrac{C\lambda}{2^{\alpha k}}\right) \leqslant 2$.

   On pourra utiliser l'inégalité bien connue $\ln(1 + x) \leqslant x$.

5. On définit une suite de fonctions $(g_n)_{n \geqslant 0}$ sur $[0, \lambda]$ par
$$\begin{cases} g_0(x) = 1 \\ g_{n+1}(x) = K\left(x, g_n\left(\dfrac{x}{2^\alpha}\right)\right) \end{cases}$$

   a) Montrer que si $n \in \mathbb{N}$ et $x \in [0,a]$, $|g_n(x)| \leqslant \displaystyle\prod_{k=0}^{n}\left(1 + \dfrac{Cx}{2^{\alpha k}}\right)$.

   b) Si $n \in \mathbb{N}$ et $x \in [0,a]$, vérifier que
$$|g_{n+1}(x) - g_n(x)| \leqslant \prod_{k=0}^{n-1}\left(1 + \dfrac{Cx}{2^{\alpha k}}\right)\left|g_1\left(\dfrac{x}{2^{n\alpha}}\right) - 1\right|$$

   c) En déduire que, à x fixé, $g_n(x)$ tend vers une limite, que l'on notera $g(x)$. *On pourra utiliser le critère de Cauchy, ou bien des résultats sur les séries.*
   Majorer $\displaystyle\sup_{x \in [0,\lambda]} |g_n(x) - g(x)|$ par une suite tendant vers 0. En déduire que g est continue.

   d) Montrer que g est solution de l'équation $(\mathcal{D}')$ et que $g(0) = 1$.

6. Dans le cas général (lorsque H' n'est plus bornée), démontrer l'existence d'une solution g de $(\mathcal{D}')$.

7. Montrer enfin l'unicité de g.

Pour la solution, voir page 66.

Solutions des problèmes du chapitre 2

Solution du vrai ou faux

1. *Une application bijective de $\mathbb{R}$ dans $\mathbb{R}$ est soit strictement croissante, soit strictement décroissante.*

   Faux. S'il existe bien un énoncé de ce type concernant les fonctions continues, l'application f définie par $f(x) = x$ si x est différent de 0 et de 1, $f(0) = 1$, et $f(1) = 0$ fournit un contre-exemple dans le cas général.

2. *Si f et g sont deux fonctions de $\mathbb{R}_+$ dans $\mathbb{R}$, et si $f(x)g(x)$ tend vers $+\infty$ quand x tend vers $+\infty$, alors $f(x)$ ou $g(x)$ tend vers $+\infty$.*

   Faux. Un contre-exemple est : $f(x) = 1 + x\cos^2(x)$, $g(x) = 1 + x\sin^2(x)$. On a en effet $f(x)g(x) \geqslant x$, donc $f(x)g(x)$ tend vers $+\infty$. Mais, pour tout entier k, on a $f(k\pi + \pi/2) = 1$ et $g(k\pi) = 1$, ce qui exclut $f(x) \longrightarrow +\infty$ et $g(x) \longrightarrow +\infty$.

3. *Si deux applications f et g définies sur $]0, +\infty[$ sont équivalentes en 0^+, alors $f - g$ tend vers 0 en 0^+.*

   Faux. Un contre-exemple est ici : $f(x) = \dfrac{1}{x^2} + \dfrac{1}{x}$, $g(x) = \dfrac{1}{x^2}$.

   Le résultat n'est pas valable non plus au voisinage de $\pm\infty$.

4. *$(x + 1)^x$ est négligeable devant $x^{(x+1)}$ lorsque x tend vers $+\infty$.*

   Vrai. On écrit $\dfrac{(x+1)^x}{x^{x+1}} = \dfrac{1}{x}\left(1 + \dfrac{1}{x}\right)^x$, on en déduit que $\dfrac{(x+1)^x}{x^{x+1}} \sim \dfrac{e}{x}$ et tend donc vers 0 lorsque $x \longrightarrow +\infty$.

   On a ici utilisé la limite classique $\left(1 + \dfrac{a}{x}\right)^x \longrightarrow e^a$, résultat qui se démontre en considérant le logarithme de l'expression étudiée et en utilisant l'équivalent $\ln(1 + h) \sim h$ en 0.

5. *Une fonction continue périodique est bornée sur $\mathbb{R}$.*

   Vrai. Si $f : \mathbb{R} \longrightarrow \mathbb{R}$ est T-périodique ($T > 0$), alors $f(\mathbb{R}) = f([0, T])$. Et comme une fonction continue définie sur un segment est bornée, l'ensemble $f(\mathbb{R}) = f([0, T])$ est borné.

6. *Soit f continue sur $\mathbb{R}$. Il existe $\alpha > 0$ tel que f soit monotone sur $[0, \alpha]$.*

   Faux. Considérons la fonction $f(x) = x\sin\dfrac{1}{x}$, prolongée par continuité en posant $f(0) = 0$. Alors pour tout $\alpha > 0$ on peut trouver k tel que $x_0 = \dfrac{1}{k + \pi/2} \leqslant \alpha$ et $x_1 = \dfrac{1}{k - \pi/2} \leqslant \alpha$. On a $f(x_1) = x_1 > 0$ et $f(x_2) = x_2 < 0$. Comme de plus $f(0) = 0$, f n'est pas monotone sur l'intervalle $[0, \alpha]$.

Il est même possible de construire une application continue $f : \mathbb{R} \longrightarrow \mathbb{R}$ qui n'est monotone sur aucun intervalle ouvert de $\mathbb{R}$.

7. *Soit f dérivable sur $\mathbb{R}$, telle que $f'(0) = 1$. On peut trouver un intervalle du type $[-a, a]$ avec $a > 0$, sur lequel f est croissante.*

Faux. Une fonction peut admettre une tangente en 0, et néanmoins présenter de fortes oscillations au voisinage de 0. Considérons par exemple la fonction $f : \mathbb{R} \longrightarrow \mathbb{R}$ définie par $f(0) = 0$ et, si $x \neq 0$:

$$f(x) = x + x^2 \sin\left(\frac{1}{x^2}\right).$$

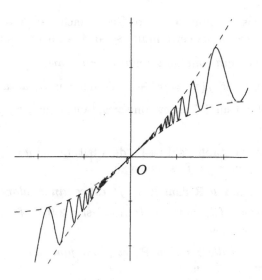

FIG. 1. *Un contre-exemple.*

On a, lorsque $x \longrightarrow 0$, $f(x) = x + o(x)$. Donc f est bien dérivable en 0, et $f'(0) = 1$. f est aussi dérivable en tout point $x \neq 0$ et l'on a :

$$f'(x) = 1 + 2x \sin\left(\frac{1}{x^2}\right) - \frac{2}{x} \cos\left(\frac{1}{x^2}\right).$$

D'où l'on voit aisément qu'il n'existe aucun intervalle de la forme $[-a, a]$ sur lequel f' reste positive, c'est-à-dire sur lequel f soit croissante.

Si on ajoute l'hypothèse que f est de classe $\mathcal{C}^1$, le résultat est alors correct. Car, par continuité de f', il existe $a > 0$ tel que f' soit positive sur $[-a, a]$, et donc f est croissante sur ce même intervalle.

8. *Soit f dérivable. f est paire si et seulement si f' est impaire.*

   Vrai. Posons $g(x) = f(x) - f(-x)$. Comme $g(0) = 0$, on a successivement :
   f paire $\iff g = 0 \iff g$ constante $\iff g' = 0 \iff f'$ impaire.

9. *Soit f une fonction C^1 sur $[1, +\infty[$. Si $f(x) \longrightarrow 0$ lorsque $x \longrightarrow +\infty$, alors $f'(x)$ tend aussi vers 0.*

   Faux. C'est un grand classique. Il faut imaginer que f peut devenir petite tout en oscillant beaucoup. Par exemple $f(x) = \dfrac{1}{x} \sin(x^2)$, pour laquelle on a bien $f(x) \longrightarrow 0$ quand $x \longrightarrow +\infty$, mais

   $$f'(x) = -\frac{1}{x^2} \sin(x^2) + 2\cos(x^2)$$

   qui n'admet pas de limite en $+\infty$. En revanche, si jamais f' admettait une limite en $+\infty$, alors cette limite serait forcément nulle.

10. *La composée de deux fonctions convexes est convexe.*

    Faux. Par exemple $f(x) = x^2 + 1$ (définie sur $\mathbb{R}$, à valeurs dans $\mathbb{R}_+^*$) $g(x) = \dfrac{1}{x}$ (définie sur $\mathbb{R}_+^*$) sont convexes, tandis que $g \circ f(x) = \dfrac{1}{x^2 + 1}$ ne l'est pas.

    Le lecteur pourra établir, s'il ne l'a déjà fait, que si g et f sont convexes et g croissante, alors $g \circ f$ est convexe.

11. *Soit f une fonction de $\mathbb{R}$ dans $\mathbb{R}$. Si f^2 est continue, alors f est continue.*

    Faux. La fonction f, définie par $f(x) = 1$ si $x \geqslant 0$, et $f(x) = -1$ si $x < 0$, est un contre-exemple.

12. *Soient I un intervalle borné de $\mathbb{R}$, et f une fonction continue de I dans $\mathbb{R}$. Alors f est bornée sur I.*

    Faux. La fonction $f(x) = \dfrac{1}{x}$, définie sur l'intervalle $]0, 1]$ est un contre-exemple. Il ne faut pas confondre intervalle borné et segment.

13. *Soient I un intervalle borné de $\mathbb{R}$, et f une fonction continue de $\mathbb{R}$ dans $\mathbb{R}$. Alors f est bornée sur I.*

    Vrai. Comme I est borné, il existe un segment J contenant I. Et, grâce à un théorème du cours, l'application continue f est bornée sur le segment J, donc sur I.

14. *Soient f et g deux fonctions continues sur $\mathbb{R}$. Alors la fonction $\max(f, g)$ est continue sur $\mathbb{R}$.*

    Vrai. On sait que si h est continue, alors $|h|$, composée de deux fonctions continues, est continue. Donc

    $$\max(f, g) = \frac{|f - g| + (f + g)}{2}$$

est continue.

15. *Soit f uniformément continue de $[0,1[$ dans $\mathbb{R}$. Alors f est bornée.*

Vrai. Par uniforme continuité de f, il existe $\eta > 0$ tel que, pour tous $x, y \in [0,1[$, $|f(x) - f(y)| \leqslant 1$ dès que $|x - y| \leqslant \eta$. On va montrer que $\dfrac{1}{\eta} + 1 + |f(0)|$ est un majorant de $|f|$.

Soit $x \in [0,1[$. Il existe un entier $n \in \mathbb{N}$ tel que $x \in [n\eta, (n+1)\eta[$, à savoir $n = E\left(\dfrac{x}{\eta}\right)$ (E désigne la partie entière). Il vient

$$
\begin{aligned}
|f(x)| &\leqslant |f(x) - f(0)| + |f(0)| \\
&\leqslant |f(x) - f(n\eta)| + \sum_{k=0}^{n-1} |f((k+1)\eta) - f(k\eta)| + |f(0)| \\
&\leqslant (n+1) + |f(0)| \quad \leqslant \frac{1}{\eta} + 1 + |f(0)|
\end{aligned}
$$

On peut en réalité renforcer ce résultat et montrer que f admet une limite en 1. En résumé, on pose $M(x) = \sup_{x \leqslant t < 1} f(t)$, qui est bien défini car f est bornée. La fonction M est décroissante et bornée, elle admet donc une limite en 1^- (théorème de la limite monotone). Il reste au lecteur à vérifier, en utilisant la continuité uniforme, que $f(x) - M(x)$ tend vers 0 au voisinage de 1, et donc que f admet la même limite que M.

16. *Une application de classe C^1 de $[0,1]$ dans $\mathbb{R}$ est lipschitzienne.*

Vrai. C'est un résultat important. Si $f : [0,1] \longrightarrow \mathbb{R}$ est de classe C^1, sa dérivée f' est continue sur le segment $[0,1]$, donc est bornée. Si on pose $M = \sup_{[0,1]} |f'|$, le théorème des accroissements finis garantit que, pour tous x, y dans $[0,1]$, on a $|f(x) - f(y)| \leqslant M|x - y|$.

17. *Soit f une fonction de $\mathbb{R}^+$ dans $\mathbb{R}$, dérivable et à dérivée bornée sur $\mathbb{R}^+$, et telle que la suite $(f(n))_{n \in \mathbb{N}}$ tende vers $+\infty$. Alors $f(x)$ tend vers $+\infty$ lorsque x tend vers $+\infty$.*

Vrai. Soit M un majorant de $|f'|$ sur $\mathbb{R}_+$. En appelant $E(x)$ la partie entière de x, le théorème des accroissements finis implique que

$$
|f(x) - f(E(x))| \leqslant M|E(x) - 1| \leqslant M,
$$

d'où $f(x) \geqslant f(E(x)) - M$. Or, lorsque x tend vers $+\infty$, $E(x) \longrightarrow +\infty$ dans $\mathbb{N}$, donc $f(E(x)) \longrightarrow +\infty$ par composition de limites. On en déduit que $f(x) \longrightarrow +\infty$.

Le résultat est faux lorsque $f(n)$ admet une limite réelle. Il suffit de considérer la fonction $x \mapsto \sin(\pi x)$ pour s'en convaincre.

18. *Soit f une fonction de classe C^1 de $[0, 1]$ dans $\mathbb{R}$. On suppose que pour tout $x \in [0, 1]$, $f(x)$ et $f'(x)$ ne sont pas simultanément nuls. Alors l'ensemble des zéros de f est fini.*

Vrai. Supposons par l'absurde $A = \{x \in [0, 1], f(x) = 0\}$ non fini. On peut alors considérer une suite $(x_n)_{n \in \mathbb{N}}$ d'éléments de A deux à deux distincts. Le théorème de Bolzano-Weierstrass affirme qu'il est possible d'extraire de $(x_n)_{n \in \mathbb{N}}$ une sous-suite $(y_n)_{n \in \mathbb{N}} = (x_{\phi(n)})_{n \in \mathbb{N}}$ qui converge vers un certain $a \in [0, 1]$. Comme $f(y_n) = 0$, on en déduit que $f(a) = 0$ par continuité de f. Mais, puisque $f(y_n) = f(y_{n+1}) = 0$, le théorème de Rolle montre l'existence de z_n, entre y_n et y_{n+1}, vérifiant $f'(z_n) = 0$. On a alors $z_n \longrightarrow a$ et, par continuité de f', $f'(a) = 0$. C'est une contradiction puisque l'on a obtenu $f(a) = f'(a) = 0$.

Le résultat démontré ici permet, notamment, de montrer qu'une solution non identiquement nulle d'une équation différentielle linéaire du second ordre, n'admet qu'un nombre fini de zéros sur tout segment.

Solution du problème 5
Entropie

PARTIE I. *Etude du maximum.*

1. D'après la formule d'additivité,

$$H\left(\frac{1}{2},\frac{1}{2}\right) = H\left(\frac{1}{2},\frac{1}{2}\right) + \frac{1}{2}H(1) + \frac{1}{2}H(1)$$

donc $H(1) = \sigma(1) = 0$.

Attention à ne pas chercher à calculer $H(1,1)$. En effet, la suite $(1,1)$ n'est pas dans $\mathcal{P}_c$ car la somme de ses éléments n'est pas 1.

2. Utilisons la propriété d'additivité. On a

$$\sigma(n) = H\left(\frac{1}{n},\ldots,\frac{1}{n}\right) = H\left(\frac{n-1}{n},\frac{1}{n}\right) + \frac{n-1}{n}\sigma(n-1) + \frac{1}{n}\sigma(1)$$

en groupant les $n-1$ premiers termes d'un coté, le dernier $\dfrac{1}{n}$ de l'autre. La formule demandée vient en utilisant $\sigma(1) = 0$.

Montrons que $\sigma(nm) = \sigma(n) + \sigma(m)$ par récurrence sur n. Le résultat est vrai pour $n = 1$ (car $\sigma(1) = 0$). Supposons la formule établie au rang $n-1$ pour tout entier m.

$$\begin{aligned}
\sigma(nm) &= H\left(\frac{1}{nm},\ldots,\frac{1}{nm}\right) \\
&= H\left(\frac{n-1}{n},\frac{1}{n}\right) + \frac{n-1}{n}\sigma((n-1)m) + \frac{1}{n}\sigma(m)
\end{aligned}$$

D'après l'hypothèse de récurrence au rang $n-1$, la dernière expression se simplifie :

$$\begin{aligned}
\sigma(nm) &= H\left(\frac{n-1}{n},\frac{1}{n}\right) + \sigma(m) + \frac{n-1}{n}\sigma(n-1) \\
&= \sigma(n) + \sigma(m) \text{ d'après la question précédente.}
\end{aligned}$$

Le résultat se propage donc par récurrence à tout entier $n \geqslant 1$.

3. La relation $\sigma(a^b) = b\sigma(a)$ se démontre facilement par récurrence sur b à partir du résultat précédente. En suivant l'indication de l'énoncé, on a $m \leqslant n\dfrac{\ln b}{\ln a} \leqslant m+1$. La fonction $x \mapsto a^x$ est croissante (car $a \geqslant 1$) donc on a :

$$a^m \leqslant e^{n \ln a \frac{\ln b}{\ln a}} \leqslant a^{m+1}$$

Soit $a^m \leqslant b^n \leqslant a^{m+1}$. Comme $\sigma(k)$ est une suite croissante, il vient

$$\frac{m}{n} \leqslant \frac{\sigma(b)}{\sigma(a)} \leqslant \frac{m+1}{n}$$

Or, lorsque n tend vers $+\infty$, le rapport $\dfrac{m}{n}$ tend vers $\dfrac{\ln b}{\ln a}$. Le théorème d'encadrement permet alors d'affirmer que $\dfrac{\sigma(b)}{\sigma(a)} = \dfrac{\ln b}{\ln a}$. En posant par exemple $C = \dfrac{\sigma(2)}{\ln 2}$, on a bien $\sigma(b) = C \ln b$ pour tout entier b.

PARTIE II. *Forme nécessaire de H.*

1. La fonction f est déjà continue sur $]0, 1]$, en tant que produit de fonctions continues sur cet intervalle. Lorsque $x \to 0^+$, on sait que $x \ln x \to 0$. Ceci permet donc d'établir la continuité de f en 0.

2. Soit $x = \dfrac{p}{n}$ avec $1 \leqslant p \leqslant n - 1$. Alors la relation d'additivité permet d'affirmer que

$$\sigma(n) = H\left(\frac{1}{n}, \ldots, \frac{1}{n}\right) = H\left(\frac{p}{n}, \frac{n-p}{n}\right) + \frac{p}{n}\sigma(p) + \frac{n-p}{n}\sigma(n-p)$$

Alors $H(x, 1-x) = \dfrac{p}{n}(\sigma(n) - \sigma(p)) + \dfrac{n-p}{n}(\sigma(n) - \sigma(n-p))$. Compte tenu de la relation obtenue en I.4, on a

$$H(x, 1-x) = -C(x \ln x + (1-x) \ln(1-x))$$

qui est bien égal à $f(x) + f(1-x)$.

3. D'après la propriété de continuité de H et la continuité de f (question 1), la fonction $g(x) = H(x, 1-x) - f(x) - f(1-x)$ est continue sur $[0, 1]$. Or pour tout $r \in \mathbb{Q} \cap]0, 1[$, $g(r) = 0$. Considérons alors un réel $x \in [0, 1]$. Entre deux réels on peut toujours trouver un rationnel, donc on construit une suite r_n de rationnels, tels que $r_n \in]0, 1[\cap]x - \dfrac{1}{n}, x + \dfrac{1}{n}[$. L'écart entre r_n et x est majoré par $\dfrac{1}{n}$, donc $r_n \to x$. Par continuité de g, $g(r_n) \to g(x)$, et comme $g(r_n)$ est la suite nulle, $g(x) = 0$.
   Donc pour tout x réel dans $[0, 1]$, $H(x, 1-x) = f(x) + f(1-x)$.

4. Montrons le résultat par récurrence sur n. La propriété est vraie pour $n = 2$ d'après la question 3. Supposons-là vraie au rang n.
   Soit $(a_1, \ldots, a_n, a) \in \mathcal{P}_c$; posons $s = a_1 + \cdots + a_n = 1 - a$. On suppose sans perte de généralité que $s \neq 0$ et $s \neq 1$ (sinon on prolonge le résultat que l'on obtient par continuité).

$$H(a_1, \ldots, a_n, a) = H(s, 1-s) - sC \sum_{k=1}^{n} \frac{a_k}{s} \ln \frac{a_k}{s} + aH(1)$$

$$= -C \left(s \ln s + a \ln a + \sum_{k=1}^{n} a_k \ln a_k - (\sum_{k=1}^{n} a_k) \ln s \right)$$

$$= -C \sum_{k=1}^{n} a_k \ln a_k - Ca \ln a$$

Ainsi le résultat est vrai au rang $n+1$, et donc la formule donnant H est prouvée pour toute suite dans $\mathcal{P}_c$.

PARTIE III. *Etude de la réciproque.*

1. Un calcul simple montre que $H\left(\frac{1}{n}, \cdots, \frac{1}{n}\right) = \ln n$. Cette suite est donc croissante.

2. Définissons $f(x) = -x \ln x$ comme dans la partie II. La propriété de continuité découle immédiatement de celle de f. En effet, si $f_1, \ldots, f_n$ sont des fonctions continues de $[0, 1]$ dans $\mathbb{R}^+$, telles que $f_1(x) + \cdots + f_n(x) = 1$ pour tout x, alors

$$H(f_1(x), \ldots, f_n(x)) = \sum_{k=1}^{n} f \circ f_k(x)$$

est une somme de composées de fonctions continues.

3. Conservons les mêmes notations que dans la définition de la propriété d'additivité. On a

$$H(s_a, s_b) + s_a H \left(\frac{p_1}{s_a}, \ldots, \frac{p_m}{s_a} \right) + s_b H \left(\frac{p_{m+1}}{s_b}, \ldots, \frac{p_{m+n}}{s_b} \right)$$

$$= -s_a \ln s_a - s_b \ln s_b - \sum_{k=1}^{m} p_k \ln \frac{p_k}{s_a} - \sum_{k=1}^{n} p_{m+k} \ln \frac{p_{m+k}}{s_b}$$

$$= -\sum_{k=1}^{m} p_k \ln p_k - \sum_{k=1}^{n} p_{m+k} \ln p_{m+k}$$

$$= H(p_1, \ldots, p_m, p_{m+1}, \ldots, p_{m+n})$$

Et la propriété d'additivité est bien vérifiée.

4. On peut résoudre cette question par récurrence sur $n \geqslant 2$. Pour $n = 2$, la fonction

$$g(x) = H(x, 1-x) = -x \ln x - (1-x) \ln(1-x)$$

admet comme dérivée $\ln \dfrac{1-x}{x}$, est g est donc croissante sur $[0, \frac{1}{2}]$ et décroissante sur $[\frac{1}{2}, 1]$. Ainsi,

$$H(x, 1-x) \leqslant g\left(\frac{1}{2}\right) = H\left(\frac{1}{2}, \frac{1}{2}\right).$$

Pour passer du rang n au rang $n+1$ (avec $n \geqslant 2$) on utilise la propriété d'additivité et l'hypothèse de récurrence pour affirmer que

$$H(a_1, \ldots, a_{n+1}) \leqslant H(s_a, a_{n+1}) + s_a H\left(\frac{1}{n}, \cdots, \frac{1}{n}\right) + a_{n+1} H(1)$$

où $s_a = a_1 + \cdots + a_n$. Posons $g_n(x) = -x\ln x - (1-x)\ln(1-x) + x\ln n$. Alors l'inégalité précédente devient

$$H(a_1, \ldots, a_{n+1}) \leqslant g_n(s_a) \leqslant \sup_{x \in [0,1]} g_n(x)$$

Or on a $g_n'(x) = \ln(1-x) - \ln\dfrac{x}{n}$, positive si et seulement si $x \leqslant n(1-x)$. La fonction g est alors maximale en $x = \dfrac{n}{n+1}$ et on retrouve

$$H(a_1, \ldots, a_{n+1}) \leqslant g_n\left(\frac{n}{n+1}\right) = \ln n + 1 = H\left(\frac{1}{n+1}, \cdots, \frac{1}{n+1}\right)$$

Cependant, on peut démontrer plus directement cette propriété, qui est clairement une propriété de convexité. La fonction $f(x) = -x\ln x$ est concave (car $f''(x) = -\dfrac{1}{x} < 0$). Donc

$$\sum_{k=1}^{n} \frac{1}{n} f(a_k) \leqslant f\left(\sum_{k=1}^{n} \frac{1}{n} a_k\right) = f\left(\frac{1}{n}\right)$$

Ainsi, $H(a_1, \ldots, a_n) = \displaystyle\sum_{k=1}^{n} f(a_k) \leqslant n f\left(\frac{1}{n}\right) = H\left(\frac{1}{n}, \ldots, \frac{1}{n}\right)$. C'est bien ce que l'on voulait démontrer.

Commentaires. *Cette fonction d'entropie H que nous venons de construire est un des fondements de la théorie de l'information, et fut introduite par Shannon en 1948. En résumé, on considère une source d'information qui génère un message à partir d'un alphabet fini de n lettres, supposées aléatoires et dont les fréquences d'apparition sont respectivement $(p_1, \ldots, p_n) \in \mathcal{P}_c$ (oui, il s'agit comme vous l'aviez deviné d'un ensemble de lois de probabilités !). Une des applications de la théorie de l'information est, par exemple, le problème de la compression des données, en vue de les transmettre au travers d'un canal de communication. Le principe de la compression est de transformer l'alphabet du message en une suite binaire de 0 et de 1, puis de transmettre uniquement l'information utile du message, c'est-à-dire de supprimer au maximum les redondances d'information. L'entropie est justement la mesure d'information* *moyenne de la source. Un résultat fondamental de Shannon affirme que la longueur moyenne du signal issu d'un procédé de compression est toujours supérieure à l'entropie du système, mesurée en bits (unité de quantité d'information utilisée en communications). Le codage de Huffman réalise d'ailleurs un procédé de compression quasi-optimal (on parle de codage entropique), de même que les algorithmes de Lempel-Ziv.*

La propriété d'additivité de l'entropie traduit le fait que l'information est indépendante du système de représentation de l'alphabet. Pour donner un exemple de représentation, les lettres de l'alphabet français peuvent être codées par un nombre compris entre 1 et 26, ou bien par un couple (C, i) ou (V, j) où i est un numéro de consonne $(1 \leqslant i \leqslant 20)$ et j un numéro de voyelle $(1 \leqslant j \leqslant 6)$.

Solution du problème 6
Inégalité de Bernstein

PARTIE I. *Généralités.*

1. Pour tout j, $\cos(j(x+2\pi)) = \cos(jx)$ et $\sin(j(x+2\pi)) = \sin(jx)$, donc f est 2π−périodique. De plus, pour tout $x \in \mathbb{R}$,

$$|f(x)| \leqslant \sum_{j=0}^{n} |a_j \cos(jx)| + |b_j \sin(jx)| \leqslant \sum_{j=0}^{n} \Big(|a_j| + |b_j| \Big).$$

Donc f est bornée sur $\mathbb{R}$ et $\|f\|_\infty \leqslant \sum_{j=0}^{n} \Big(|a_j| + |b_j| \Big)$.

2. Il suffit de montrer que $f' \in \mathcal{T}_n$. Une récurrence simple permet alors d'étendre le résultat $f^{(k)} \in \mathcal{T}_n$ pour tout $k \in \mathbb{N}$. Or il suffit de calculer

$$f'(x) = \sum_{j=0}^{n} \Big(j b_j \cos(jx) + (-j a_j) \sin(jx) \Big) \qquad .$$

pour voir que $f' \in \mathcal{T}_n$.

3. On écrit $s(x) = a\sin(nx+b) = a\Big(\sin(nx)\cos(b) + \sin(b)\cos(nx) \Big) \in \mathcal{T}_n$. Comme $n \geqslant 1$, $\|s\|_\infty = a \sup_{x\in\mathbb{R}} \sin(nx+b) = a$ et

$$\|s'\|_\infty = na \sup_{x\in\mathbb{R}} \cos(nx+b) = na = n\|s\|_\infty.$$

PARTIE II. *Majoration du nombre de zéros de f.*

1. Supposons que f s'annule en $(x_i)_{i\leqslant 2n+1}$ avec les (x_i) ordonnés :

$$\alpha \leqslant x_1 < x_2 < \cdots < x_{2n+1} < \alpha + 2\pi.$$

D'après le théorème de Rolle, f' s'annule en $2n$ points y_i distincts avec $x_i < y_i < x_{i+1}$. De plus, comme $f(x_1 + 2\pi) = f(x_1) = 0$, f' s'annule aussi en un point $y \in]x_{2n+1}, x_1 + 2\pi[$. Deux cas sont possibles :
• Soit $y \in]x_{2n+1}, \alpha + 2\pi[$ et on pose $y_{2n+1} = y$. On a alors

$$\alpha \leqslant y_1 < y_2 < \cdots < y_{2n+1} < \alpha + 2\pi.$$

• Soit $y \in [\alpha + 2\pi, x_1 + 2\pi[$ et on pose $y_{2n+1} = y - 2\pi$. On a alors

$$\alpha \leqslant y_{2n+1} < y_1 < y_2 < \cdots < y_{2n} < \alpha + 2\pi.$$

Dans les deux cas, f' s'annule en $2n+1$ points distincts sur l'intervalle $[\alpha, \alpha + 2\pi[$. Ce même résultat se propage clairement par récurrence pour toutes les dérivées de f.

2. Il faut tout d'abord remarquer que la dérivée quatrième de $\cos(jx)$ (resp. $\sin(jx)$) est $j^4 \cos(jx)$ (resp. $j^4 \sin(jx)$). On vérifie alors facilement par récurrence sur k que

$$g_k(x) = \sum_{j=0}^{n} \left(\frac{j}{n}\right)^{4k} \left(a_j \cos(jx) + b_j \sin(jx)\right)$$

On peut écrire $g_k(x) = a_n \cos(nx) + b_n \sin(nx) + \varepsilon_k(x)$ avec

$$\varepsilon_k(x) = \sum_{j=0}^{n-1} \left(\frac{j}{n}\right)^{4k} \left(a_j \cos(jx) + b_j \sin(jx)\right)$$

On obtient alors $\|\varepsilon_k\|_\infty \leqslant \left(\dfrac{n-1}{n}\right)^{4k} \displaystyle\sum_{j=0}^{n-1} (|a_j| + |b_j|)$ et

$$\|\varepsilon_k'\|_\infty \leqslant \left(\frac{n-1}{n}\right)^{4k} \sum_{j=0}^{n-1} j(|a_j| + |b_j|)$$

Donc $\|\varepsilon_k\|_\infty$ et $\|\varepsilon_k'\|_\infty$ tendent vers 0 lorsque k tend vers l'infini.

3. Ecrivons $l_n(x) = r \sin(nx + \theta)$, avec $r = \sqrt{a_n^2 + b_n^2}$ et θ l'unique réel de $[0, 2\pi[$ vérifiant $\sin(\theta) = \dfrac{a_n}{r}$ et $\cos(\theta) = \dfrac{b_n}{r}$. Alors dans l'intervalle $[\alpha, \alpha + 2\pi[$, l_n s'annule en tout point x tel que $nx + \theta \in \pi \mathbb{Z}$, ce qui revient à $\dfrac{nx + \theta}{\pi} \in \mathbb{Z}$. Il y a donc autant de zéros (distincts) de l_n que d'entiers dans $\mathbb{Z} \cap \left[\dfrac{n\alpha + \theta}{\pi}, \dfrac{n\alpha + \theta}{\pi} + 2n\right[$, c'est-à-dire $2n$.

Dès que $l_n(x) = r \sin(nx + \theta) = 0$, on a $|l_n'(x)| = nr|\cos(nx + \theta)| = nr$.

4. Soit $\varepsilon > 0$ tel que pour tout zéro x de l_n avec $x \in [\alpha, \alpha + 2\pi[$, on ait $|l_n'(t)| \geqslant \dfrac{nr}{2}$ pour tout t dans l'intervalle $I_x =]x - \varepsilon, x + \varepsilon[$. Un tel ε existe de par la continuité de l_n' et le nombre fini de zéros de l_n. Soit m la borne inférieure de $|l_n(t)|$ pour t à l'extérieur de ces intervalles I_x. Comme les zéros sont évités et que l_n est continue, la borne inférieure sur une réunion finie de segments est atteinte, et donc $m > 0$. Pour k grand, on a simultanément $\|\varepsilon_k'\|_\infty \leqslant \dfrac{nr}{4}$ et $\|\varepsilon_k\|_\infty \leqslant m$. Ceci fait que les seuls zéros de g_k sont nécessairement dans les intervalles I_x et que $|g_k'(t)| \geqslant \dfrac{nr}{4} > 0$ à l'intérieur de ces intervalles.

Supposons que dans un intervalle I_x il y ait deux zéros distincts de g_k. Alors l'inégalité $|g_k'(t)| \geqslant \dfrac{nr}{4} > 0$ serait en contradiction avec le théorème de Rolle. Donc dans chaque intervalle I_x il y a au plus un zéro. Réciproquement, les seuls zéros sont dans ces intervalles I_x. Donc g_k admet au plus $2n$

zéros dans l'intervalle $[\alpha, \alpha + 2\pi[$. Ceci contredit la question 1, qui affirme que $f^{(4k)}$, et donc g_k, admet au moins $2n + 1$ zéros dans cet intervalle. Donc on a nécessairement $a_n = b_n = 0$.

5. On déduit des questions précédentes que si $f \in \mathcal{T}_n$ admet $2n + 1$ zéros sur $[\alpha, \alpha + 2\pi[$, alors $a_n = b_n = 0$. Or dans ce cas, f est dans $\mathcal{T}_{n-1}$ et admet au moins $2(n-1) + 1$ zéros sur $[\alpha, \alpha + 2\pi[$.

Cet argument permet de construire une récurrence facile pour démontrer que si $f \in \mathcal{T}_n$ admet au moins $2n + 1$ zéros sur $[\alpha, \alpha + 2\pi[$, alors pour tout $j \leqslant n$, on a $a_j = b_j = 0$. En conclusion f est la fonction nulle.

6. Grâce aux formules d'Euler, $e^{nix} f(x)$ s'écrit $P(e^{ix})$, où

$$P = \sum_{k=0}^{n} \frac{a_k - ib_k}{2} X^{n+k} + \frac{a_k + ib_k}{2} X^{n-k}.$$

Le polynôme P est de degré inférieur à $2n$. Si f admet $2n + 1$ zéros, alors P admet lui aussi $2n + 1$ racines, donc est nul. Par suite on retrouve que $f(x) = e^{-inx} P(e^{ix})$ est la fonction nulle.

PARTIE III. *L'inégalité de Bernstein.*

1. La fonction $x \mapsto \left[\dfrac{1}{n} \|f'\|_\infty \sin\left(n(x - u) \right) \right]$ est dans $\mathcal{T}_n$ d'après I.3, et on voit facilement que la somme de deux fonctions de $\mathcal{T}_n$ reste dans $\mathcal{T}_n$ (en fait, $\mathcal{T}_n$ est un espace vectoriel).

2. On remarque que $\sin\left(n\dfrac{2k+1}{2n}\pi \right) = \sin\left(k\pi + \dfrac{\pi}{2} \right) = (-1)^k$. On en déduit que :

   • si k est pair,

$$h\left(u + \frac{2k+1}{2n}\pi \right) = \frac{\|f'\|_\infty}{n} - f\left(u + \frac{2k+1}{2n}\pi \right)$$

$$\geqslant \frac{\|f'\|_\infty}{n} - \|f\|_\infty > 0$$

   • de même si k est impair, $h\left(u + \dfrac{2k+1}{2n}\pi \right) < 0$.

   D'après le théorème des valeurs intermédiaires, il y a donc nécessairement un zéro de h dans $\left] u + \dfrac{\pi}{2n} + \dfrac{k\pi}{n}, u + \dfrac{\pi}{2n} + \dfrac{(k+1)\pi}{n} \right[$.

3. D'après la question précédente, on peut trouver au moins $2n$ zéros de h dans l'intervalle $\left] u + \dfrac{\pi}{2n}, u + \dfrac{\pi}{2n} + 2\pi \right[$. Par application du théorème de Rolle, comme dans la question II.1, h' admet au moins $2n$ zéros dans $\left[u + \dfrac{\pi}{2n}, u + \dfrac{\pi}{2n} + 2\pi \right[$, donc dans $[u, u + 2\pi[$ par 2π-périodicité de h'. Or, $h'(u) = \|f'\|_\infty - f'(u) = 0$. Donc $h'(u+2\pi) = 0$ et h' admet au moins $2n + 1$ zéros dans $[u, u + 2\pi]$.

4. Toujours d'après le théorème de Rolle, h'' admet au moins $2n$ zéros dans $]u, u + 2\pi[$. On a $h''(x) = -n\|f'\|_\infty \sin(n(x - u)) - f''(x)$ pour tout x, donc $h''(u) = -f''(u)$. Or $f'(u) = \|f'\|_\infty$, donc f' est maximale en u. Ainsi, $f''(u) = 0$. Donc h'' admet au moins $2n + 1$ zéros dans $[u, u + 2\pi[$.

D'après le résultat de la partie II, $h'' = 0$. Donc il existe deux constantes a et b telles que $h(x) = ax + b$. Mais comme h est bornée (car $h \in \mathcal{T}_n$), on a $a = 0$. Donc :

$$\begin{aligned}
f(x) &= \left(\frac{1}{n}\|f'\|_\infty \sin\left(n(x - u)\right)\right) - b \\
&= \left(\frac{1}{n}\|f'\|_\infty \sin\left(n(x - u)\right)\right) - f(u).
\end{aligned}$$

5. On vérifie facilement que $\|f\|_\infty = \dfrac{\|f'\|_\infty}{n} + |f(u)|$. Or on devrait avoir $\|f'\|_\infty > n\|f\|_\infty$, soit $\|f\|_\infty > \|f\|_\infty + |f(u)|$, ce qui est impossible.

6. La fonction $|f'|$ est périodique et continue, donc atteint son maximum en un point $u \in [0, 2\pi]$. Ainsi, $|f'(u)| = \|f'\|_\infty$. Comme on a $\|f\|_\infty = \|-f\|_\infty$, alors soit $f'(u) = \|f'\|_\infty$, soit $(-f)'(u) = \|-f'\|_\infty$. D'après les questions précédentes, que l'on applique soit à f, soit à $-f$, on peut affirmer que :
   - soit $\|f'\|_\infty \leqslant n\|f\|_\infty$,
   - soit $\|-f'\|_\infty \leqslant n\|-f\|_\infty$.

Les deux cas reviennent au même :

$$\|f'\|_\infty \leqslant n\|f\|_\infty.$$

Cette propriété s'étend par récurrence pour tout $k \in \mathbb{N}$ en :

$$\|f^{(k)}\|_\infty \leqslant n^k\|f\|_\infty$$

L'égalité est atteinte par exemple pour la fonction $x \mapsto \sin(nx)$.

Commentaires. *Il est classique que tout endomorphisme d'un espace normé de dimension finie est continu. En choisissant pour espace $\mathcal{T}_n$, pour norme $\|\cdot\|_\infty$, pour endomorphisme la dérivation, et en utilisant le caractère lipschitzien des applications linéaires continues, on obtient une constante c_n telle que $\|f'\|_\infty \leqslant c_n\|f\|_\infty$ pour toute $f \in \mathcal{T}_n$. L'inégalité de Bernstein du problème fournit la meilleure constante possible, qui est $c_n = n$. En d'autres termes, la norme de la dérivation sur $(\mathcal{T}_n, \|\cdot\|_\infty)$ est n.*

C'est en 1912 que Serge Bernstein a établi l'inégalité précédente; nous allons expliquer à propos de quel problème il y a été conduit. Le point de départ est la théorie de l'approximation trigonométrique. Si f est une fonction continue et 2π-périodique sur $\mathbb{R}$, le théorème de Weierstrass trigonométrique assure l'existence d'une suite $(P_n)_{n \in \mathbb{N}}$ de polynômes trigonométriques convergeant uniformément vers f. Autrement dit, si on note

$$d_n(f) = \inf\{\|f - p\|_\infty, \ p \in \mathcal{T}_n\}$$

la distance uniforme de f à $\mathcal{T}_n$, on a $d_n(f) \to 0$. Se pose alors la question suivante : peut-on estimer la vitesse de convergence de $d_n(f)$ vers 0, éventuellement avec des hypothèses sur la régularité de f ?

En 1911, D. Jackson a fourni une première réponse. Puisque toute fonction f continue et 2π-périodique est bornée et uniformément continue sur $\mathbb{R}$, on peut définir le module de continuité

$$w_f(\delta) = \sup_{|x-y| \leqslant \delta} \{|f(x) - f(y)|\}$$

pour $\delta > 0$ et observer que $w_f(\delta) \to 0$ grâce à la continuité uniforme. Une première façon de mesurer la régularité de f est de contrôler $w_f(\delta)$. Ainsi, pour $0 < \alpha \leqslant 1$, on dit que f est α-hölderienne si et seulement s'il existe $C > 0$ tel que $w_f(\delta) \leqslant C\delta^\alpha$ pour tout δ. Ceci revient à dire que

$$|f(x) - f(y)| \leqslant C|x - y|^\alpha$$

pour tous x et y (pour $\alpha = 1$ on retrouve le caractère lipschitzien). Le théorème de Jackson affirme alors que

$$d_n(f) \in O(w_f(1/n))$$

Ainsi, si par exemple f est α-hölderienne, $d_n(f) \in O(1/n^\alpha)$.

Les résultats obtenus par Bernstein un an après Jackson vont dans le sens inverse, et permettent d'estimer la régularité de f à partir de la rapidité de convergence de $d_n(f)$. Par exemple, si $d_n(f) \in O(1/n^\alpha)$ avec $\alpha \in]0,1[$, alors f est α-hölderienne ! Nous n'allons pas prouver cet énoncé, mais un résultat un peu plus faible, afin d'illustrer l'intervention de l'inégalité de Bernstein.

Soit donc $C > 0$ tel que $d_n(f) \leqslant \dfrac{C}{n^\alpha}$ pour tout n assez grand, et soit p_n dans $\mathcal{T}_n$ tel que $\|f - p_n\|_\infty \leqslant \dfrac{C}{n^\alpha}$. Pour estimer $w_f(\delta)$, on majore, si $(x,h) \in \mathbb{R}^2$,

$$
\begin{aligned}
|f(x+h) - f(x)| &\leqslant |(f - p_n)(x+h)| + |p_n(x+h) - p_n(x)| + |(p_n - f)(x)| \\
&\leqslant \frac{2C}{n^\alpha} + |p_n(x+h) - p_n(x)|
\end{aligned}
$$

Enfin, on remarque que $(\|p_n\|_\infty)$ est bornée par une certaine constante C' et on utilise l'inégalité de Bernstein pour majorer $|p_n(x+h) - p_n(x)|$ par $nC'h$. Au total, pour n assez grand et pour tout $(x,h) \in \mathbb{R}^2$, on a

$$|f(x+h) - f(x)| \leqslant \frac{2C}{n^\alpha} + nC'|h|.$$

L'idée est alors de fixer $h > 0$ et d'optimiser la majoration par un bon choix de n. Une étude de fonction classique montre qu'il est raisonnable de choisir

n de l'ordre de $|h|^{\frac{-1}{\alpha+1}}$. On obtient, avec ce choix, une constante $C'' > 0$ telle que, pour tout $x \in \mathbb{R}$ et pour tout h assez petit,

$$|f(x+h) - f(x)| \leqslant C''|h|^{\frac{\alpha}{\alpha+1}}$$

c'est-à-dire que f est $\dfrac{\alpha}{\alpha+1}$-höldérienne ; ce n'est pas le théorème de Bernstein, mais c'est déjà non trivial. Pour une preuve complète des deux théorèmes précédents, et plusieurs extensions (notamment aux fonctions de classe C^k), le lecteur est renvoyé à tout traité sur l'approximation, par exemple à "Constructive Approximation" de DeVore et Lorentz (Springer-Verlag).

Il existe beaucoup d'inégalités de "type Bernstein", qui estiment, dans des espaces fonctionnels convenables, la norme de l'opérateur de dérivation. On en trouvera plusieurs, abondamment commentées, dans le livre de Borwein et Erdelyi : "Polynomials and Polynomials inequalities" (Springer-Verlag).

Solution du problème 7
Théorème de Singer (1978)

PARTIE I. *Points fixes attractifs.*

1. Soit k un réel tel que $|f'(x_0)| < k < 1$. Par continuité de f', il existe $\alpha > 0$ tel que pour tout $x \in]x_0 - \alpha, x_0 + \alpha[$, $|f'(x)| \leqslant k$. Le théorème des accroissements finis appliqué à f entraîne que pour tout $x \in]x_0 - \alpha, x_0 + \alpha[$, $|f(x) - x_0| \leqslant k|x - x_0|$. Il en résulte que l'intervalle $]x_0 - \alpha, x_0 + \alpha[$ est stable par f, ce qui permet de prouver par récurrence que pour tout $n \in \mathbb{N}$, et tout $x \in]x_0 - \alpha, x_0 + \alpha[$,

$$|f^n(x) - x_0| \leqslant k^n|x - x_0|.$$

Vu que $k < 1$, le résultat demandé en découle.

2. a) Les points fixes de f sont 0, -1 et 1. Comme $f'(x) = 3x$, seul 0 est attractif. Par ailleurs une récurrence banale montre que pour tout $n \in \mathbb{N}$, et tout $x \in \mathbb{R}$, $f^n(x) = x^{3^n}$. Il en résulte que $f^n(x)$ tend vers 0 si et seulement si $x \in]-1, 1[$. Le bassin d'attraction de 0 est donc $]-1, 1[$.

   b) Les points fixes de f_a sont 0 et $x_a = 1 - 1/a$. On a $f'_a(0) = a$ et 0 est donc attractif si et seulement si $a \in]0, 1[$ (puisque $a > 0$ par hypothèse). On a aussi $f'(x_a) = 2 - a$. Il en résulte que x_a est attractif si et seulement si $a \in]1, 3[$.

3. a) Soit x dans $B_f(x_0)$. La suite $(f^n(x))_{n \geqslant 0}$ converge vers x_0 donc la suite $(f^{n+1}(x)) = (f^n(f(x)))$ converge vers x_0 lorsque $n \to +\infty$, et donc $f(x) \in B_f(x_0)$. De même si x est dans $B_f(x_0)$ et si y est un réel tel que $f(y) = x$, on a $f^n(y) = f^{n-1}(x) \to x_0$. Donc $y \in B_f(x_0)$ ce qui prouve que $f^{-1}(B_f(x_0)) \subset B_f(x_0)$.

   b) Soit x dans $B_f(x_0)$. Le réel α étant fixé comme dans la question 1, la convergence de la suite $(f^n(x))_{n \geqslant 0}$ vers x_0 assure l'existence d'un entier m tel que $f^m(x) \in]x_0 - \alpha, x_0 + \alpha[$. Par continuité de la fonction composée f^m, il existe $\beta > 0$ tel que :

$$\forall y \in]x - \beta, x + \beta[, \quad f^m(y) \in]x_0 - \alpha, x_0 + \alpha[.$$

Ainsi, si y est dans $]x - \beta, x + \beta[$, $f^m(y)$ est dans $]x_0 - \alpha, x_0 + \alpha[$ donc dans $B_f(x_0)$; le deuxième résultat de 3.a) assure que y est lui aussi dans $B_f(x_0)$.

   c) Le fait que $I_f(x_0)$ soit ouvert découle directement de 3.b).

   d) L'image de l'intervalle $I_f(x_0)$ par l'application continue f est un intervalle, contenant $f(x_0) = x_0$, et contenu dans $B_f(x_0)$ d'après le premier résultat de 3.a). Il en résulte bien que $f(I_f(x_0)) \subset I_f(x_0)$.

4. La question 3.d) montre que $f(]a, b[) \subset]a, b[$. Par continuité de f on a donc $f(a) \in [a, b]$. Si $f(a)$ était dans $]a, b[$, alors $f(a)$ serait dans $B_f(x_0)$ et a aussi d'après 3.a). D'après 3.b), on pourrait alors trouver β tel que $]a - \beta, a + \beta[$ soit inclus dans $B_f(x_0)$, et ainsi $]a - \beta, b[$ serait inclus dans $B_f(x_0)$, ce qui est contradictoire avec la définition de $I_f(x_0)$. L'argument pour b est identique.

5. a) On a $(f^2)' = (f' \circ f) \times f'$. Puisque f' ne s'annule pas sur $]a, b[$ et puisque $f(]a, b[) \subset]a, b[$, celle égalité montre que $(f^2)'$ ne s'annule pas sur $]a, b[$.

   b) Comme f' ne s'annule pas sur $]a, b[$, f est strictement monotone sur cet intervalle. Comme cet intervalle est stable par f, f^2 est strictement croissante sur $]a, b[$. D'après la question 4 on a $f^2(a)$ et $f^2(b)$ qui sont dans $\{a, b\}$. Il en résulte que $f^2(a) = a$ et $f^2(b) = b$.

   c) On a aussi $f^2(x_0) = x_0$. Donc $\dfrac{f^2(x_0) - f^2(a)}{x_0 - a} = 1$ et la formule des accroissements finis appliquée à f^2 donne l'existence de a'. Le raisonnement est le même pour l'existence de b'.

PARTIE II. *Orbites périodiques attractives.*

1. Si $k \geqslant 0$, $F_k = \{f^i(x), \; i \geqslant k\}$ est une partie de F, non vide, et stable par f. Par définition d'une orbite, $F_k = F$. Cela implique en premier lieu que l'ensemble $A = \{i \in \mathbb{N}^*, \; f^i(x) = x\}$ n'est pas vide, sans quoi F_1 serait strictement inclus dans F. Notons m le plus petit élément de A. Pour conclure, il suffit de montrer que $x, f(x), \ldots, f^{m-1}(x)$ sont deux à deux distincts, puisque si tel est le cas, $F = \{f^i(x), \; 0 \leqslant i \leqslant m - 1\}$ est de cardinal m, donc $m = q$ et le résultat suit. Supposons qu'il existe i et j vérifiant $0 \leqslant i < j \leqslant m - 1$ et $f^i(x) = f^j(x)$. Puisque x est dans $F = F_i$ il s'écrit $x = f^k(x)$ où $k \geqslant i$. Par suite,

$$f^{j-i}(x) = f^{j-i+k}(x) = f^{k-i}(f^j(x)) = f^{(k-i)}(f^i(x)) = f^k(x) = x.$$

Comme $0 < j - i < m$, cela contredit la minimalité de m.

2. La fonction f^n est de classe $\mathcal{C}^1$ pour tout n. La relation demandée se montre par récurrence sur n. Pour $n = 1$ c'est clair. Supposons le résultat vrai au rang n. On a

$$
\begin{aligned}
(f^{n+1})' &= (f \circ f^n)' \\
&= (f^n)' \times (f' \circ f^n) \\
&= \left(\prod_{i=0}^{n-1} f' \circ f^i \right) \times (f' \circ f^n) \\
&= \prod_{i=0}^{n} f' \circ f^i.
\end{aligned}
$$

3. La question précédente montre que si $x \in F$, $(f^q)'(x) = \displaystyle\prod_{i=0}^{q-1} f'(f^i(x))$.
D'après la description de l'orbite F vue dans la question 1, cela s'écrit aussi

$$(f^q)'(x) = \prod_{z \in F} f'(z)$$

En particulier, la quantité obtenue ne dépend pas du choix du point x dans l'orbite F. L'équivalence demandée en découle directement.

4. D'après la question I.1 appliquée à la fonction f^q, il existe $\alpha > 0$ tel que $f^{qn}(x)$ tend vers x_0 pour tout $x \in]x_0 - \alpha, x_0 + \alpha[$. Pour un tel x et un entier $r \in [\![0, q-1]\!]$, la continuité de f^r implique que $f^{qn+r}(x) = f^r(f^{qn}(x))$ converge vers $f^r(x_0)$ (cela explique le nom d'orbite périodique attractive donné à F).

5. a) On sait a priori qu'on peut factoriser $f_a^2(x) - x$ par $x(ax + 1 - a)$ car les points fixes de f_a sont a fortiori points fixes de f_a^2. On obtient alors

$$f_a^2(x) - x = x(ax + 1 - a)(a^2x^2 - (a^2 + a)x + 1 + a).$$

Si x est un point d'ordre 2 de f_a, c'est-à-dire un point fixe de f_a^2 non point fixe de f_a, il est racine de l'équation du second degré

$$(E) \quad a^2x^2 - (a^2 + a)x + 1 + a = 0.$$

Le discriminant de (E) est $\Delta = a^2(a+1)(a-3)$. Puisque $a > 0$, (E) admet une racine réelle si et seulement si $a \geqslant 3$. Pour $a = 3$ la racine double de (E) est $2/3 = 1 - 1/a$. Pour $a > 3$, (E) admet deux racines distinctes, et distinctes de 0 et $x_a = 1 - 1/a$ (car la valeur de $a^2x^2 - (a^2 + a)x + 1 + a$ en x_a est $3 - a$). Il est immédiat de vérifier que ces deux racines constituent une orbite périodique de cardinal 2. Ainsi, f_a admet une orbite périodique de cardinal 2 si et seulement si $a > 3$.

b) Pour $a > 3$ on note α_1 et α_2 les deux racines de (E). L'orbite $\{\alpha_1, \alpha_2\}$ est attractive si et seulement si $|f_a'(\alpha_1)f_a'(\alpha_2)| < 1$. On a

$$\begin{aligned} f_a'(\alpha_1)f_a'(\alpha_2) &= a^2(1 - 2\alpha_1)(1 - 2\alpha_2) \\ &= a^2(1 - 2(\alpha_1 + \alpha_2) + 4\alpha_1\alpha_2) \end{aligned}$$

Or, $\alpha_1 + \alpha_2 = 1 + \dfrac{1}{a}$ et $\alpha_1\alpha_2 = \dfrac{1}{a} + \dfrac{1}{a^2}$. On obtient donc

$$f_a'(\alpha_1)f_a'(\alpha_2) = -a^2 + 2a + 4$$

de sorte que l'orbite est attractive si et seulement si

$$-1 < -a^2 + 2a + 4 < 1.$$

Cela revient, après un petit calcul, à $a \in]3, 1 + \sqrt{6}[$. Donc f_a admet une orbite périodique attractive de cardinal 2 si et seulement si a est dans $]3, 1 + \sqrt{6}[$.

PARTIE III. *Fonctions à schwarzien négatif.*

1. a) Si p est un polynôme du second degré, p''' est nul et p'' est une constante non nulle. Par suite $Sp = -3(p'')^2 < 0$.

    b) Si $f(x) = \lambda \sin x$, on a $f'(x) = \lambda \cos x$, $f''(x) = -\lambda \sin x$ et enfin $f'''(x) = -\lambda \cos x$. Donc $Sf(x) = \lambda^2(-2\cos^2 x - 3\sin^2 x)$ et il est clair que pour tout x, $Sf(x) < 0$.

2. a) Si f et g sont de classe $\mathcal{C}^3$ il en est de même de $h = f \circ g$. De plus on a $h' = (f' \circ g)g'$, $h'' = (f'' \circ g)(g')^2 + (f' \circ g)g''$ et

    $$h''' = (f''' \circ g)(g')^3 + 3(f'' \circ g)g'g'' + (f' \circ g)g'''.$$

    Un petit calcul mène alors à

    $$S(f \circ g) = (g')^4(Sf \circ g) + (f' \circ g)^2 Sg.$$

    Soit x un réel qui n'est pas dans $C(h)$. On a donc $f'(g(x))$ et $g'(x)$ qui sont non nuls. Puisque $g \in E$, $Sg(x) < 0$ et puisque $f \in E$, $Sf(g(x)) \neq 0$. L'expression que l'on vient d'obtenir montre alors que $Sh(x) < 0$.

    b) Si $f \in E$, on montre par récurrence sur n que $f^n \in E$ pour tout n.

3. Posons $\varphi = (f')^2$. La fonction φ admet en x un minimum local. Puisque φ est de classe $\mathcal{C}^2$, la formule de Taylor-Young implique classiquement que $\varphi'(x) = 0$ et $\varphi''(x) \geq 0$. Or, $\varphi' = 2f'f''$ et $\varphi'' = 2f'f''' + 2(f'')^2$. Supposons par l'absurde que $x \notin C(f)$. Alors $f''(x) = 0$ et

    $$\varphi''(x) = 2f'(x)f'''(x) = Sf(x) < 0$$

    ce qui est la contradiction attendue.

4. On peut écrire $p'(x) = \lambda(x - x_1)\ldots(x - x_{d-1})$ où les x_i ne sont pas forcément distincts et $\lambda \in \mathbb{R}^*$. La dérivée logarithmique de p' est donnée par

    $$\forall x \in \mathbb{R} \setminus C(p), \quad \frac{p''(x)}{p'(x)} = \sum_{i=1}^{d-1} \frac{1}{x - x_i}$$

    En dérivant, on a pour tout réel x non point critique de p

    $$\frac{p'''(x)p'(x) - p''(x)^2}{p'(x)^2} = -\sum_{i=1}^{d-1} \frac{1}{(x - x_i)^2} < 0.$$

    Ainsi, si $x \notin C(p)$, $Sp(x) = 2(p'''(x)p'(x) - (p'')^2(x)) - (p'')^2(x) < 0$.

PARTIE IV. *Le théorème de Singer.*

1. Si $I_f(x_0)$ est non borné, il contient soit $]-\infty, x_0]$, soit $[x_0, +\infty[$ et on a terminé. On suppose donc dans la suite que $I_f(x_0)$ est borné. Comme en I.4 et I.5 on note $I_f(x_0) =]a, b[$. Supposons que $C(f) \cap]a, b[= \emptyset$. On peut alors appliquer les résultats de la question I.5 et on obtient a' et b' tels que $a < a' < x_0 < b' < b$ et $(f^2)'(a') = (f^2)'(b') = 1$. Par ailleurs $(f^2)'(x_0) = f'(x_0)^2 < 1$ (car x_0 est attractif). La fonction continue $(f^2)'$ admet un minimum global sur le segment $[a', b']$ et ce qui précède montre que ce minimum est atteint en un point c de $]a', b'[$. Or $(f^2)'$ est strictement positive sur $]a, b[$ (cf. I.5.a) donc $(f^2)'(c) > 0$. Ainsi f^2 est dans E (cf. III.2.b) et $|(f^2)'|$ atteint un minimum local strictement positif, ce qui contredit le résultat de III.3. Conclusion : $C(f)$ coupe l'intervalle $]a, b[$ donc $B_f(x_0)$.

2. La question III.2 garantit que $f^q \in E$, et x_0 est un point fixe attractif de f^q par II.3. D'après IV.1, trois cas sont possibles :
   - $[x_0, +\infty[\subset B_{f^q}(x_0)$.
   - $]-\infty, x_0] \subset B_{f^q}(x_0)$.
   - $C(f^q) \cap B_{f^q}(x_0) \neq \emptyset$.

   Dans les deux premiers cas on termine en utilisant l'inclusion évidente $B_{f^q}(x_0) \subset B_f(F)$. Il reste à démontrer que, dans le dernier cas, $C(f)$ coupe $B_f(F)$. La question précédente dit que $C(f^q)$ coupe $B_{f^q}(x_0)$. Soit x un point de l'intersection. D'après la question II.2, il existe $i \in [\![0, q-1]\!]$ tel que $f^i(x) \in C(f)$. Mais $f^i(x)$ est dans $B_{f^q}(f^i(x_0))$ lequel est contenu dans $B_f(F)$, ce qui achève la preuve.

3. a) Deux orbites périodiques distinctes sont trivialement disjointes. La question 2 montre qu'il existe au plus deux orbites périodiques attractives dont les bassins d'attraction ne rencontrent pas $C(f)$, ce qui démontre le résultat.

   b) Dans ce cas, aucune orbite périodique attractive ne peut contenir un intervalle non borné ; les deux éventuels cas d'exception mentionnés en 3.a) ne peuvent se produire et le résultat suit.

4. a) Puisque p est de degré $d \geqslant 2$, il existe $A > 0$ tel que $|p(x)| \geqslant 2|x|$ dès que $|x| \geqslant A$. Il en résulte aussitôt que $]-\infty, -A] \cup [A, +\infty[$ est stable par p et que pour tout x dans cet ensemble on a, pour $n \in \mathbb{N}$, $|p^n(x)| \geqslant 2^n|x|$ et donc $|p^n(x)| \to +\infty$. D'autre part, par III.4, p est dans E. Le nombre d'orbites périodiques attractives de p est majoré par le nombre de racines de p', donc par le degré $d-1$ de p'.

   b) Si p est un polynôme de degré 2, il est dans E et p' s'annule exactement une fois. Donc p a au plus une orbite périodique attractive.

   c) On observe que $[0, 1]$ et $\mathbb{R}_-^*$ sont stables par F et que l'on a l'inclusion $F(]1, +\infty[) \subset \mathbb{R}_-^*$. L'étude se sépare en deux cas.
   - Si $x \in [0, 1]$, on peut écrire $x = \sin^2\theta$ où $\theta \in \mathbb{R}$. On remarque alors que $F(x) = 4\sin^2\theta\cos^2\theta = (\sin(2\theta))^2$. Une récurrence évidente prouve que pour tout $n \in \mathbb{N}$ et tout $\theta \in \mathbb{R}$,

$$F^n(\sin^2 \theta) = (\sin(2^n \theta))^2$$

On peut en déduire que, pour tout segment S inclus dans $[0,1]$ non réduit à un singleton, il existe N tel que $F^N(S) = [0,1]$. En effet, il suffit d'écrire $S = [\sin^2 \theta_1, \sin^2 \theta_2]$ avec $0 \leqslant \theta_1 < \theta_2 \leqslant \dfrac{\pi}{2}$ et de choisir N tel que $2^N(\theta_2 - \theta_1) \geqslant 2\pi$. Il en résulte aussitôt que F ne peut avoir aucune orbite périodique attractive.

• Si $x < 0$, $F(x) - x = x(3 - 4x) < 0$. La suite $(F^n(x))$ est donc strictement décroissante. Elle ne peut converger car sa limite serait un point fixe de F, or il n'y en a que deux : 0 et 3/4. Donc $(F^n(x))$ tend vers $-\infty$. Si on choisit $x > 1$, $F(x) < 0$ et on a le même résultat.

Au passage, le lecteur est invité à vérifier la relation

$$F^n(-\operatorname{sh}^2 \theta) = (-\operatorname{sh}(2^n \theta))^2.$$

Commentaires. *Les résultats de ce texte ont fait l'objet de deux problèmes de concours : ENS Ulm 1989 (groupe A) et ENSAE 1991 (concours M'). Nous nous sommes principalement inspirés du second sujet, en le détaillant et en le complétant de quelques résultats.*

L'étude de la dynamique d'une fonction numérique a connu un regain d'intérêt ces dernières années, et constitue une bonne illustration des résultats de base sur les fonctions de la variable réelle enseignés en première année. Une très bonne référence est le livre de R.L. Devaney, "An introduction to chaotic Dynamical Systems" (Addison-Wesley), dont les cent cinquante premières pages sont entièrement accessibles.

On peut formuler le théorème de Singer de façon plus forte ; disons qu'un point fixe x_0 de f est non répulsif si et seulement si $|f'(x_0)| \leqslant 1$, et définissons, de même qu'en II.3 la notion d'orbite périodique non répulsive. Alors, dans les énoncés de IV.3, on peut remplacer partout "attractives" par "non répulsives". La preuve en est un excellent exercice pour le lecteur ; en cas de difficultés, il trouvera la solution dans le livre de Devaney susmentionné.

Solution du problème 8
Les équations de duplication

PARTIE I. *Quelques exemples.*

1. Fixons $x \in \mathbb{R}$. On vérifie par récurrence sur n que $f(x) = f\left(\dfrac{x}{2^n}\right)$ pour tout n. Comme f est continue en 0, la suite constante $f\left(\dfrac{x}{2^n}\right)$ tend vers $f(0)$. Ainsi $f(x) = f(0)$ par unicité de la limite et f est constante. Réciproquement, les fonctions constantes conviennent bien.

2. Dérivons l'égalité ; on obtient pour tout $x \in \mathbb{R}$ la relation
$$2f'(2x) + 2f'(x) = 0,$$
soit $f'(2x) = -f'(x)$. On est presque dans le cas précédent. On a ici $f'(x) = (-1)^n f'\left(\dfrac{x}{2^n}\right)$. Or f' est continue, donc $(-1)^n f'(x) \to f'(0)$. La suite $(-1)^n f'(x)$ est donc convergente, ce qui force $f'(x) = 0$. Ainsi f est constante. En reportant dans la relation fonctionnelle de l'énoncé, il vient $f(x) = \dfrac{1}{3}$. Réciproquement, cette fonction convient bien.

3. Remarquons tout d'abord que $f(0) = 2f(0)$, donc que $f(0) = 0$. Ainsi $\dfrac{f(h)}{h} \to f'(0)$ lorsque $h \to 0$. De même que précédemment, on a pour tout n la relation $f(x) = 2^n f\left(\dfrac{x}{2^n}\right)$. Si $x \neq 0$ on a donc $\dfrac{2^n}{x} f\left(\dfrac{x}{2^n}\right) \to f'(0)$. Par unicité de la limite, on a alors $f(x) = x f'(0)$, et cette relation reste vraie pour $x = 0$. Donc f est de la forme $x \mapsto ax$. Réciproquement, les fonctions $x \mapsto ax$ conviennent.

PARTIE II. *Généralités.*

1. Regardons la relation en 0 : si f est solution alors $f(0) = G(f(0))$, donc $f(0)$ est un point fixe de G. Réciproquement, si $G(\alpha) = \alpha$, alors la fonction constante $x \mapsto \alpha$ est dans $\mathcal{S}$.

2. On a pour tout x, $f_\lambda(2x) = f(2\lambda x) = G(f(\lambda x)) = G(f_\lambda(x))$. Donc $f_\lambda \in \mathcal{S}$.

3. On montre par récurrence sur $n \geqslant 0$ que f et g sont égales sur $[-2^n a, 2^n a]$, et sont ainsi égales sur $\mathbb{R}$.

4. On a les relations
$$\begin{aligned} h(2x) &= f(2x) - a = G(f(x)) - a \\ &= \widehat{G}(f(x) - a) = \widehat{G}(h(x)). \end{aligned}$$

De plus,

$$G(x) = x \iff G(x) - a = x - a$$
$$\iff G((x-a)+a) - a = x - a$$
$$\iff \widehat{G}(x-a) = x - a.$$

Ainsi, les points fixes de $\widehat{G}$ s'obtiennent par translation des points fixes de G.

Ce résultat justifie l'hypothèse $G(0) = 0$ de la partie suivante. En effet, si l'on cherche les solutions de $(\mathcal{D})$ telles que $f(0) = a$ où a est un point fixe de G, ces solutions sont les translatées des solutions h de l'équation avec $\widehat{G}$ vérifiant $h(0) = 0$.

PARTIE III. *Une famille de solutions à un paramètre.*

1. Dérivons en zéro la relation $h(2x) = G(h(x))$. On peut le faire car G et h sont dérivables en 0 et $h(0) = 0$. On obtient $2h'(0) = h'(0)G'(0)$. Comme $h'(0) = 1$ il vient $G'(0) = 2$. Comme de plus G' est continue, alors il existe un intervalle du type $[-a, a]$ sur lequel $G' \geqslant 1$. Et ainsi G est strictement croissante sur $[-a, a]$.

2. • Par continuité de h en 0, on peut trouver c tel que pour $x \in [-c, c]$ on ait $|h(x)| \leqslant a$. C'est exactement ce que l'on veut.

   • Posons $I = h([-c, c])$. La continuité de h permet d'affirmer que I est un segment. Comme $h'(0) = 1$, on peut dire que 0 est intérieur à I (car $h(x)$ est strictement négatif pour x proche de 0^-, strictement positif pour x proche de 0^+).

   • Pour garantir la bijectivité de h, il suffit de vérifier qu'elle est injective. Supposons $h(x_1) = h(x_2)$ avec $x_1, x_2 \in [-c, c]$. Alors

   $$G\left(h\left(\frac{x_1}{2}\right)\right) = G\left(h\left(\frac{x_2}{2}\right)\right).$$

   Comme G est strictement croissante sur le domaine considéré, G est injective, donc $h\left(\frac{x_1}{2}\right) = h\left(\frac{x_2}{2}\right)$. On obtient alors par récurrence sur les mêmes arguments $h\left(\frac{x_1}{2^n}\right) = h\left(\frac{x_2}{2^n}\right)$ pour tout $n \geqslant 0$. Comme h est dérivable en 0 et que $h'(0) = 1$, il vient $2^n\left(h\left(\frac{x_1}{2^n}\right) - h\left(\frac{x_2}{2^n}\right)\right) \to x_1 - x_2$, d'où $x_1 = x_2$. La fonction h est donc bien injective et ainsi bijective.

3. Soit $h^{-1} : I \to [-c, c]$ la réciproque de $h_{[-c, c]}$. Posons $g = f \circ h^{-1}$; g est définie sur I, donc en particulier sur un intervalle centré en 0. De plus, comme h est dérivable en 0 et que $h'(0) = 1$, h^{-1} est aussi dérivable en $h^{-1}(0) = 0$. Par le résultat sur les dérivées composées, g est dérivable en 0, et $g'(0) = f'(0)$.

4. On a $f(2x) = h(g(2x)) = G(f(x)) = G(h(g(x))) = h(2g(x))$. Par la bijectivité de h, $g(2x) = 2g(x)$ dès que x et $2x$ sont dans I. Par un raisonnement similaire à celui de la question I.3, $g(x) = g'(0)x$. Donc $f(x) = h(g'(0)x)$ pour x dans un intervalle centré en 0. D'après le principe de concordance locale, on a bien l'égalité pour tout $x \in \mathbb{R}$. La réciproque est immédiate d'après la question II.2.

5. La fonction $x \mapsto \operatorname{sh} x$ est solution de l'équation de duplication et vérifie les hypothèses dévolues à f au début de cette partie. Comme G admet la régularité souhaitée, les fonctions qui satisfont à l'équation de duplication sont exactement les $x \mapsto \operatorname{sh} \lambda x$ pour $\lambda \in \mathbb{R}$.

PARTIE IV. *Un autre cas de famille à un paramètre.*

1. Les fonctions $x \mapsto \operatorname{ch} ax$ et $x \mapsto \cos ax$ sont solutions de $(\mathcal{D})$. Leurs dérivées secondes en 0 sont respectivement a^2 et $-a^2$. On peut donc poser $f_\lambda(x) = \operatorname{ch}(\sqrt{\lambda})x$ si $\lambda \geqslant 0$ et $f_\lambda(x) = \cos(\sqrt{-\lambda})x$ si $\lambda < 0$.

2. En dérivant $f(2x) = G(f(x))$ en 0, il vient $2f'(0) = f'(0)G'(1)$. Or $G'(1) = 4$, donc $f'(0) = 0$.

3. Remarquons tout d'abord que $0 \leqslant f_\lambda(x) \leqslant f_{\lambda'}(x)$ pour tout $x \in [-c, c]$. En effet, x étant fixé dans $[-c, c]$, la fonction $\lambda \mapsto f_\lambda(x)$ est croissante lorsque $\lambda \in [\mu - 1, +\infty[$.

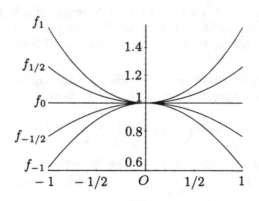

Fig. 2. *A x fixé, la fonction $\lambda \longmapsto f_\lambda(x)$ est croissante.*

Comparons localement f et f_λ par un développement limité en 0. D'après la formule de Taylor-Young, on a $f(x) - f_\lambda(x) = \dfrac{\mu - \lambda}{2}x^2 + o(x^2)$. Comme $\mu - \lambda > 0$, le développement limité est équivalent à son terme en x^2. Alors on peut trouver un intervalle $[-a, a]$ sur lequel $f \geqslant f_\lambda$. De même, si a est choisi suffisamment petit, $f \leqslant f_{\lambda'}$ sur le même intervalle.

On peut alors prouver par récurrence le résultat suivant :

$f_\lambda \leqslant f \leqslant f_{\lambda'}$ sur l'intervalle $[-2^n a, 2^n a] \cap [-c, c]$.

La propagation utilise simplement l'équation de duplication et le fait que G est croissante sur $\mathbb{R}^+$. Pour n assez grand, l'inégalité est valable sur tout l'intervalle $[-c, c]$.

4. Fixons $x \in [-c, c]$. Pour tout $\lambda > \mu$, on a $f(x) \leqslant f_\lambda(x)$. Or à x fixé, la fonction $\lambda \mapsto f(\lambda x)$ est continue. Donc $f_\lambda(x) \to f_\mu(x)$ quand $\lambda \to \mu$ et en passant à la limite, $f(x) \leqslant f_\mu(x)$. De même, $f(x) \geqslant f_\lambda(x)$ lorsque $\mu - 1 \leqslant \lambda < \mu$. Le passage à la limite donne $f(x) \geqslant f_\mu(x)$. D'où l'égalité des deux fonctions sur $[-c, c]$. D'après le principe de concordance locale, on a bien $f = f_\mu$ sur $\mathbb{R}$.

5. La valeur $f(0) = -\dfrac{1}{2}$ est effectivement envisageable puisque $-\dfrac{1}{2}$ est le deuxième point fixe de G. Posons $g(x) = \arccos f(x)$. Par continuité de f, g est définie sur un intervalle du type $[-c, c]$ dans lequel l'inégalité $-1 \leqslant f \leqslant 1$ est vérifiée. De plus, $g(0) = \dfrac{2\pi}{3}$ et g est $\mathcal{C}^1$ comme composée de fonctions $\mathcal{C}^1$. Comme $f(x) = \cos g(x)$, on a

$$f(2x) = G(\cos g(x)) = \cos 2g(x) = \cos g(2x).$$

Ainsi, pour tout $x \in [-c/2, c/2]$, on a

$$2g(x) \equiv g(2x) \, [2\pi] \quad \text{oubien} \quad 2g(x) \equiv -g(2x) \, [2\pi].$$

Or la fonction $x \mapsto 2g(x) - g(2x)$ est continue et vaut $\dfrac{2\pi}{3}$ en 0. Donc pour x dans un petit intervalle autour de 0, $2g(x) \not\equiv g(2x) \, [2\pi]$. On a donc exhibé un réel $\alpha > 0$ tel que $2g(x) + g(2x) \equiv 0 \, [2\pi]$ pour tout $x \in [-\alpha, \alpha]$. Par continuité, la fonction $2g(x) + g(2x)$, qui vaut 2π en 0, ne peut pas "sauter" en un autre réel de $2\pi\mathbb{Z}$. Donc $2g(x) + g(2x) = 2\pi$ pour tout $x \in [-\alpha, \alpha]$. Un raisonnement similaire à celui de la question I.2 permet donc d'affirmer que g est constante sur cet intervalle. Ainsi, f coïncide avec la solution constante $-\dfrac{1}{2}$ localement en 0. D'après le principe de concordance locale, f est constante sur $\mathbb{R}$.

En fait, on peut améliorer légèrement le dernier résultat en supposant seulement f continue en 0 ! Mais il faut pour cela une généralisation de la question I.2, qui soit valable juste avec l'hypothèse de continuité en zéro et sa démonstration en est plus difficile.

PARTIE V. *Cas général : existence et unicité.*

1. Lorsque x tend vers 0, on a $f(x) \to 0$. Comme f ne s'annule pas sur un voisinage de 0, on peut composer les limites, et $\dfrac{G(f(x))}{f(x)} \to G'(0)$ (car $G(0) = 0$). Or $\dfrac{G(f(x))}{f(x)} = \dfrac{f(2x)}{f(x)}$ est équivalent au voisinage de 0 à $\dfrac{A.2^\alpha x^\alpha}{A.x^\alpha}$, qui tend vers 2^α. Par unicité de la limite, $G'(0) = 2^\alpha$.

2. Supposons que pour tout réel x on ait $f(x) = G\left(f\left(\dfrac{x}{2}\right)\right)$. En reportant, il vient

$$x^\alpha g(x^\alpha) = 2^\alpha \frac{x^\alpha}{2^\alpha} g\left(\frac{x^\alpha}{2^\alpha}\right) H\left(\frac{x^\alpha}{2^\alpha} g\left(\frac{x^\alpha}{2^\alpha}\right)\right),$$

soit encore, en simplifiant : $g(x^\alpha) = K\left(x^\alpha, g\left(\dfrac{x^\alpha}{2^\alpha}\right)\right)$. Comme $x \mapsto x^\alpha$ est une bijection de $\mathbb{R}_+$ dans $\mathbb{R}_+$, il vient pour tout $x \in \mathbb{R}_+$,

$$g(x) = K\left(x, g\left(\frac{x}{2^\alpha}\right)\right)$$

et g est solution de $(\mathcal{D}')$. La démonstration est aisément réversible ; si g vérifie $(\mathcal{D}')$ alors f vérifie $(\mathcal{D})$.

3. Comme H est dérivable, K_x l'est aussi. On a

$$K'_x(y) = H\left(\frac{xy}{2^\alpha}\right) + \frac{xy}{2^\alpha} H'\left(\frac{xy}{2^\alpha}\right).$$

Soit M tel que $|H'(x)| \leqslant M$ pour tout $x \in \mathbb{R}$. Alors par l'inégalité des accroissements finis, on a

$$\left|H\left(\frac{xy}{2^\alpha}\right)\right| \leqslant |H(0)| + \frac{M|y||x|}{2^\alpha}.$$

On en déduit que lorsque $|y| \leqslant 2$, on a $|K'_x(y)| \leqslant 1 + \dfrac{2M}{2^\alpha}|x| = 1 + C|x|$. Par l'inégalité des accroissements finis, K_x est donc $(1 + C|x|)$-lipschitzienne.

4. On a

$$\ln \prod_{k=0}^{n}\left(1 + \frac{C\lambda}{2^{\alpha k}}\right) \leqslant \lambda C \sum_{k=0}^{n} \frac{1}{2^{\alpha k}} \leqslant \frac{\lambda C}{1 - \frac{1}{2^\alpha}} \leqslant \ln 2$$

pour λ assez petit.

5. Les deux premières questions se résolvent par récurrence.

   a) On a déjà $|g_0(x)| = 1 \leqslant 1 + Cx$ pour $x \in [0, \lambda]$. Supposons l'inégalité vérifiée au rang n. Utilisons le fait que $K_x(0) = 0$ et que K_x est $(1 + Cx)$-lipschitzienne.

$$|g_{n+1}(x)| \leqslant \left|K_x\left(g_n\left(\frac{x}{2^\alpha}\right)\right)\right| \leqslant (1 + Cx)\left|g_n\left(\frac{x}{2^\alpha}\right)\right|$$

Par hypothèse de récurrence, on a alors

$$|g_{n+1}(x)| \leqslant (1 + Cx) \prod_{k=0}^{n}\left(1 + \frac{C\left(\frac{x}{2^\alpha}\right)}{2^{\alpha k}}\right)$$

Ainsi,

$$|g_{n+1}(x)| \leqslant (1 + Cx) \prod_{k=1}^{n+1}\left(1 + \frac{Cx}{2^{\alpha k}}\right) = \prod_{k=0}^{n+1}\left(1 + \frac{Cx}{2^{\alpha k}}\right)$$

ce qui achève la récurrence.

b) Pour $n = 0$ l'inégalité est une égalité. Supposons $n \geqslant 1$ et $x \in [0, \lambda]$. Alors,

$$\begin{aligned}
|g_{n+1}(x) - g_n(x)| &\leqslant \left| K_x \left(g_n \left(\frac{x}{2^\alpha} \right) \right) - K_x \left(g_{n-1} \left(\frac{x}{2^\alpha} \right) \right) \right| \\
&\leqslant (1 + Cx) \left| g_n \left(\frac{x}{2^\alpha} \right) - g_{n-1} \left(\frac{x}{2^\alpha} \right) \right|
\end{aligned}$$

Par hypothèse de récurrence,

$$\left| g_n \left(\frac{x}{2^\alpha} \right) - g_{n-1} \left(\frac{x}{2^\alpha} \right) \right| \leqslant \prod_{k=1}^{n} \left(1 + \frac{Cx}{2^{\alpha k}} \right) \left| g_1 \left(\frac{x}{2^{\alpha(n+1)}} \right) - 1 \right|$$

En reportant dans l'inégalité précédente, on obtient le résultat souhaité, qui permet de conclure la récurrence.

c) Comme $x \in [0, \lambda]$ on a

$$|g_{n+1}(x) - g_n(x)| \leqslant 2 \left| g_1 \left(\frac{x}{2^{\alpha(n+1)}} \right) - 1 \right|.$$

Par ailleurs $g_1(x) = K_x(x, 1) = H \left(\frac{x}{2^\alpha} \right)$ et H est M-lipschitzienne. Donc $|g_{n+1}(x) - g_n(x)| \leqslant \dfrac{2M\lambda}{2^{\alpha(n+1)}} = \dfrac{C'}{(2^\alpha)^n}$.

• Fixons $x \in [0, \lambda]$ et montrons que la suite $(g_n(x))_{n \geqslant 0}$ vérifie le critère de Cauchy. Soient $n < p$ deux entiers. On sait par l'inégalité triangulaire que $|g_p(x) - g_n(x)| \leqslant \dfrac{C'}{1 - \frac{1}{2^\alpha}} \cdot \dfrac{1}{(2^\alpha)^n}$ qui tend vers 0 lorsque n tend vers $+\infty$ (le critère de Cauchy est vérifié). Donc $(g_n(x))_{n \geqslant 0}$ est une suite convergente, et $g(x)$ est bien définie.

• Passons la dernière inégalité à la limite lorsque $p \to \infty$. Il vient $\sup\limits_{[0,\lambda]} |g_n(x) - g(x)| \leqslant u_n$ où $u_n = \dfrac{C'}{1 - \frac{1}{2^\alpha}} \cdot \dfrac{1}{(2^\alpha)^n}$ tend vers 0.

• Fixons enfin $x \in [0, \lambda]$ et $\varepsilon > 0$. Soit alors n assez grand pour que $u_n \leqslant \varepsilon$. La fonction g_n est continue (ce résultat se vérifie par récurrence). Donc on peut trouver $\eta > 0$ tel que $|g_n(t) - g_n(x)| \leqslant \varepsilon$ dès que $|t - x| \leqslant \eta$. Alors

$$|g(t) - g(x)| \leqslant |g(t) - g_n(t)| + |g_n(t) - g_n(x)| + |g_n(x) - g(x)| \leqslant 3\varepsilon$$

ce qui prouve la continuité de g.

Cette dernière propriété est un résultat classique d'analyse ; il affirme qu'une limite uniforme de fonctions continues est continue.

d) Remarquons tout d'abord que pour tout $n \in \mathbb{N}$, $g_n(0) = 1$. Donc $g(x) = \lim g_n(0) = 1$. Fixons $x \in [0, \lambda]$. Par continuité de K_x, on peut passer l'égalité $g_{n+1}(x) = K_x \left(g_n \left(\frac{x}{2^\alpha} \right) \right)$ à la limite lorsque n tend vers $+\infty$. Il vient $g(x) = K\left(x, g\left(\dfrac{x}{2^\alpha}\right)\right)$ et donc g est bien solution de $(\mathcal{D}')$ sur $[0, \lambda]$. Cependant, g n'est définie que sur $[0, L]$; mais on peut la prolonger par duplication sur $\mathbb{R}_+$ en une solution de $(\mathcal{D}')$.

6. Le problème de l'existence d'une solution à l'équation de duplication est en fait un problème local. Il suffit d'obtenir une solution existant sur un voisinage de 0 pour la prolonger sur tout $\mathbb{R}$ ou $\mathbb{R}_+$ par duplication. Ainsi le comportement de H loin de zéro n'a pas d'influence sur le problème. Plus précisément, construisons $\widehat{H}$ de la façon suivante :
   - Pour $x \in [-1, 1]$, $\widehat{H}(x) = H(x)$.
   - Pour $x \geqslant 1$, $\widehat{H}(x) = H(1) + H'(1)(x - 1)$.
   - Pour $x \leqslant -1$, $\widehat{H}(x) = H(-1) + H'(-1)(x - 1)$.

   La continuité de $\widehat{H}$ est claire, celle de $\widehat{H}'$ provient du théorème de la limite de la dérivée. A la différence de H', la fonction $\widehat{H}'$ est bornée sur $\mathbb{R}$ (par $\sup_{[-1,1]} |H'(x)|$). On peut donc appliquer le résultat de la question 5 pour construire une fonction $\hat{g}$ telle que $\hat{g}(x) = \widehat{K}\left(x, \hat{g}\left(\dfrac{x}{2^\alpha}\right)\right)$, avec $\widehat{K}(x, y) = y\widehat{H}\left(\dfrac{xy}{2^\alpha}\right)$.

   Soit $\lambda > 0$ tel que pour tout $x \in [0, \lambda]$ on ait $\dfrac{x\hat{g}\left(\frac{x}{2^\alpha}\right)}{2^\alpha} \in [-1, 1]$. L'existence de λ est garantie par la continuité de $\hat{g}$. Alors la restriction de $\hat{g}$ à $[0, \lambda]$ est aussi solution de $(\mathcal{D}')$. Cette solution locale est suffisante, il suffit ensuite de prolonger par duplication.

7. Pour les mêmes raisons que dans la question précédente, il suffit de démontrer l'unicité lorsque H' est bornée. Or, si g et h vérifient $(\mathcal{D}')$, on a, lorsque $x \in [0, \lambda]$ et avec les notations des questions précédentes,

$$|g(x) - h(x)| \leqslant \prod_{k=0}^{n} \left(1 + \frac{Cx}{2^{\alpha k}}\right) \left| g\left(\frac{x}{2^{\alpha(n+1)}}\right) - h\left(\frac{x}{2^{\alpha(n+1)}}\right) \right|$$

La démonstration utilise les mêmes arguments qu'à la question 5.b). Le résultat suit en faisant tendre n vers $+\infty$. Le produit reste inférieur à 2 (cf. question 4) et la valeur absolue tend vers 0, puisque g et h sont continues en 0.

Commentaires. *La méthode utilisée dans la dernière partie est une forme de la "méthode des approximations successives de Picard". Le principe en est le suivant : si $\mathcal{C}$ est l'espace vectoriel des fonctions continues de $\mathbb{R}^+$ dans $\mathbb{R}$, et si $g \in \mathcal{C}$, on note $T(g)$ la fonction définie sur $\mathbb{R}^+$ par*

$$T(g)(x) = K\left(x, g\left(\frac{x}{2^\alpha}\right)\right)$$

On vérifie que $T(g)$ est continue, de sorte que T est une application de $\mathcal{C}$ dans $\mathcal{C}$. Résoudre l'équation de duplication revient (question V.2) à chercher les g dans $\mathcal{C}$ telles que $T(g) = g$, c'est-à-dire à chercher les points fixes de T.

Plus généralement, lorsque E est un espace normé, F une partie fermée de E, et T une application continue de F dans F, on peut trouver des points fixes de T en itérant la suite $x_{n+1} = T(x_n)$. En effet, si x_n est convergente, la limite l vérifie, par continuité de T, la relation $l = T(l)$. Il est donc naturel de chercher à montrer la convergence d'une telle suite pour produire un point fixe de T. C'est ce qu'on fait dans le problème, en considérant la suite $(g_n)_{n \geqslant 0}$.

Malgré sa simplicité, la méthode des approximations successives est un outil très puissant pour construire des solutions à des équations fonctionnelles. Elle fournit notamment une preuve simple du théorème de Cauchy-Lipschitz relatif aux équations différentielles, que le lecteur trouvera, par exemple, dans le livre de S. Lang, "Analyse Réelle" (Interéditions).

Chapitre 3
Calcul intégral

Vrai ou faux ?

1. Si f et g sont continues de $[0,1]$ dans $\mathbb{R}$ et si $\int_0^1 f \leqslant \int_0^1 g$, alors on a $f(x) \leqslant g(x)$ pour tout x dans $[0,1]$.

2. Si f est continue de $[0,1]$ dans $\mathbb{R}$ et si $\int_0^1 f = 1/2$, alors f a un point fixe.

3. Si f est continue de $[0,1]$ dans $\mathbb{R}$, et si $\left| \int_0^1 f \right| = \int_0^1 |f|$, alors f est de signe constant sur $[0,1]$.

4. Si f et b sont continues de $\mathbb{R}$ dans $\mathbb{R}$, la fonction $G : x \mapsto \int_0^{b(x)} f$ est dérivable sur $\mathbb{R}$.

5. Si f est continue de $\mathbb{R}$ dans $\mathbb{R}$, b dérivable de $\mathbb{R}$ dans $\mathbb{R}$, la fonction $G : x \mapsto \int_0^{b(x)} f$ est dérivable sur $\mathbb{R}$ de dérivée $G'(x) = f(b(x))$.

6. Si f est continue de $\mathbb{R}$ dans $\mathbb{R}$, toute primitive de f sur $\mathbb{R}$ est de la forme $x \mapsto \int_a^x f$, où $a \in \mathbb{R}$.

7. Si f est continue et T-périodique de $\mathbb{R}$ dans $\mathbb{R}$, alors $\int_a^{a+T} f$ est indépendant de a.

8. Si f est continue de $\mathbb{R}$ dans $\mathbb{R}$, et si $T > 0$ est tel que $\int_a^{a+T} f$ ne dépende pas de a, alors f est T-périodique.

9. Si f est continue et T-périodique de $\mathbb{R}$ dans $\mathbb{R}$, les primitives de f sur $\mathbb{R}$ sont T-périodiques.

10. Si f est continue de $[0,1]$ dans $\mathbb{R}_+^*$, alors $\int_0^1 f \times \int_0^1 \frac{1}{f} \geqslant 1$.

11. Si f est de classe C^1 sur $[0,1]$ et vérifie $f(0) = f(1) = 0$, $\int_0^1 |f'| = 1$, alors $|f(1/2)| \leqslant 1/2$.

12. Si f est continue et sommable sur $]0,1]$, alors f^2 est sommable sur $]0,1]$.

13. Si f est continue et f^2 sommable sur $]0,1]$, alors f est sommable sur $]0,1]$.

14. Si f est continue et sommable sur $\mathbb{R}^+$, alors f^2 est sommable sur $\mathbb{R}^+$.

15. Si f est continue sur $\mathbb{R}^+$ et f^2 sommable sur $\mathbb{R}^+$, alors f est sommable sur $\mathbb{R}^+$.

16. Si f est continue sur $[1, +\infty[$ et si $\int_1^x f$ a une limite lorsque $x \to +\infty$, alors f est sommable sur $[1, +\infty[$.

Pour la solution, voir page 84.

Problème 9
Comparaison de normes intégrales

Prérequis. *Fonctions convexes, intégrale définie des fonctions continues.*

Définitions et notations.

- Une suite finie $(m_1 < m_2 < \ldots < m_n)$ d'entiers strictement positifs est *admissible* si $m_k + m_l \neq m_j + m_p$ dès que $k \leqslant l, j \leqslant p, (k, l) \neq (j, p)$.
  Dans tout le problème, on fixe un entier $n \geqslant 2$ et une suite $(m_1 < \ldots < m_n)$ admissible.
- On note e la fonction continue de $[0, 1]$ dans $\mathbb{C}$ définie par $e(x) = e^{2i\pi x}$.
- Lorsque f est une fonction continue de $[0, 1]$ dans $\mathbb{C}$, et $p \geqslant 1$ un réel fixé,
  on pose $\|f\|_p = \left(\int_0^1 |f(t)|^p dt \right)^{1/p}$

Introduction. *L'objet du problème est de déterminer des relations entre certaines normes intégrales dans le cadre de polynômes trigonométriques dont les fréquences vérifient des conditions particulières.*

PARTIE I. *Autour de l'inégalité de Hölder.*

Dans cette partie, p et q sont deux réels positifs tels que $1/p + 1/q = 1$, et f et g sont deux fonctions continues et positives de $[0, 1]$ dans $\mathbb{R}$. On se propose de démontrer l'inégalité de Hölder :

$$\int_0^1 f(t)g(t)dt \leqslant \|f\|_p \|g\|_q$$

1. En utilisant la convexité de la fonction exponentielle, montrer que pour tous réels positifs u et v, on a $uv \leqslant \dfrac{u^p}{p} + \dfrac{v^q}{q}$.
2. Démontrer l'inégalité de Hölder dans le cas où $\|f\|_p = \|g\|_q = 1$.
3. Prouver enfin l'inégalité dans le cas général. On pourra appliquer après justifications le résultat précédent aux deux fonctions $\hat{f}(t) = \dfrac{f(t)}{\|f\|_p}$ et $\hat{g}(t) = \dfrac{g(t)}{\|g\|_q}$. Que retrouve-t-on lorsque $p = q = 2$?
4. Déterminer une condition nécessaire et suffisante sur f et g pour que l'inégalité précédente devienne une égalité.
5. On pose $\|f\|_\infty = \sup_{t \in [0,1]} |f(t)|$. Montrer que $\|f\|_p \to \|f\|_\infty$ lorsque p tend vers $+\infty$. Proposer une extension de l'inégalité de Hölder.

PARTIE II. *Une première inégalité sur les sommes complexes.*

Dans cette partie, $(c_1, \ldots, c_n)$ sont des complexes quelconques. On pose

$$S_n(t) = \sum_{k=1}^{n} c_k e(m_k t), \quad R_n = \sum_{k=1}^{n} |c_k|^2 \quad \text{et} \quad Q_n = \sum_{k=1}^{n} |c_k|^4.$$

On rappelle que la suite (m_k) est admissible.

1. Calculer $\displaystyle\int_0^1 e(mt)dt$ pour tout entier $m \in \mathbb{Z}$.

2. Montrer que $\displaystyle\int_0^1 |S_n(t)|^2 dt = R_n$.

3. Vérifier que $\displaystyle\int_0^1 |S_n(t)|^4 dt = 2R_n^2 - Q_n$.

   Indication : développer S_n^2 puis utiliser la question précédente.

4. Utiliser l'inégalité de Hölder pour démontrer que

$$\int_0^1 |S_n(t)|dt \geqslant \frac{R_n^{3/2}}{(2R_n^2 - Q_n)^{1/2}}$$

5. Vérifier que $\displaystyle\sqrt{R_n} \geqslant \int_0^1 |S_n(t)|dt \geqslant \sqrt{\frac{R_n}{2 - \frac{1}{n}}}$.

PARTIE III. *Un raffinement pour les sommes réelles.*

On considère maintenant deux n-uplets $(\rho_1, \rho_2, \ldots, \rho_n)$ et $(\alpha_1, \ldots, \alpha_n)$ de réels quelconques. On définit $c(x) = \cos 2\pi x$ et $T_n(t) = \sum_{k=1}^{n} \rho_k c(m_k t + \alpha_k)$. On pose encore $R_n = \sum_{k=1}^{n} \rho_k^2$ et $Q_n = \sum_{k=1}^{n} \rho_k^4$.

1. Montrer que $\displaystyle\int_0^1 |T_n(t)|^2 dt = \frac{R_n}{2}$.

2. On pose $U_n(t) = \sum_{k=1}^{n} \rho_k e(m_k t + \alpha_k)$. Calculer $\displaystyle\int_0^1 |U_n(t)|^4 dt$.

3. Comparer $|T_n(t)|$ et $|U_n(t)|$ et utiliser l'inégalité de Hölder pour prouver que

$$\int_0^1 |T_n(t)|dt \geqslant \frac{\sqrt{R_n}}{2\sqrt{2(2 - \frac{1}{n})}}.$$

4. Calculer $\displaystyle\int_0^1 T_n(t)dt$ et montrer que

$$\min_{x \in [0,1]} T_n(x) \leqslant -\frac{1}{2} \int_0^1 |T_n(t)| dt.$$

En déduire que $\displaystyle\min_{x \in [0,1]} \sum_{k=1}^n \cos 2\pi(m_k x + \alpha_k) < -\frac{\sqrt{n}}{8}$

5. *Cette question est indépendante du reste du problème.*
   a) Montrer que la suite $(1, 2, 4, \ldots, 2^{n-1})$ est une suite admissible.

   b) Montrer que si $(m_1, \ldots, m_n)$ est admissible, alors $m_n \geqslant \dfrac{n^2}{4}$.

Pour la solution, voir page 89.

Problème 10
Inégalités de Kolmogorov et Weyl

Prérequis. *Fonctions sommables, équations différentielles linéaires d'ordre 2 à coefficients constants.*

Introduction. *Si φ est une fonction continue sur $\mathbb{R}^+$, telle que φ^2 soit sommable, appelons norme L^2 de φ le réel $\left(\int_0^{+\infty} \varphi^2 \right)^{\frac{1}{2}}$. Le but de ce problème est d'établir deux inégalités classiques concernant les normes L^2 d'une fonction de classe C^2, de son produit par $x \mapsto x$, et de ses deux premières dérivées, puis d'en caractériser les cas d'égalité.*

Les parties II et III du problème sont indépendantes, mais utilisent chacune certains résultats de la partie I.

Définitions et notations.

- On note $\mathcal{E}$ l'ensemble des fonctions $f \in C(\mathbb{R}^+, \mathbb{R})$ telles que f^2 soit sommable sur $\mathbb{R}^+$.
- On note $\mathcal{F}$ l'ensemble des fonctions $f \in C^2(\mathbb{R}^+, \mathbb{R})$ telle que f^2 et f''^2 soient sommables sur $\mathbb{R}^+$.
- On note $\mathcal{G}$ l'ensemble des $f \in C^1(\mathbb{R}^+, \mathbb{R})$ telles que f'^2 et $x \mapsto x^2 f^2(x)$ soient sommables sur $\mathbb{R}^+$.

PARTIE I. *Questions préliminaires.*

1. Parmi les fonctions suivantes, préciser celles qui sont dans $\mathcal{E}$.

$$a) \ x \mapsto \frac{1}{x^\alpha + 1} \qquad b) \ x \mapsto e^{-\sqrt{\operatorname{ch} x}} \qquad c) \ x \mapsto e^{-\sin^2 x}$$

2.   a) Si f et g sont dans $\mathcal{E}$, montrer que $x \mapsto f(x)g(x)$ est sommable sur $\mathbb{R}^+$.

    b) Montrer que $\mathcal{E}$ est un sous-espace vectoriel de $C(\mathbb{R}^+, \mathbb{R})$.

3.   a) Soit $\varphi \in C(\mathbb{R}^+, \mathbb{R})$, sommable, et telle que $\varphi(x) \to l$ lorsque $x \to +\infty$, où $l \in \mathbb{R} \cup \{-\infty, +\infty\}$. Montrer que $l = 0$.

    b) Donner un exemple de fonction $f \in \mathcal{E}$ qui ne tende pas vers 0 lorsque x tend vers $+\infty$.

4. Soit $g \in C^1(\mathbb{R}^+, \mathbb{R})$ telle que g' soit sommable sur $\mathbb{R}^+$. Montrer que g admet une limite en $+\infty$.

PARTIE II. *Inégalité de Kolmogorov dans le cadre* L^2.

Dans les questions 1 et 2, $f \in \mathcal{F}$ est fixée.

1. a) Vérifier que ff'' est sommable sur $\mathbb{R}^+$.
    b) Montrer que f'^2 est sommable sur $\mathbb{R}^+$, ainsi que ff' et $f'f''$.
    c) Montrer que $f(x)$ et $f'(x)$ tendent toutes deux vers 0 lorsque x tend vers $+\infty$.

2. a) Simplifier $(f + f' + f'')^2 - ((f + f')^2)'$.
    b) Déduire de a) que $\displaystyle\int_0^{+\infty} f^2 + \int_0^{+\infty} f''^2 \geqslant \int_0^{+\infty} f'^2$.
    c) Pour $\lambda > 0$, on pose $f_\lambda(x) = f(\lambda x)$. En appliquant la question b) à f_λ, démontrer l'inégalité :

$$(*) \qquad \int_0^{+\infty} f'^2 \leqslant 2\sqrt{\int_0^{+\infty} f^2}\sqrt{\int_0^{+\infty} f''^2}$$

3. a) Trouver les $f \in \mathcal{C}^2(\mathbb{R}^+, \mathbb{R})$ telles que $f + f' + f'' = 0$ et $f(0) + f'(0) = 0$.
    b) Quelles sont les fonctions $f \in \mathcal{F}$ telles que $(*)$ soit une égalité ?

PARTIE III. *Inégalité de Weyl.*

1. Montrer que $\mathcal{G} \subset \mathcal{E}$.
2. Soit $f \in \mathcal{G}$.
    a) Exprimer $\displaystyle\int_0^{+\infty} xf(x)f'(x)dx$ en fonction de $\displaystyle\int_0^{+\infty} f^2$ (on justifiera au préalable l'existence de la première intégrale).
    b) Si $f \in \mathcal{G}$, montrer l'inégalité

$$\int_0^{+\infty} f^2 \leqslant 2\sqrt{\int_0^{+\infty} f'^2}\sqrt{\int_0^{+\infty} x^2 f^2(x)dx}$$

3. Quelles sont les fonctions $f \in \mathcal{G}$ telles que l'inégalité précédente soit une égalité ?

Pour la solution, voir page 95.

Problème 11
Indice d'un lacet

Prérequis. *Intégrale d'une fonction de la variable réelle à valeurs complexes, continuité d'une fonction définie sur une partie ouverte de $\mathbb{C}$, décomposition en éléments simples d'une fraction rationnelle.*

Définitions et notations.

- On appelle chemin de $\mathbb{C}$ toute application continue $\gamma : [\alpha, \beta] \to \mathbb{C}$ de classe $\mathcal{C}^1$ par morceaux (c'est-à-dire telle qu'on puisse trouver une subdivision $\alpha = t_0 < t_1 < ... < t_s = \beta$ de $[\alpha, \beta]$ pour laquelle γ induit une application de classe $\mathcal{C}^1$ sur chaque $[t_k, t_{k+1}]$; γ est donc continue).
- Un lacet est un chemin dont les extrémités sont égales : $\gamma(\alpha) = \gamma(\beta)$.
- On désignera, pour tout $a \in \mathbb{C}$ et $r > 0$, par $D_r(a) = \{z \in \mathbb{C}; |z - a| < r\}$ le disque de rayon r centré en a.

Introduction. *On définit dans ce problème la notion d'indice d'un lacet γ par rapport à un point $a \in \mathbb{C}$ qui, de façon intuitive, mesure le nombre de tours orientés que fait γ autour de a. On l'applique ensuite au calcul de l'intégrale d'une fraction rationnelle par rapport à un chemin et l'on montre comment l'indice peut permettre un calcul remarquablement simple de certaines intégrales réelles. Le problème s'achève sur une preuve du théorème de d'Alembert-Gauss.*

PARTIE I. *Indice d'un lacet.*

Soient U un ouvert de $\mathbb{C}$, $f : U \to \mathbb{C}$ une fonction continue, et $\gamma : [\alpha, \beta] \to U$ un chemin. On appelle *intégrale de f le long de γ* le complexe :

$$\int_\gamma f(z)dz = \int_\alpha^\beta f(\gamma(t))\gamma'(t)dt$$

1. Soit $\phi : [a, b] \to [\alpha, \beta]$ une application de classe $\mathcal{C}^1$ vérifiant $\phi(a) = \alpha$, $\phi(b) = \beta$. Montrer que

$$\int_{\gamma \circ \phi} f(z)dz = \int_\gamma f(z)dz$$

Cela montre que l'intégrale de f le long d'un chemin ne dépend que du support géométrique de celui-ci, et non de son paramétrage.

Soient $\gamma : [\alpha, \beta] \to \mathbb{C}$ un lacet, Ω le complémentaire de l'image de γ, et a un complexe pris dans Ω. On définit l'indice de γ par rapport à a par :

$$\mathrm{Ind}_a(\gamma) = \frac{1}{2i\pi} \int_\gamma \frac{dz}{z - a}$$

Voyons un exemple.

2. On pose $\gamma(\theta) = Re^{in\theta}$, où $R > 0$, $\theta \in [0, 2\pi]$ et $n \in \mathbb{Z}$. Calculer $\mathrm{Ind}_0(\gamma)$.

Notre première tâche va être d'établir que $\mathrm{Ind}_a(\gamma)$ est toujours un nombre entier.

3. On définit ψ sur $[\alpha, \beta]$ par $\psi(t) = \exp\left(\displaystyle\int_\alpha^t \frac{\gamma'(s)}{\gamma(s) - a} ds\right)$.

    a) Vérifier que $\dfrac{\psi}{\gamma - a}$ est constante.

    b) En déduire $\mathrm{Ind}_a(\gamma) \in \mathbb{Z}$.

4. Soit $a \in \Omega$.

    a) Montrer, en considérant l'application $\delta : [\alpha, \beta] \to \mathbb{R}$ définie pour tout t par $\delta(t) = |\gamma(t) - a|$, l'existence de $r > 0$ tel que $D_{2r}(a) \subset \Omega$. En déduire que Ω est ouvert.

    b) On choisit r comme ci-dessus. Montrer que, pour tout $z \in D_r(a)$,

$$| \mathrm{Ind}_z(\gamma) - \mathrm{Ind}_a(\gamma)| \leqslant \frac{|z - a|}{4\pi r^2} \int_\alpha^\beta |\gamma'(t)|dt$$

    c) En déduire que l'application $a \mapsto \mathrm{Ind}_a(\gamma)$ est continue sur Ω.

On va maintenant établir que $\mathrm{Ind}_a(\gamma)$ est nul si a est, dans un certain sens, assez "éloigné" de γ.

5. Soit U un ouvert de $\mathbb{C}$ et $b \in U$. On suppose U *étoilé par rapport à* b, c'est-à-dire que pour tout $z \in U$, le segment joignant b à z est contenu dans U. Soient aussi $a \notin U$ tel qu'existe $r > 0$ pour lequel $D_r(a) \cap U = \emptyset$, et $\gamma : [\alpha, \beta] \to U$ un lacet.

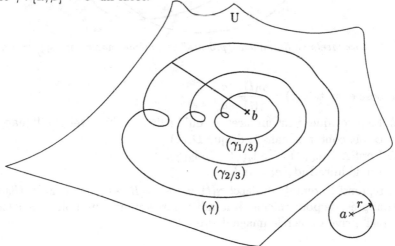

FIG. 1. *Déformation d'un lacet par homotopie.*

a) On pose, pour $u \in [0,1]$ et $t \in [\alpha, \beta]$, $\gamma_u(t) = u\gamma(t) + (1-u)b$. Montrer que γ_u est un lacet dont l'image est dans U.

b) Etablir, pour tout (u,v) dans $[0,1]^2$, que

$$| \operatorname{Ind}_a(\gamma_u) - \operatorname{Ind}_a(\gamma_v)| \leqslant \frac{|b-a||u-v|}{2\pi r^2} \int_\alpha^\beta |\gamma'(t)| dt$$

c) Montrer que $u \mapsto \operatorname{Ind}_a(\gamma_u)$ est continue, et en déduire $\operatorname{Ind}_a(\gamma) = 0$.

Dans la question suivante, on montre qu'étant donné $a \in \mathbb{C}$, deux lacets suffisamment "proches" l'un de l'autre ont même indice par rapport à a.

6. Soient $\gamma : [\alpha, \beta] \to \mathbb{C}$ et $\eta : [\alpha, \beta] \to \mathbb{C}$ deux lacets, et a n'appartenant pas à leurs images. On suppose que pour tout $t \in [\alpha, \beta]$,

$$|\gamma(t) - \eta(t)| < |\gamma(t) - a|$$

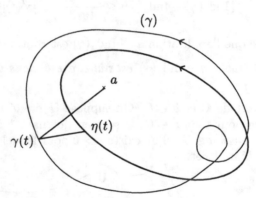

FIG. 2. *Deux lacets suffisamment "proches" ont même indice par rapport à a.*

On pose ensuite $\phi(t) = \dfrac{\eta(t) - a}{\gamma(t) - a}$.

a) Montrer que ϕ est un lacet, et qu'il existe $s \in]0,1[$ tel que l'image de ϕ soit contenue dans le disque $D_s(1)$.

b) Vérifier $\operatorname{Ind}_0(\phi) = \operatorname{Ind}_a(\eta) - \operatorname{Ind}_a(\gamma)$.

c) En déduire $\operatorname{Ind}_a(\eta) = \operatorname{Ind}_a(\gamma)$.

7. On reprend l'exemple du lacet $\gamma(t) = Re^{int}$ ($R > 0$, $t \in [0, 2\pi]$). Utiliser ce qui précède pour calculer son indice par rapport à un point quelconque du plan privé du cercle image de γ.

PARTIE II. *Intégrale d'une fraction rationnelle.*

Soient $F \in \mathbb{C}(X)$. Etant donné un pôle a de F, on appelle *résidu de F en a*, et on note $\mathrm{Res}_a(F)$, le coefficient de $\dfrac{1}{X-a}$ dans la décomposition en éléments simples de F. Par ailleurs, F' désignera la dérivée formelle de F.

1. Soient $F \in \mathbb{C}(X)$, et $\gamma : [\alpha, \beta] \to \mathbb{C}$, un chemin ne passant par aucun pôle de F. Etablir
$$\int_\gamma F'(z)dz = F(\gamma(\beta)) - F(\gamma(\alpha))$$
En déduire la valeur de l'intégrale de F' le long d'un lacet.

2. Soit $F \in \mathbb{C}(X)$, $(a_k)_{1 \leqslant k \leqslant q}$ les pôles de F, et γ un lacet ne passant par aucun des a_k. Etablir la formule de Cauchy :
$$\int_\gamma F(z)dz = 2i\pi \sum_{k=1}^{q} \mathrm{Ind}_{a_k}(\gamma)\,\mathrm{Res}_{a_k}(F)$$

3. Soit $R > 1$. On considère le lacet $\gamma : [0, 2\pi] \to \mathbb{C}$ défini par :
$$\begin{cases} \gamma(t) = Re^{it} \text{ si } 0 \leqslant t \leqslant \pi \\ \gamma(t) = R\cos(t) \text{ si } \pi \leqslant t \leqslant 2\pi \end{cases}$$
Dessiner γ. Calculer $\displaystyle\int_\gamma \frac{dz}{1+z^2}$. Retrouver la valeur de $\displaystyle\int_{-\infty}^{+\infty} \frac{dx}{1+x^2}$.

4. Calculer plus généralement $\displaystyle\int_0^{+\infty} \frac{dx}{1+x^n}$ ($n \geqslant 2$) en utilisant un lacet parcourant l'axe réel de 0 jusqu'à R, puis le cercle de rayon R de R jusqu'à $Re^{\frac{2i\pi}{n}}$, puis le segment de droite joignant $Re^{\frac{2i\pi}{n}}$ à 0 (on se contentera d'un dessin pour le calcul des indices).

PARTIE III. *Le théorème de D'Alembert-Gauss.*

Soit $P \in \mathbb{C}[X]$, $n = \deg(P) \geqslant 1$, $P = a_n X^n + a_{n-1} X^{n-1} + \cdots + a_1 X + a_0$. On va montrer que P possède une racine. Supposons par l'absurde que P ne s'annule pas. Soit, pour $R \geqslant 0$, γ_R le lacet de $\mathbb{C}^*$: $\gamma_R(\theta) = P(Re^{i\theta})$, $\theta \in [0, 2\pi]$.

1. a) Soit $A > 0$. Montrer l'existence de $M > 0$ tel que, pour tous R, R' dans $[0, A]$ et pour tout θ dans $[0, 2\pi]$, $|\gamma_R(\theta) - \gamma_{R'}(\theta)| \leqslant M|R - R'|$.

   b) En déduire l'existence, pour $R \geqslant 0$ donné, d'un $\varepsilon > 0$ tel que
$$\forall R' \geqslant 0, \ |R - R'| < \varepsilon \Rightarrow \mathrm{Ind}_0(\gamma_R) = \mathrm{Ind}_0(\gamma_{R'})$$

   c) Montrer que $\mathrm{Ind}_0(\gamma_R)$ ne dépend pas du choix de $R > 0$.

2. On pose, si $R > 0$, $\eta_R(\theta) = a_n R^n e^{in\theta}$ ($\theta \in [0, 2\pi]$). Montrer que, si R est assez grand, $|\eta_R(\theta) - \gamma_R(\theta)| < |\eta_R(\theta)|$. En déduire la valeur de $\mathrm{Ind}_0(\gamma_R)$ (pour R grand).

3. Déterminer $\mathrm{Ind}_0(\gamma_0)$ et conclure.

Pour la solution, voir page 101.

Solutions des problèmes du chapitre 3

Solution du vrai ou faux

1. *Si f et g sont continues de $[0,1]$ dans $\mathbb{R}$ et si $\int_0^1 f \leqslant \int_0^1 g$, alors on a $f(x) \leqslant g(x)$ pour tout x dans $[0,1]$.*

   Faux. Soit f la fonction nulle, et g définie sur $[0,1]$ par $g(x) = -1+3x$. On a $\int_0^1 f = 0$, $\int_0^1 g = 1/2$, mais $g(0) < f(0)$. La réciproque de l'affirmation est vraie, c'est un résultat du cours.

2. *Si f est continue sur $[0,1]$ et que $\int_0^1 f = \dfrac{1}{2}$, alors f admet un point fixe.*

   Vrai. Si on pose $u(x) = f(x) - x$, u est continue et $\int_0^1 u = 0$. Il est donc exclu que u soit de signe constant strict sur $[0,1]$. Le théorème des valeurs intermédiaires montre alors que u s'annule au moins une fois.

3. *Si f est continue de $[0,1]$ dans $\mathbb{R}$, et si $\left| \int_0^1 f \right| = \int_0^1 |f|$, alors f est de signe constant sur $[0,1]$.*

   Vrai. Supposons, par exemple, $\int_0^1 f \geqslant 0$ et montrons que $f \geqslant 0$; l'autre cas s'y ramène en prenant $-f$. On a $\int_0^1 f = \int_0^1 |f|$, et $\int_0^1 |f| - f = 0$. La fonction $|f| - f$ est continue et positive sur $[0,1]$, d'intégrale nulle. Elle est donc identiquement nulle sur $[0,1]$, et $f = |f|$ est positive.

   Par un argument analogue, on montre que si f est continue de $[0,1]$ dans $\mathbb{C}$ et vérifie $\left| \int_0^1 f \right| = \int_0^1 |f|$, alors f est à valeurs dans une demi-droite issue de O (la réciproque de cet énoncé est d'ailleurs évidente). Voici comment. On écrit $\int_0^1 f = re^{i\theta}$, où $r \in \mathbb{R}^+$ et $\theta \in \mathbb{R}$, et on pose $g = e^{-i\theta}f$.

   On a maintenant $\int_0^1 g = e^{-i\theta} \int_0^1 f = r = \left| \int_0^1 f \right| = \int_0^1 |f| = \int_0^1 |g|$.
   Posons $g = u + iv$, où u et v sont continues, à valeurs réelles. On a ainsi $\int_0^1 u + iv = r$, soit $\int_0^1 u = r$ et $\int_0^1 v = 0$. D'où $\int_0^1 u = \int_0^1 |g| = r$, de sorte que la fonction continue $|g| - u$, à valeurs dans $\mathbb{R}^+$ et d'intégrale nulle, est en fait nulle sur $[0,1]$. Comme $g - u = \sqrt{u^2 + v^2} - u$, ceci impose $v = 0$ et $u = |g|$, autrement dit que g est à valeurs dans $\mathbb{R}^+$.
   Revenant à f, on voit que cette fonction est à valeurs dans $\mathbb{R}^+ e^{i\theta}$.

4. *Si f et b sont continues de $\mathbb{R}$ dans $\mathbb{R}$, la fonction $G : x \mapsto \displaystyle\int_0^{b(x)} f$ est dérivable sur $\mathbb{R}$.*

Faux. Posons $F(x) = \displaystyle\int_0^x f$, de sorte que $G = F \circ b$. Puisque b n'est pas supposée dérivable, aucun théorème ne permet de dire que G est dérivable. Il est immédiat de construire un contre-exemple explicite, en prenant $f = 1$, $b(x) = |x|$, de sorte que $G(x) = |x|$ et G n'est pas dérivable en 0.

5. *Si f est continue de $\mathbb{R}$ dans $\mathbb{R}$, b dérivable de $\mathbb{R}$ dans $\mathbb{R}$, la fonction $G : x \mapsto \displaystyle\int_0^{b(x)} f$ est dérivable sur $\mathbb{R}$ de dérivée $G'(x) = f(b(x))$.*

Faux. Reprenant les notations ci-dessus, on voit cette fois que G est bien dérivable, mais de dérivée

$$(F \circ b)' = (f \circ b) \times b'.$$

6. *Si f est continue de $\mathbb{R}$ dans $\mathbb{R}$, toute primitive de f sur $\mathbb{R}$ est de la forme $x \mapsto \displaystyle\int_a^x f$, où $a \in \mathbb{R}$.*

Faux. Prenons $f(x) = x$. La fonction $x \mapsto \dfrac{x^2}{2} + 1$ est une primitive de f sur $\mathbb{R}$, mais ne s'annule pas. Or la primitive $x \mapsto \displaystyle\int_a^x f$ s'annule en a.

7. *Si f est continue et T-périodique de $\mathbb{R}$ dans $\mathbb{R}$, $\displaystyle\int_a^{a+T} f$ est indépendant de a.*

Vrai. Posons $\phi(x) = \displaystyle\int_x^{x+T} f = \int_0^{x+T} f - \int_0^x f$. La fonction ϕ est dérivable sur $\mathbb{R}$, de dérivée égale à $\phi'(x) = f(x + T) - f(x) = 0$. Par suite ϕ est constante sur $\mathbb{R}$, ce qui est le résultat désiré.

8. *Si f est continue de $\mathbb{R}$ dans $\mathbb{R}$, et si $T > 0$ est tel que $\displaystyle\int_a^{a+T} f$ ne dépende pas de a, alors f est T-périodique.*

Vrai. C'est la réciproque de la question précédente. En gardant les mêmes notations, l'hypothèse signifie que ϕ est constante. Par conséquent ϕ' est nulle, ce qui traduit bien la périodicité de f.

9. *Si f est continue et T-périodique de $\mathbb{R}$ dans $\mathbb{R}$, les primitives de f sur $\mathbb{R}$ sont T-périodiques.*

Faux. Si f est, par exemple, la fonction constante égale à 1, ses primitives sont les $x \mapsto x + C$, qui ne sont évidemment pas périodiques.

On peut préciser ce résultat. Si f est une fonction T-périodique sur $\mathbb{R}$, il y a équivalence entre

    (*i*) Les primitives de f sur $\mathbb{R}$ sont T-périodiques.

    (*ii*) La valeur moyenne $\dfrac{1}{T}\displaystyle\int_0^T f$ est nulle.

La preuve est un exercice simple pour le lecteur. Une conséquence immédiate est, dans le cas général, que les primitives de f sur $\mathbb{R}$ sont toutes de la forme $x \mapsto \left(\dfrac{1}{T}\displaystyle\int_0^T f\right) x + p(x)$, où p est T-périodique.

10. *Si f est continue de $[0,1]$ dans $\mathbb{R}_+^*$, alors $\displaystyle\int_0^1 f \times \int_0^1 \dfrac{1}{f} \geqslant 1$.*

    Vrai. L'inégalité de Cauchy-Schwarz implique

$$1 = \left(\int_0^1 \sqrt{f}\,\frac{1}{\sqrt{f}}\right)^2 \leqslant \left(\int_0^1 f\right)\left(\int_0^1 \frac{1}{f}\right),$$

ce qui donne le résultat.

En étudiant le cas d'égalité dans l'inégalité de Cauchy-Schwarz, le lecteur pourra montrer, sous les hypothèses précédentes, que $\displaystyle\int_0^1 f \times \int_0^1 \dfrac{1}{f} = 1$ équivaut à $f = 1$.

11. *Si f est de classe $\mathcal{C}^1$ sur $[0,1]$ et vérifie $f(0) = f(1) = 0$, $\displaystyle\int_0^1 |f'| = 1$, alors $|f(1/2)| \leqslant 1/2$.*

    Vrai. On a $|f(1/2) - f(0)| = \left|\displaystyle\int_0^{1/2} f'\right| \leqslant \displaystyle\int_0^{1/2} |f'|$ d'où l'on déduit que

$|f(1/2)| \leqslant \displaystyle\int_0^{1/2} |f'|$. De même $|f(1/2)| \leqslant \displaystyle\int_{1/2}^1 |f'|$. En sommant, il vient

$2|f(1/2)| \leqslant \displaystyle\int_0^1 |f'|$, d'où le résultat.

Le lecteur pourra, plus généralement, se demander quel est l'ensemble des valeurs prises par $f(1/2)$, lorsque $f \in \mathcal{C}^1([0,1], \mathbb{R})$ vérifie $f(0) = f(1) = 0$ et $\displaystyle\int_0^1 |f'| = 1$.

12. *Si f est continue et sommable sur $]0,1]$, alors f^2 est sommable sur $]0,1]$.*

    Faux. On prend $\alpha \in [1/2, 1[$ et on définit f par $f(x) = \dfrac{1}{x^\alpha}$ pour $x \in\,]0,1]$.

13. *Si f est continue et f^2 sommable sur $]0,1]$, alors f est sommable sur $]0,1]$.*

Vrai. Si $0 < a < b \leqslant 1$, on peut écrire, grâce à l'inégalité de Cauchy-Schwarz,

$$\int_a^b |f| \leqslant (b-a)^{1/2} \left(\int_a^b |f|^2 \right)^{1/2} \leqslant \left(\int_a^b |f|^2 \right)^{1/2}$$

Puisque $\left\{ \displaystyle\int_a^b |f|, 0 < a < b \leqslant 1 \right\}$ est majoré, f est intégrable sur $]0,1]$.

14. *Si f est continue et sommable sur $\mathbb{R}^+$, alors f^2 est sommable sur $\mathbb{R}^+$.*

Faux. Définissons f par morceaux de la façon suivante. Tout d'abord, $f = 0$ sur $[0,1]$. Ensuite, si $n \in \mathbb{N}^*$, on impose à f d'être affine sur $[n, n+\frac{1}{2n^3}]$ et $[n+\frac{1}{2n^3}, n+\frac{1}{n^3}]$, nulle sur $[n+\frac{1}{n^3}, n+1]$, de valoir 0 en n et de valoir n en $n+\frac{1}{2n^3}$. On a alors, par un petit calcul $\int_n^{n+1} f = \frac{1}{2n^2}$ et $\int_n^{n+1} f^2 = \frac{n^2}{3}$ si $n \in \mathbb{N}^*$. Il en résulte que $x \mapsto \int_0^x f$ est majoré sur $\mathbb{R}^+$ par la somme de la série convergente $\sum_{n \geqslant 1} \frac{1}{2n^2}$ ce qui, vu la positivité de f, établit la sommabilité sur $\mathbb{R}_+$. En revanche, puisque $\int_0^{n+1} f^2 \geqslant \frac{n^2}{3}$, f^2 n'est pas sommable sur $\mathbb{R}^+$.

On est obligé de construire une fonction f sommable non bornée pour avoir le contre-exemple. En effet, si $0 \leqslant f \leqslant C$, $f^2 \leqslant Cf$ et la sommabilité de f implique celle de f^2. Rappelons à ce sujet que la sommabilité de f sur $\mathbb{R}_+$ n'implique pas que $f(x) \to 0$ quand $x \to +\infty$ (on vient d'en voir un exemple). En revanche, le lecteur pourra vérifier à titre d'exercice que la sommabilité et l'uniforme continuité de f sur $\mathbb{R}_+$ entraînent que $f(x)$ tend vers 0 en $+\infty$.

15. *Si f est continue sur $\mathbb{R}^+$ et f^2 sommable sur $\mathbb{R}^+$, alors f est sommable sur $\mathbb{R}^+$.*

Faux. Il suffit de prendre $f(x) = \dfrac{1}{(x+1)^\alpha}$, pour $x \in \mathbb{R}^+$, où $1/2 < \alpha \leqslant 1$.

16. *Si f est continue sur $[1, +\infty[$ et si $\int_1^x f$ a une limite lorsque $x \to +\infty$, f est sommable sur $[1, +\infty[$.*

Faux. On a l'exemple classique de $f(t) = \dfrac{\sin(t)}{t}$, que l'on traite de la façon suivante :

• Si $x > 1$, $\displaystyle\int_1^x f = \left[-\frac{\cos(t)}{t}\right]_1^x - \int_1^x \frac{\cos(t)}{t^2}dt$. Comme $\left|\dfrac{\cos(t)}{t^2}\right| \leqslant \dfrac{1}{t^2}$, la fonction $t \mapsto \dfrac{\cos(t)}{t^2}$ est sommable sur $[1, +\infty[$, et $\displaystyle\int_1^x \frac{\cos(t)}{t^2}dt$ tend vers $\displaystyle\int_1^{+\infty} \frac{\cos(t)}{t^2}dt$, de sorte que $\displaystyle\int_1^x f$ tend vers $\cos(1) - \int_1^{+\infty} \frac{\cos(t)}{t^2}dt$.

• En revanche, $\displaystyle\int_1^x \frac{|\sin t|}{t}dt \geqslant \int_1^x \frac{(\sin t)^2}{t}dt = \int_1^x \frac{1}{2t}dt - \int_1^x \frac{\cos 2t}{2t}dt$. Le premier terme vaut $\ln x$ et tend vers $+\infty$. Le deuxième terme, pour les mêmes raisons que f, admet une limite lorsque x tend vers $+\infty$. Donc la somme des deux tend vers $+\infty$. Ainsi f n'est pas sommable sur $[1, +\infty[$.

Solution du problème 9
Comparaison de normes intégrales

PARTIE I. *Autour de l'inégalité de Hölder.*

1. L'inégalité est claire si $u = 0$ ou $v = 0$. On suppose donc que u et v sont strictement positifs. Alors

$$\frac{u^p}{p} + \frac{v^q}{q} = \frac{1}{p}e^{p\ln u} + \frac{1}{q}e^{q\ln v} \geqslant e^{\ln u + \ln v} = uv$$

en utilisant la convexité de la fonction $x \mapsto e^x$.

2. On a ici $\displaystyle\int_0^1 f(t)^p dt = \int_0^1 g(t)^q dt = 1$. En utilisant l'inégalité précédente,

$$\int_0^1 f(t)g(t)dt \leqslant \int_0^1 \frac{1}{p}f(t)^p + \frac{1}{q}g(t)^q dt = \frac{1}{p}\int_0^1 f(t)^p dt + \frac{1}{q}\int_0^1 g(t)^q dt$$

Le dernier terme vaut $\dfrac{1}{p} + \dfrac{1}{q} = 1 = \|f\|_p\|g\|_q$.

3. Pour pouvoir appliquer le résultat précédent à $\hat{f}$ et $\hat{g}$, il faut vérifier que $\|\hat{f}\|_p = \|\hat{g}\|_q = 1$, ce qui est effectivement le cas :

$$\int_0^1 |\hat{f}(t)|^p dt = \frac{1}{(\|f\|_p)^p}\int_0^1 f(t)^p dt = \frac{(\|f\|_p)^p}{(\|f\|_p)^p} = 1.$$

Le calcul est le même pour vérifier que $\|\hat{g}\|_q = 1$. Ainsi, d'après la question 2, on a bien $\displaystyle\int_0^1 \hat{f}(t)\hat{g}(t)dt \leqslant 1$, et donc

$$\int_0^1 f(t)g(t)dt \leqslant \|f\|_p\|g\|_q.$$

Lorsque $p = q = 2$ (on vérifie bien que $1 = 1/2 + 1/2$), on retrouve l'inégalité bien connue de Cauchy-Schwarz.

4. Le cas d'égalité provient du cas d'égalité dans l'inégalité de la question 2. Rappelons que si h_1 et h_2 sont deux fonctions continues sur $[0,1]$ et que $h_1(t) \leqslant h_2(t)$ pour tout $t \in [0,1]$, alors $\displaystyle\int_0^1 h_1(t)dt \leqslant \int_0^1 h_2(t)dt$, avec égalité si et seulement si $h_1(t) = h_2(t)$ pour tout $t \in [0,1]$. En conséquence, pour qu'il y ait égalité dans la question 2, il faut et il suffit que pour tout $t \in [0,1]$, on ait $f(t)g(t) = \dfrac{1}{p}f(t)^p + \dfrac{1}{q}g(t)^q$, ce qui correspond au cas d'égalité dans l'inégalité de convexité de la question 1. Or l'exponentielle est strictement convexe, ce qui revient à dire qu'il ne peut y avoir d'égalité que si pour tout $t \in [0,1]$, $p\ln\hat{f}(t) = q\ln\hat{g}(t)$. Cette dernière condition n'est réalisée que lorsque les deux fonctions f^p et g^q sont proportionnelles.

5. Soit $M = \sup f(t)$. L'existence de M est justifiée par le fait que f est
continue, donc f est bornée sur le segment $[0,1]$. De plus, f atteint ses
bornes, donc on peut trouver $c \in [0,1]$ tel que $f(c) = M$.
Fixons $\varepsilon > 0$. La continuité de f en c permet de trouver un réel $\alpha > 0$ tel
que $f(t) \geqslant M - \varepsilon$ lorsque $t \in [c - \alpha, c + \alpha]$. En intégrant cette inégalité,
il vient

$$\int_{c-\alpha}^{c+\alpha} (M - \varepsilon)^p dt \leqslant \int_{c-\alpha}^{c+\alpha} f(t)^p dt \leqslant \int_0^1 f(t)^p dt \leqslant \int_0^1 M^p dt$$

On obtient alors $(2\alpha)^{1/p}(M - \varepsilon) \leqslant \|f\|_p \leqslant M$. Or $(2\alpha)^{1/p} = e^{\frac{\ln 2\alpha}{p}} \to 1$
lorsque $p \to \infty$. Donc pour p assez grand, $(M - 2\varepsilon) \leqslant \|f\|_p \leqslant M$. On
a ainsi prouvé que $\|f\|_p \to M$ lorsque $p \to \infty$. Or, si $\dfrac{1}{p} + \dfrac{1}{q} = 1$, alors
$q \to 1$ lorsque $p \to \infty$. L'inégalité de Hölder s'étend donc en

$$\int_0^1 f(t)g(t)dt \leqslant \|f\|_\infty \|g\|_1.$$

La démonstration de cette dernière égalité est immédiate ; il suffit d'inté-
grer l'inégalité $f(t)g(t) \leqslant Mg(t)$ entre 0 et 1.

PARTIE II. *Une première inégalité sur les sommes complexes.*

1. On a $\displaystyle\int_0^1 e(mt)dt = \int_0^1 e^{2im\pi t}dt$. Si $m = 0$, $\displaystyle\int_0^1 e(mt)dt = 1$. Si $m \neq 0$, on
vérifie alors que

$$\int_0^1 e(mx) = \left[\frac{1}{2im\pi}e^{2im\pi x}\right]_0^1 = \frac{1-1}{2im\pi} = 0$$

car $e^{2im\pi} = 1$ puisque m est entier.
2. Développons le produit $|S_n(t)|^2 = S_n(t)\overline{S_n(t)}$ et intégrons entre 0 et 1.
On obtient

$$\int_0^1 |S_n(t)|^2 dt = \int_0^1 \sum_{1 \leqslant j,k \leqslant n} c_k \overline{c_j} e(m_k t)e(-m_j t)dt$$

Or, si $k \neq j$, alors $m_j \neq m_k$ et

$$\int_0^1 e(m_k t)e(-m_j t)dt = \int_0^1 e((m_k - m_j)t)dt = 0.$$

De même, si $k = j$, alors $\displaystyle\int_0^1 e(m_k t)e(-m_j t)dt = \int_0^1 1 dt = 1$. Donc, par

linéarité de l'intégrale, il vient $\displaystyle\int_0^1 |S_n(t)|^2 dt = \sum_{k=1}^n c_k \overline{c_k} = R_n$.

3. Développons $S_n^2(t)$ en séparant les carrés et les doubles produits. On obtient

$$S_n^2(t) = \sum_{k=1}^{n} c_k^2 \, e(2m_k t) + \sum_{1 \leqslant k < l \leqslant n} 2c_k c_l \, e((m_k + m_l)t).$$

La condition d'admissibilité permet alors d'affirmer que les entiers $2m_k$ et $m_k + m_l$ qui interviennent dans la somme précédente sont tous distincts. D'après la question précédente, on a alors

$$\begin{aligned} \int_0^1 |S_n(t)|^4 &= \int_0^1 |S_n^2(t)|^2 \\ &= \sum_{k=1}^{n} |c_k^2|^2 + 4\sum_{k<l} |c_k c_l|^2 \\ &= Q_n + 2(R_n^2 - Q_n) = 2R_n^2 - Q_n \end{aligned}$$

4. Il s'agit de montrer que

$$R_n = \int_0^1 |S_n(t)|^2 \leqslant \left(\int_0^1 |S_n(t)|\right)^{\frac{2}{3}} \left(\int_0^1 |S_n(t)|^4\right)^{\frac{1}{3}}.$$

Or cette inégalité n'est autre que l'inégalité de Hölder, que l'on applique, sous les notations de la partie I, à

$$f = |S_n|^{2/3}, \quad g = |S_n|^{4/3}, \quad p = \frac{3}{2}, \quad q = 3.$$

Les fonctions f et g sont positives continues (car S_n est continue), et on a bien $\dfrac{1}{p} + \dfrac{1}{q} = 1$. De plus, $fg = |S_n|^2$, $f^p = |S_n|$ et $g^q = |S_n|^4$.

5. La question précédente fournit une minoration de $\displaystyle\int_0^1 |S_n(t)| dt$, à savoir

$$\int_0^1 |S_n(t)| dt \geqslant \frac{R_n^{3/2}}{\left(\int_0^1 |S_n(t)|^4 dt\right)^{1/2}} = \sqrt{\frac{R_n}{2 - \frac{Q_n}{R_n^2}}}.$$

• Pour obtenir l'inégalité demandée à droite, on se ramène à vérifier que $\dfrac{Q_n}{R_n^2} \geqslant \dfrac{1}{n}$. Or $R_n^2 = \left(\displaystyle\sum_{k=1}^{n} |c_k|^2\right)^2 \leqslant \displaystyle\sum_{k=1}^{n} 1^2 \displaystyle\sum_{k=1}^{n} |c_k|^4 = nQ_n$ en utilisant l'inégalité de Cauchy-Schwarz.

• L'inégalité de gauche découle d'une application directe de l'inégalité de Cauchy-Schwarz. En effet,

$$\int_0^1 |S_n(t)| dt \leqslant \sqrt{1} \sqrt{\int_0^1 |S_n(t)|^2 dt} = \sqrt{R_n}$$

PARTIE III. *Un raffinement pour les sommes réelles.*

1. Développons $|T_n(t)|^2$ comme à la question II.2. Il vient

$$\int_0^1 |T_n(t)|^2 dt = \sum_{1 \leqslant k,l \leqslant n} \rho_k \rho_l \int_0^1 c(m_k t + \alpha_k)c(m_l t + \alpha_l)dt$$

Or, par les formules classiques de trigonométrie,

$$c(m_k t + \alpha_k)c(m_l t + \alpha_l) = \frac{1}{2}c((m_k + m_l)t + \alpha_k + \alpha_l)$$
$$+ c((m_k - m_l)t + \alpha_k - \alpha_l).$$

Par le même calcul qu'en II.1, $\int_0^1 c(mt + \alpha) = 0$ si $m \neq 0$ et vaut $c(\alpha)$ si $m = 0$. Il reste alors

$$\int_0^1 |T_n(t)|^2 dt = \sum_{k=1}^n \frac{1}{2}\rho_k^2 \cos(0) = \frac{R_n}{2}$$

2. On écrit $U_n(t) = \sum_{k=1}^n (\rho_k e^{i2\pi\alpha_k})e(m_k t)$. Le calcul effectué en II.3 donne

$$\int_0^1 |U_n(t)|^4 dt = 2R_n^2 - Q_n,$$ compte tenu de $|\rho_k e^{i2\pi\alpha_k}| = |\rho_k|$.

3. $T_n(t)$ est la partie réelle de $U_n(t)$, donc $|T_n(t)| \leqslant |U_n(t)|$. D'après la même inégalité de Hölder que celle utilisée en II.4, on a

$$\int_0^1 |T_n|^2 \leqslant \left(\int_0^1 |T_n|\right)^{\frac{2}{3}} \left(\int_0^1 |T_n|^4\right)^{\frac{1}{3}}$$

Comme $|T_n|^4 \leqslant |U_n|^4$, il en résulte que

$$\int_0^1 |T_n| \geqslant \frac{\left(\int_0^1 |T_n|^2\right)^{\frac{3}{2}}}{\left(\int_0^1 |U_n|^4\right)^{\frac{1}{2}}} = \frac{1}{2\sqrt{2}}\sqrt{\frac{R_n}{2 - \frac{Q_n}{R_n^2}}} \geqslant \frac{1}{2\sqrt{2}}\sqrt{\frac{R_n}{2 - \frac{1}{n}}}$$

La dernière inégalité a été démontrée à la question II.5.

4. D'après la remarque faite à la question III.1, $\int_0^1 c(mt + \alpha) = 0$ dès que $m \neq 0$, ce qui est le cas pour tous les m_k. Par linéarité de l'intégrale, $\int_0^1 T_n(t)dt = 0$. On en déduit en particulier que $\min_{x \in [0,1]} T_n(x) \leqslant 0$, sinon T_n serait une fonction strictement positive d'intégrale nulle, ce qui est impossible. Posons maintenant

$$T_n^+(t) = \max(T_n(t), 0) \text{ et } T_n^-(t) = -\min(T_n(t), 0).$$

Alors $T_n = T_n^+ - T_n^-$ et $\displaystyle\int_0^1 T_n = \int_0^1 T_n^+ - \int_0^1 T_n^- = 0$ donc on en déduit

$\displaystyle\int_0^1 T_n^+ = \int_0^1 T_n^-$. Or $|T_n| = T_n^+ + T_n^-$ donc $\displaystyle\int_0^1 T_n^+ = \int_0^1 T_n^- = \frac{1}{2}\int_0^1 |T_n|$.

On sait que $\displaystyle\min_{x \in [0,1]} T_n(x) \leqslant -T_n^-$ sur tout l'intervalle $[0,1]$. En intégrant

cette inégalité, et en combinant avec l'inégalité de la question précédente,

il vient $\displaystyle\min_{x \in [0,1]} T_n(x) \leqslant -\frac{1}{2}\int_0^1 |T_n|$ et

$$\min_{x \in [0,1]} T_n(x) \leqslant -\frac{\sqrt{R_n}}{4\sqrt{2(2 - \frac{1}{n})}}$$

En particulier, lorsque tous les ρ_k sont égaux à 1, alors $R_n = n$ et comme

$\dfrac{1}{\sqrt{2 - \frac{1}{n}}} > \dfrac{1}{\sqrt{2}}$, on obtient

$$\min_{x \in [0,1]} \sum_{k=1}^n \cos(2\pi m_k x + \alpha_k) < -\frac{\sqrt{n}}{8}$$

5. a) Supposons que l'on ait $k \leqslant j$ et $l \leqslant m$ avec $2^k + 2^j = 2^l + 2^m$.
    Alors si $k = l$ il vient $2^j = 2^m$ et donc $j = m$. Si à l'inverse $k \neq l$,
    en supposant par symétrie que $k < l$, on a alors forcément $j > k$ et
    $1 = 2^{l-k} + 2^{m-k} - 2^{j-k}$, qui est pair. Le cas $k \neq l$ est donc impossible.
    Ainsi $(k,j) = (l,m)$ et la suite $(1, 2, \ldots, 2^{n-1})$ est admissible.

    b) Supposons $(m_1, \ldots, m_n)$ admissible. Soit A l'ensemble des couples
    (k,j) avec $k \leqslant j$. L'application $\varphi : A \to \mathbb{N}$ qui associe à un couple
    (k,j) l'entier $m_k + m_j$, est alors injective. Le cardinal de $\varphi(A)$ est
    alors égal à celui de A. Or $|A| = \dfrac{n^2 + n}{2}$. Comme $\varphi(k,j) \geqslant 2$ pour

    tous (k,j), on en déduit que $\varphi(n,n) = \sup\varphi(A) \geqslant \dfrac{n^2 + n}{2} + 1$. Donc

    $\sup\varphi(A) = 2m_n \geqslant \dfrac{n^2}{2}$ et $m_n \geqslant \dfrac{n^2}{4}$.

Commentaires. *C'est en 1889 qu'Otto Hölder a établi l'inégalité classique qui porte son nom, et qui fait l'objet de la partie I du problème. Cette inégalité entraîne aussitôt, si f est une application continue de $[0,1]$ dans $\mathbb{C}$, que la fonction qui à $p \geqslant 1$ associe $\|f\|_p$ est croissante.*

Notons $\mathcal{C}$ l'espace vectoriel des fonctions continues de $[0,1]$ dans $\mathbb{C}$. On vient de voir, si $1 \leqslant p < q$, que

$$\left\{ \frac{\|f\|_p}{\|f\|_q}, \ f \in \mathcal{C} \setminus \{0\} \right\}$$

est minoré par 1. En considérant les fonctions $x \mapsto x^\alpha$ pour $\alpha \in \mathbb{R}^+$, on vérifie aisément que l'ensemble précédent est égal à $[1, +\infty[$. En d'autres termes, on ne peut contrôler $\|f\|_q$ en fonction de $\|f\|_p$ si f est une fonction continue quelconque.

Soit désormais V un sous-espace vectoriel de $\mathcal{C}$. Si V est de dimension finie, toutes les normes sur V sont équivalentes ; en particulier, si on fixe p et q avec $1 \leqslant p < q$, on peut trouver $C > 0$ telle que pour toute fonction $f \in V$, on ait $\|f\|_q \leqslant C\|f\|_p$. Il est plus délicat de trouver un sous-espace V de dimension infinie tel que deux normes $\|.\|_p$ soient équivalentes sur V. La question II.5 du problème fournit un tel exemple. En effet, soit $(m_k)_{k \geqslant 1}$ une suite infinie d'éléments de $\mathbb{N}^*$ vérifiant la condition d'admissibilité du problème. Si V est l'espace vectoriel engendré par les $(e_{m_k})_{k \geqslant 1}$, on a alors pour toute fonction $f \in V$, $\|f\|_2 \leqslant \sqrt{2}\|f\|_1$. Ainsi, $\|.\|_1$ et $\|.\|_2$ sont équivalentes sur V ; par suite, toutes les normes $\|.\|_p$ pour $1 \leqslant p \leqslant 2$, sont équivalentes sur V. On peut en fait montrer que toutes les normes $\|.\|_p$ pour $1 \leqslant p < +\infty$ sont équivalentes sur V ; la question II.3 du problème montre du reste que $\|f\|_4 \leqslant \sqrt[4]{2}\|f\|_2$ pour $f \in V$.

Le phénomène d'équivalence des normes mentionné ci-dessus est un aspect de la remarquable homogénéité que présentent les séries trigonométriques dont les exposants sont suffisamment lacunaires. Le lecteur pourra trouver d'autres renseignements sur ce sujet dans le chapitre 5 du livre de Y. Katznelson, "An introduction to harmonic analysis" (Dover).

Solution du problème 10
Inégalités de Kolmogorov et Weyl

PARTIE I. *Questions préliminaires.*

1. Les fonctions considérées sont bien continues sur $\mathbb{R}^+$. Leur appartenance à $\mathcal{E}$ revient donc à la sommabilité de leur carré. Or :

   a) Lorsque $x \to +\infty$, $\left(\dfrac{1}{x^\alpha + 1}\right)^2 \sim \dfrac{1}{x^{2\alpha}}$. Par le théorème d'équivalence, la fonction est dans $\mathcal{E}$ si et seulement si $\alpha > \dfrac{1}{2}$.

   b) Lorsque $x \to +\infty$, on a $x^2 e^{-2\sqrt{\operatorname{ch} x}} = e^{2(\ln x - \sqrt{\operatorname{ch} x})}$ qui tend vers 0. Donc, pour x assez grand, $0 \leqslant (e^{-\sqrt{\operatorname{ch} x}})^2 \leqslant \dfrac{1}{x^2}$. Le théorème de comparaison montre que la fonction est dans $\mathcal{E}$.

   c) Pour tout $x \in \mathbb{R}$, $e^{-2\sin^2 x} \geqslant e^{-2}$. Donc $\displaystyle\int_0^x \left(e^{-\sin^2 t}\right)^2 dt \geqslant e^{-2} x$. Le terme de droite tend vers $+\infty$ lorsque $x \to +\infty$. Ainsi la fonction n'est pas dans $\mathcal{E}$.

2. a) Il suffit de remarquer que $(|f| - |g|)^2 \geqslant 0$ pour obtenir l'inégalité bien connue $2|fg| \leqslant f^2 + g^2$. Le théorème de comparaison permet alors de conclure quant à la sommabilité de fg.

   b) La fonction nulle est dans $\mathcal{E}$. De plus, si f et g sont dans $\mathcal{E}$ et λ dans $\mathbb{R}$, alors $f + \lambda g$ est bien continue sur $\mathbb{R}^+$ et $(f + \lambda g)^2 = f^2 + 2\lambda fg + \lambda^2 g^2$ est une combinaison linéaire de fonctions sommables sur $\mathbb{R}^+$, donc est sommable sur $\mathbb{R}^+$. Alors $f + \lambda g \in \mathcal{E}$, et $\mathcal{E}$ est bien un sous-espace vectoriel de $\mathcal{C}(\mathbb{R}^+, \mathbb{R})$.

3. a) Si $l > 0$ (même si $l = +\infty$), on considère un réel α tel que $0 < \alpha < l$. Il existe alors $X > 0$, tel que $\varphi(x) \geqslant \alpha$ dès que $x \geqslant X$. On écrit

$$\int_0^x \varphi(t)dt \geqslant \int_0^X \varphi(t)dt + (x - X)\alpha$$

   Mais le second terme tend vers $+\infty$ lorsque $x \to +\infty$, ce qui contredit la sommabilité de φ sur $\mathbb{R}^+$. On procède de même pour éliminer le cas où $l < 0$. On a donc forcément $l = 0$.

   b) On construit f nulle en dehors des intervalles $I_n = \left[n, n + \dfrac{1}{2^n}\right]$. Sur l'intervalle I_n, on pose

$$f(x) = \begin{cases} 2^{n+1}(x - n) & \text{si } x - n \leqslant \dfrac{1}{2^{n+1}} \\ 1 - 2^{n+1}\left(x - n - \dfrac{1}{2^{n+1}}\right) & \text{si } x - n \geqslant \dfrac{1}{2^{n+1}}. \end{cases}$$

   Le graphe de f est le suivant :

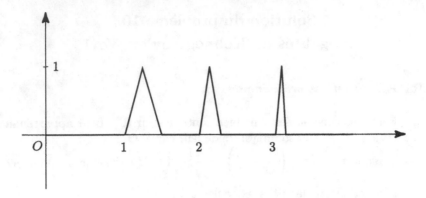

FIG. 3. *Une fonction "pic" de carré sommable qui ne tend pas vers 0 en $+\infty$.*

Comme f (et donc f^2) est majorée par 1, on a alors

$$\int_n^{n+1} f^2(x)dx = \int_n^{n+\frac{1}{2^n}} f^2(x)dx \leqslant \frac{1}{2^n}.$$

Par la relation de Chasles, on obtient

$$\int_0^n f^2(x)dx \leqslant \sum_{k=0}^{n-1} \frac{1}{2^k} = 2 - \frac{1}{2^{k-1}} \leqslant 2.$$

Ceci assure la sommabilité de f^2, alors que f ne tend pas vers 0, puisque cette fonction prend régulièrement la valeur 1.

Remarque : en modifiant très légèrement la fonction f, on peut même trouver un exemple de fonction sommable non bornée au voisinage de $+\infty$.

4. On écrit $g(x) = g(0) + \int_0^x g'$, qui tend vers $g(0) + \int_0^{+\infty} g'$.

PARTIE II. *Inégalité de Kolmogorov dans le cadre L^2.*

1. a) Le résultat demandé est une application directe de la question I.2.a).

   b) Comme $f'^2 \geqslant 0$, il suffit de montrer que $\int_0^x f'^2$ ne tend pas vers $+\infty$ pour en déduire que f'^2 est sommable (attention, ce n'est pas le cas lorsque l'intégrande n'est pas de signe constant). On suppose par l'absurde que $\int_0^x f'^2 \to +\infty$ lorsque x tend vers $+\infty$. Une intégration par parties donne $\int_0^x f'^2 = [ff']_0^x - \int_0^x ff''$. D'après la question a), ff'' est sommable, donc $ff'(x) \to +\infty$ lorsque $x \to +\infty$. Alors

$f^2(x) \to +\infty$ puisque $f^2(x) = f^2(0) + 2\int_0^x ff'$. D'après I.3.a), f^2 ne peut être sommable sur $\mathbb{R}^+$, ce qui est la contradiction recherchée.

Pour la seconde partie de la question, on utilise deux fois la question I.2.a).

c) On écrit $(f^2)' = 2ff'$ et la question I.4 montre, avec II.1.b), que f^2 a une limite en $+\infty$. D'après I.3.a), cette limite est nulle, et $f(x) \to 0$. Un raisonnement analogue vaut pour $f'(x) \to 0$.

2. a) Après calcul, on a

$$(f + f' + f'')^2 - ((f + f')^2)' = f^2 + f''^2 - f'^2$$

b) Pour $x > 0$ la question précédente donne

$$\int_0^x f^2 + f''^2 - f'^2 = \int_0^x (f + f' + f'')^2 - \int_0^x ((f + f')^2)'$$

Or la dernière intégrale se calcule facilement :

$$\int_0^x ((f + f')^2)' = (f + f')^2(x) - (f + f')^2(0)$$

La question II.1.c) assure de plus que $(f + f')(x) \to 0$ en $+\infty$. Toutes les intégrales ayant un sens grâce à I.2.b), on obtient, en faisant tendre x vers $+\infty$ dans les intégrales précédentes :

$$\int_0^{+\infty} f^2 + f''^2 - f'^2 = \int_0^{+\infty} (f + f' + f'')^2 + (f + f')^2(0)$$

Le résultat demandé suit aussitôt.

c) La fonction f_λ est C^2, et $(f_\lambda)'(x) = \lambda f'(\lambda x)$, $(f_\lambda)''(x) = \lambda^2 f''(\lambda x)$. On a donc par un changement de variable simple

$$\int_0^x f_\lambda{}^2 = \frac{1}{\lambda}\int_0^{\lambda x} f^2, \quad \int_0^x f_\lambda{}'^2 = \lambda\int_0^{\lambda x} f'^2, \quad \int_0^x f_\lambda{}''^2 = \lambda^3\int_0^{\lambda x} f''^2$$

On en déduit que f_λ est dans $\mathcal{F}$, et on peut donc lui appliquer le résultat de II.1.c), ce qui entraîne

$$\lambda^4\int_0^{+\infty} f''^2 - \lambda^2\int_0^{+\infty} f'^2 + \int_0^{+\infty} f^2 \geqslant 0$$

Posons $\mu = \lambda^2$. Le trinôme

$$T(\mu) = \mu^2\int_0^{+\infty} f''^2 - \mu\int_0^{+\infty} f'^2 + \int_0^{+\infty} f^2$$

est alors positif sur $\mathbb{R}_+^*$. D'autre part, $\int_0^{+\infty} f''^2$ et $\int_0^{+\infty} f'^2$ ne peuvent être nulles que si f est affine, donc que si $f = 0$ puisque $f \in \mathcal{F}$. Ecartons ce cas trivial, de sorte que T est un "vrai" trinôme de degré 2, qui atteint son minimum en

$$\mu_0 = \frac{\int_0^{+\infty} f'^2}{2\int_0^{+\infty} f''^2} > 0.$$

Ainsi, pour tout $\mu \in \mathbb{R}$, on a $T(\mu) \geqslant T(\mu_0) \geqslant 0$ (car $\mu_0 > 0$). Le discriminant Δ du trinôme est donc négatif, ce qui donne l'inégalité désirée.

3.   a) On connait les solutions réelles de l'équation différentielle $f + f' + f'' = 0$: ce sont les fonctions

$$x \mapsto e^{-\frac{x}{2}} \left(A \cos\left(\frac{\sqrt{3}}{2} x \right) + B \sin\left(\frac{\sqrt{3}}{2} x \right) \right)$$

où A et B sont deux réels quelconques. La condition $f(0) + f'(0) = 0$ revient à $A = -\dfrac{B\sqrt{3}}{2}$. Les fonctions cherchées sont donc les

$$f_B : x \in \mathbb{R}^+ \mapsto B e^{-\frac{x}{2}} \left(\sin\left(\frac{\sqrt{3}}{2} x \right) - \cos\left(\frac{\sqrt{3}}{2} x \right) \right)$$

   b) Ecartons le cas trivial $f = 0$, et reprenons II.2.c). L'égalité dans (∗) signifie que le trinôme T admet une racine double, nécessairement strictement positive. Autrement dit, il existe $\lambda > 0$ tel que

$$\int_0^{+\infty} f_\lambda^2 + f_\lambda''^2 = \int_0^{+\infty} f_\lambda'^2$$

D'après l'identité II.2.b) et la continuité de $f_\lambda + f_\lambda' + f_\lambda''$, ceci se traduit par

$$\begin{cases} f_\lambda + f_\lambda' + f_\lambda'' & = 0 \\ f_\lambda(0) + f_\lambda'(0) & = 0 \end{cases}$$

Tenant compte de II.3.a), ceci revient à l'existence de $B \in \mathbb{R}$ et de $\alpha > 0$ (en fait, $\alpha = \dfrac{1}{\lambda}$) tels que

$$f(x) = B e^{-\frac{x}{2}} \left(\sin\left(\frac{\sqrt{3}}{2} \alpha x \right) - \cos\left(\frac{\sqrt{3}}{2} \alpha x \right) \right)$$

Puisque les fonctions ainsi décrites sont dans $\mathcal{F}$, ce que le lecteur est invité à vérifier, elles fournissent bien les cas d'égalité de (∗).

PARTIE III. *Inégalité de Weyl.*

1. Puisque $f \in \mathcal{G}$, elle est continue sur $\mathbb{R}^+$, et il suffit d'observer que si $x \geqslant 1$ alors $f^2(x) \leqslant x^2 f^2(x)$ et d'utiliser le théorème de comparaison.

2. a) La fonction $x \mapsto x f(x) f'(x)$ est sommable sur $\mathbb{R}^+$ d'après la question I.2.a). D'autre part, une intégration par parties donne, si $x > 0$,

$$\int_0^x t f(t) f'(t) dt = \left[\frac{f^2(t)}{2} t \right]_0^x - \int_0^x \frac{f^2}{2}$$

Montrons que $x f^2(x) \to 0$ lorsque $x \to +\infty$; on en déduira alors, en laissant x tendre vers $+\infty$, que

$$\int_0^{+\infty} t f(t) f'(t) dt = -\frac{1}{2} \int_0^{+\infty} f^2$$

Pour cela, on pose $g(x) = x f^2(x)$. La fonction g est $\mathcal{C}^1$ sur $\mathbb{R}^+$, et $g'(x) = f^2(x) + 2x f(x) f'(x)$. Ainsi g' est sommable sur $\mathbb{R}^+$, et donc g a une limite réelle l en $+\infty$. Si $l \neq 0$, alors $f^2(x)$ est équivalent à $\dfrac{l}{x}$ lorsque $x \to +\infty$, ce qui interdit la sommabilité de f^2 sur $\mathbb{R}^+$. Ainsi $l = 0$, c'est ce que l'on voulait prouver.

b) On utilise l'inégalité de Cauchy-Schwarz :

$$\left| \int_0^{+\infty} t f(t) f'(t) dt \right| \leqslant \left(\int_0^{+\infty} t^2 f^2(t) dt \right)^{\frac{1}{2}} \left(\int_0^{+\infty} f'^2(t) dt \right)^{\frac{1}{2}}$$

Compte-tenu de la formule obtenue à la question précédente, on en déduit que

$$\int_0^{+\infty} f^2 \leqslant 2 \left(\int_0^{+\infty} t^2 f^2(t) dt \right)^{\frac{1}{2}} \left(\int_0^{+\infty} f'^2(t) dt \right)^{\frac{1}{2}}$$

3. Pour terminer, il faut étudier le cas d'égalité dans l'inégalité de Cauchy-Schwarz ; les fonctions étant continues, l'égalité se produit si et seulement si les fonctions $f'(t)$ et $t \mapsto t f(f)$ sont colinéaires. L'intégration de l'équation différentielle $f'(t) = \alpha t f(t)$ conduit à $f(t) = A e^{\frac{\alpha t^2}{2}}$ pour un certain A de $\mathbb{R}$. D'autre part, pour qu'une telle fonction soit dans $\mathcal{G}$, il faut et il suffit que $\alpha < 0$.

En conclusion, les fonctions f telles qu'il y ait égalité dans l'inégalité III.2.b) sont les $f(t) = A e^{\frac{\alpha t^2}{2}}$ pour tout couple $(A, \alpha) \in \mathbb{R} \times \mathbb{R}_+^*$.

Commentaires. *Lorsque f est continue et bornée de $\mathbb{R}^+$ dans $\mathbb{R}$, posons, selon l'usage, $\|f\|_\infty = \sup\limits_{x \in \mathbb{R}} |f(x)|$. C'est un exercice classique, si f est de* *classe C^2 sur $\mathbb{R}^+$, telle que f et f'' soient bornées, que de montrer que f' est bornée et vérifie*

$$\|f'\|_\infty \leqslant 2\|f\|_\infty \|f''\|_\infty.$$

Cette inégalité, découverte par Landau en 1913, peut s'établir comme suit. Si $x \in \mathbb{R}^+$ et $h > 0$, la formule de Taylor pour f entre x et $x + h$ à l'ordre 2 conduit à :

$$f'(x) \;=\; \frac{f(x+h) - f(x)}{h} - \frac{1}{h}\int_x^{x+h}(x+h-t)f''(t)dt$$

d'où $\quad |f'(x)| \;\leqslant\; \dfrac{2\|f\|_\infty}{h} + \dfrac{h}{2}\|f''\|_\infty.$

On choisit alors h de façon à minimiser le second membre, c'est-à-dire en prenant $h = 2\sqrt{\dfrac{\|f\|_\infty}{\|f''\|_\infty}}$ (le lecteur pourra s'en convaincre par une étude de fonction), et le résultat suit.

La constante 2 dans l'inégalité précédente est optimale, mais ne peut être atteinte pour une fonction non nulle. C'est un bon exercice que d'établir ces deux points en examinant attentivement la preuve de l'inégalité.

On peut se poser le problème d'étendre le résultat de Landau à d'autres normes que $\|.\|_\infty$. La partie II du problème traite complètement le cas L^2. On peut également se demander ce que se passe si $\mathbb{R}^+$ est remplacé par $\mathbb{R}$, ou par un segment ; ou, encore, ce qu'on peut dire des dérivées successives de f si f est de classe C^n, et si on contrôle f et $f^{(n)}$. Par exemple, si f et $f^{(n)}$ sont bornées sur $\mathbb{R}^+$, on peut montrer que toutes les $f^{(k)}$ le sont également pour $1 \leqslant k \leqslant n-1$, et écrire des inégalités du type

$$\|f^{(k)}\|_\infty \leqslant c_{n,k}\|f\|_\infty 1 - \frac{k}{n}\|f^{(n)}\|_\infty^{\frac{k}{n}}$$

où les constantes $c_{n,k}$ ne dépendent pas de la fonction f choisie. De telles inégalités restent valables pour les normes L^2 (ou, plus généralement, les normes L^p). Le lecteur en trouvera une étude détaillée dans les chapitres 2 et 5 du livre de De Vore et Lorentz "Constructive Approximation" (Springer-Verlag).

La seconde inégalité, due à Hermann Weyl, montre que si $\displaystyle\int_0^{+\infty} f^2$ est fixé, alors $\displaystyle\int_0^{+\infty} f'^2$ et $\displaystyle\int_0^{+\infty} f^2(x)x^2dx$ ne peuvent être tous deux arbitrairement petits. C'est une forme du "principe d'incertitude".

Solution du problème 11
Indice d'un lacet

PARTIE I. *Indice d'un lacet.*

1. Par définition, $\displaystyle\int_\gamma f(z)dz = \int_\alpha^\beta f(\gamma(t))\gamma'(t)dt$. Appliquons le théorème de changement de variable en posant $t = \phi(u)$:

$$\int_\gamma f(z)dz = \int_a^b f(\gamma(\phi(u)))\gamma'(\phi(u))\phi'(u)du$$

$$= \int_a^b f((\gamma\circ\phi)(u)))(\gamma\cdot\phi)'(u))du$$

$$= \int_{\gamma\circ\phi} f(z)dz$$

2. En appliquant tout simplement la définition, on trouve

$$\mathrm{Ind}_0(\gamma) = \frac{1}{2i\pi}\int_\gamma \frac{dz}{z} = \frac{1}{2i\pi}\int_0^{2\pi}\frac{Rine^{in\theta}d\theta}{Re^{in\theta}} = \frac{n}{2\pi}\int_0^{2\pi}d\theta = n$$

Ce qui correspond bien à l'intuition géométrique que l'on a: γ tourne n fois autour de 0.

3. a) Dérivons cette application. Comme $\psi'(t) = \dfrac{\gamma'(t)}{\gamma(t) - a}\psi(t)$, il vient, pour tout $t \in [\alpha, \beta]$,

$$\left(\frac{\psi}{\gamma - a}\right)'(t) = \frac{\psi'(t)(\gamma(t) - a) - \psi(t)(\gamma'(t))}{(\gamma(t) - a)^2} = 0$$

ce qui montre que $\dfrac{\psi}{\gamma - a}$ est constante.

b) Ecrivons que $\dfrac{\psi(\alpha)}{\gamma(\alpha) - a} = \dfrac{\psi(\beta)}{\gamma(\beta) - a}$. Comme

$$\psi(\alpha) = 1, \quad \psi(\beta) = e^{2i\pi\,\mathrm{Ind}_a(\gamma)} \quad \text{et} \quad \gamma(\alpha) = \gamma(\beta),$$

on en déduit $e^{2i\pi\,\mathrm{Ind}_a(\gamma)} = 1$ qui entraîne $\mathrm{Ind}_a(\gamma) \in \mathbb{Z}$.

4. a) La fonction γ étant continue, δ l'est aussi. De plus, cette dernière est strictement positive en tout point de $[\alpha, \beta]$ ($a \in \Omega$). Puisque l'intervalle de définition $[\alpha, \beta]$ est un segment, elle atteint sa borne inférieure, qui est ainsi strictement positive. Il existe donc $r > 0$ tel que, pour tout $t \in [\alpha, \beta]$, $|\gamma(t) - a| \geqslant 2r$, d'où $D_{2r}(a) \subset \Omega$. Comme pour tout point de Ω il existe un disque centré en ce point et inclus dans Ω, l'ensemble Ω est ouvert.

b) On a

$$|\operatorname{Ind}_z(\gamma) - \operatorname{Ind}_a(\gamma)| = \frac{1}{2\pi}\left|\int_\alpha^\beta \frac{\gamma'(t)}{\gamma(t) - z} - \frac{\gamma'(t)}{\gamma(t) - a}dt\right|$$

$$\leqslant \frac{1}{2\pi}\int_\alpha^\beta \frac{|z - a|}{|\gamma(t) - z||\gamma(t) - a|}|\gamma'(t)|dt$$

Comme z appartient au disque $D_r(a)$, tandis que $\gamma(t)$ est à l'extérieur du disque $D_{2r}(a)$, on a $|\gamma(t) - a| \geqslant 2r$, $|\gamma(t) - z| \geqslant r$ et

$$|\operatorname{Ind}_z(\gamma) - \operatorname{Ind}_a(\gamma)| \leqslant \frac{|z - a|}{4\pi r^2}\int_\alpha^\beta |\gamma'(t)|dt$$

c) La continuité en a résulte aussitôt de l'inégalité précédente.

5. a) La fonction $\gamma_u : [\alpha, \beta] \to \mathbb{C}$ est bien une application de classe $\mathcal{C}^1$ par morceaux, vérifiant $\gamma_u(\alpha) = \gamma_u(\beta)$, et dont l'image, parce que U est étoilé par rapport à b, est contenue dans U : c'est un lacet de U.

b) On a, pour tout u et pour tout t dans $[0, 1]$, $|\gamma_u(t) - a| \geqslant r$. Donc

$$|\operatorname{Ind}_a(\gamma_u) - \operatorname{Ind}_a(\gamma_v)| = \frac{1}{2\pi}\left|\int_\alpha^\beta \frac{\gamma'_u(t)}{\gamma_u(t) - a} - \frac{\gamma'_v(t)}{\gamma_v(t) - a}dt\right|$$

$$= \frac{1}{2\pi}\left|\int_\alpha^\beta \frac{(u - v)(b - a)\gamma'(t)}{(\gamma_u(t) - a)(\gamma_v(t) - a)}\right|dt$$

$$\leqslant \frac{1}{2\pi}\int_\alpha^\beta \frac{|u - v||b - a|}{|\gamma_u(t) - a||\gamma_v(t) - a|}||\gamma'(t)|dt$$

$$\leqslant \frac{1}{2\pi r^2}|u - v||b - a|\int_\alpha^\beta |\gamma'(t)|dt$$

c) L'application $u \mapsto \operatorname{Ind}_a(\gamma_u)$ est ainsi lipschitzienne, donc continue. Comme elle est à valeurs entières, elle est constante (c'est une application du théorème des valeurs intermédiaires). Comme γ_0 est un lacet constant,

$$\operatorname{Ind}_a(\gamma) = \operatorname{Ind}_a(\gamma_1) = \operatorname{Ind}_a(\gamma_0) = 0$$

6. a) ϕ est clairement un lacet de $\mathbb{C}$, c'est-à-dire que, outre le fait que ϕ soit de classe $\mathcal{C}^1$ par morceaux, on a bien $\phi(\alpha) = \phi(\beta)$. De plus,

$$|\phi(t) - 1| = \left|\frac{\gamma(t) - \eta(t)}{\gamma(t) - a}\right| < 1$$

L'application $t \mapsto |\phi(t) - 1|$ étant définie et continue sur le segment $[\alpha, \beta]$, elle y atteint sa borne supérieure qui est donc strictement inférieure à 1. Il existe ainsi s, vérifiant $0 < s < 1$, tel que, pour tout t, $|\phi(t) - 1| < s$. L'image de ϕ est alors contenue dans le disque $D_s(1)$.

b) On a pour tout $t \in [\alpha, \beta]$, $\dfrac{\phi'(t)}{\phi(t)} = \dfrac{\eta'(t)}{\eta(t) - a} - \dfrac{\gamma'(t)}{\gamma(t) - a}$. Donc

$$\mathrm{Ind}_0(\phi) = \frac{1}{2i\pi} \int_\alpha^\beta \frac{\phi'(t)}{\phi(t)} dt = \mathrm{Ind}_a(\eta) - \mathrm{Ind}_a(\gamma)$$

c) ϕ est un lacet de $D_s(1)$ qui est étoilé par rapport à 1. De plus, les disques $D_{1-s}(0)$ et $D_s(1)$ sont disjoints. Le résultat de la question 5 montre que $\mathrm{Ind}_0(\phi) = 0$. Donc $\mathrm{Ind}_a(\eta) = \mathrm{Ind}_a(\gamma)$.

7. Soit $a \in \mathbb{C}$, $|a| \neq R$. On va montrer que $\mathrm{Ind}_a(\gamma) = 0$ si $|a| > R$, tandis que $\mathrm{Ind}_a(\gamma) = n$ lorsque $|a| < R$.
   • Dans le cas $|a| > R$, il suffit de choisir un réel m tel que $R < m < |a|$ et d'utiliser la question 5 en posant $U = D_m(0)$ et $r = |a| - m$.
   • Dans le cas $|a| < R$, considérons l'application $\lambda \mapsto \mathrm{Ind}_{\lambda a}(\gamma)$ définie sur $[0,1]$. Elle est correctement définie puisque λa n'appartient pas à l'image de γ. D'après les questions 3 et 4, elle est continue à valeurs entières, donc constante. D'où, en utilisant le résultat de la question 2,

$$\mathrm{Ind}_a(\gamma) = \mathrm{Ind}_0(\gamma) = n.$$

PARTIE II. *Intégrale d'une fraction rationnelle.*

1. On a

$$\begin{aligned}
\int_\gamma F'(z) dz &= \int_\alpha^\beta F'(\gamma(t)) \gamma'(t) dt \\
&= \int_\alpha^\beta (F \circ \gamma)'(t) dt \\
&= [F \circ \gamma]_\alpha^\beta = F(\gamma(\beta)) - F(\gamma(\alpha)).
\end{aligned}$$

En particulier, si γ est un lacet, $\displaystyle\int_\gamma F'(z) dz = 0$.

2. La décomposition en éléments simples consiste à écrire F comme somme d'un polynôme et de fractions rationnelles de la forme $\dfrac{c}{(X-a)^j}$ (où $c \in \mathbb{C}$, a est un pôle de F, et $j \in \mathbb{N}^*$). A l'exception de $\dfrac{c}{(X-a)}$, ce sont toutes des dérivées d'éléments de $\mathbb{C}(X)$. On va donc avoir, d'après la question précédente,

$$\int_\gamma F(z) dz = \sum_{k=1}^q \int_\gamma \frac{\mathrm{Res}_{a_k}(F)}{(z - a_k)} dz = 2i\pi \sum_{k=1}^q \mathrm{Ind}_{a_k}(\gamma) \, \mathrm{Res}_{a_k}(F)$$

3. Le dessin de γ est laissé au lecteur. On a $\dfrac{1}{1+X^2} = \dfrac{1}{2i}\left[\dfrac{1}{X-i} - \dfrac{1}{X+i}\right]$, donc

$$\int_\gamma \frac{dz}{1 + z^2} = \pi(\mathrm{Ind}_i(\gamma) - \mathrm{Ind}_{-i}(\gamma)).$$

Comme l'image de γ est contenu dans l'ouvert $\{z \in \mathbb{C};\ \mathrm{Im}(z) > -1/2\}$, qui est étoilé par rapport à 0, et que $D_{1/2}(-i)$ ne rencontre pas cet ouvert, la question I.5 montre que $\mathrm{Ind}_{-i}(\gamma) = 0$.

Un dessin semble indiquer par ailleurs que $\mathrm{Ind}_i(\gamma) = 1$. Pour le voir en toute rigueur, notons η le lacet défini sur $[0, 2\pi]$ par $\eta(t) = Re^{it}$. Pour $t \in [0, \pi]$, on a bien sûr $|\gamma(t) - \eta(t)| = 0 < |\eta(t) - i|$. Et si $t \in [\pi, 2\pi]$, $|\gamma(t) - \eta(t)|$ est la distance de $\eta(t)$ à la droite des réels. Comme $\eta(t)$ et i sont de part et d'autre de cette droite, on a encore $|\gamma(t) - \eta(t)| < |\eta(t) - i|$. La question I.6 indique alors que $\mathrm{Ind}_i(\gamma) = \mathrm{Ind}_i(\eta)$, et la question I.7 que $\mathrm{Ind}_i(\eta) = 1$. On a donc

$$\int_\gamma \frac{dz}{1 + z^2} = \pi$$

Mais en "décomposant" γ en deux chemins, à savoir $t \mapsto Re^{it}$, pour $0 \leqslant t \leqslant \pi$ suivi de $t \mapsto t$, pour $-R \leqslant t \leqslant R$ (on utilise ici l'invariance de l'intégrale par changement de variable démontrée question I.1), on obtient

$$\int_\gamma \frac{dz}{1 + z^2} = \int_0^\pi \frac{Rie^{it}}{1 + R^2 e^{2it}} dt + \int_{-R}^R \frac{dt}{1 + t^2}$$

Or

$$\left| \int_0^\pi \frac{Rie^{it}}{1 + R^2 e^{2it}} dt \right| \leqslant \int_0^\pi \left| \frac{Rie^{it}}{1 + R^2 e^{2it}} \right| dt \leqslant \int_0^\pi \frac{R}{R^2 - 1} dt \leqslant \frac{\pi R}{R^2 - 1}$$

Donc en faisant tendre R vers $+\infty$ dans l'égalité précédente, il vient

$$\int_{-\infty}^{+\infty} \frac{dt}{1 + t^2} = \pi$$

Bien évidemment, on peut retrouver ce résultat aisément en prenant une primitive de $\dfrac{1}{1 + t^2}$...

4. Posons $\omega = e^{\frac{i\pi}{n}}$. Les pôles de $\dfrac{1}{1 + X^n}$ sont les $\omega e^{\frac{2ik\pi}{n}}$, $0 \leqslant k \leqslant n - 1$, et un dessin indique que le seul pôle d'indice non nul est ω, pour lequel $\mathrm{Ind}_\omega(\gamma) = 1$. On a donc

$$\int_\gamma F(z) dz = 2i\pi \, \mathrm{Res}_\omega \left(\frac{1}{1 + X^n} \right)$$

Mais on sait que lorsque d est une racine simple du polynôme Q,

$$\mathrm{Res}_d \left(\frac{1}{Q} \right) = \frac{1}{Q'(d)}.$$

Puisque ω est un pôle simple de $\dfrac{1}{1+X^n}$, on a

$$\operatorname{Res}_\omega\left(\frac{1}{1+X^n}\right) = \frac{1}{n\omega^{n-1}} = -\frac{\omega}{n},$$

d'où $\displaystyle\int_\gamma F(z)dz = -2i\pi\frac{\omega}{n}$. Par ailleurs, en décomposant γ en trois chemins que l'on paramètre par

$$\begin{cases} \gamma_1(t) = t, & 0 \leqslant t \leqslant R \\ \gamma_2(t) = Re^{it}, & 0 \leqslant t \leqslant \dfrac{2\pi}{n} \\ \gamma_3(t) = t\omega^2, & t \text{ variant de } R \text{ à } 0, \end{cases}$$

on calcule

$$\begin{aligned} \int_\gamma \frac{dz}{1+z^n} &= \int_0^R \frac{dt}{1+t^n} + \int_0^{\frac{2\pi}{n}} \frac{Rie^{it}}{1+R^ne^{int}}dt + \int_R^0 \frac{\omega^2 dt}{1+\omega^{2n}t^n} \\ &= (1-\omega^2)\int_0^R \frac{dt}{1+t^n} + \int_0^{\omega^2} \frac{Rie^{it}}{1+R^ne^{int}}dt \end{aligned}$$

Comme dans la question précédente, on montre que

$$\lim_{R\to+\infty} \int_0^{\omega^2} \frac{Rie^{it}}{1+R^ne^{int}}dt = 0.$$

Il vient

$$\int_0^{+\infty} \frac{dt}{1+t^n} = -\frac{2i\pi\omega}{n(1-\omega^2)} = \frac{2i\pi}{n(\omega-\omega^{-1})} = \frac{\pi}{n\sin(\pi/n)}$$

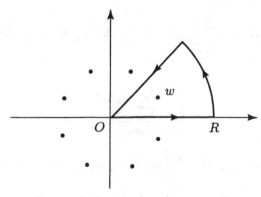

FIG. 4. *Le lacet γ dans le cas $n = 8$.*

PARTIE III. *Le théorème de D'Alembert-Gauss.*

1. a) Soient R, R' dans $[0, A]$. On a :

$$
\begin{aligned}
|\gamma_R(\theta) - \gamma_{R'}(\theta)| &= \left| \sum_{k=0}^{n} a_k R^k e^{ik\theta} - a_k R'^k e^{ik\theta} \right| \\
&\leqslant \sum_{k=0}^{n} |a_k| |R^k - R'^k| \\
&\leqslant \sum_{k=0}^{n} |a_k| |R - R'| |R^{k-1} + R^{k-2} R' + \cdots + R'^{k-1}| \\
&\leqslant \sum_{k=0}^{n} |a_k| |R - R'| (k+1) A^k \\
&\leqslant M |R - R'|
\end{aligned}
$$

où $M = (n+1) A^n \sum_{k=0}^{n} |a_k|$.

  b) Soit $R \geqslant 0$. Posons $A = R + 1$, et considérons M comme ci-dessus. Soit aussi $\alpha = \inf_{\theta \in [0, 2\pi]} |P(Re^{i\theta})|$. Notons que $\alpha > 0$ car l'application $\theta \mapsto |P(Re^{i\theta})|$ est continue sur le segment $[0, 2\pi]$, donc prend la valeur α, et que P ne s'annule pas. Soit maintenant $\varepsilon \in]0, 1[$ tel que $M\varepsilon < \alpha$. On a d'après ce qui précède, pour tout $R' \geqslant 0$ pour lequel $|R - R'| < \varepsilon$,

$$
R, R' \leqslant A, \ \ \text{d'où } |\gamma_R(\theta) - \gamma_{R'}(\theta)| \leqslant M |R - R'| < M\varepsilon < \alpha \leqslant |\gamma_R(\theta)|
$$

Et d'après la question I.6, $\mathrm{Ind}_0(\gamma_R) = \mathrm{Ind}_0(\gamma_{R'})$.

  c) On peut dire que la fonction $R \mapsto \mathrm{Ind}_0(\gamma_R)$ est localement constante. Elle est donc continue et, étant à valeurs entières, constante.

2. On a, pour tout $\theta \in [0, 2\pi]$

$$
|\eta_R(\theta) - \gamma_R(\theta)| = \left| \sum_{k=0}^{n-1} a_k R^k e^{ik\theta} \right| \leqslant \sum_{k=0}^{n-1} |a_k| R^k \ \text{et} \ |\eta_R(\theta)| = |a_n| R^n
$$

Comme

$$
\lim_{R \to \infty} \frac{\displaystyle\sum_{k=0}^{n-1} |a_k| R^k}{|a_n| R^n} = 0,
$$

on a, si R est assez grand, $\displaystyle\sum_{k=0}^{n-1} |a_k| R^k < |a_n| R^n$, d'où, pour tout θ :

$$
|\eta_R(\theta) - \gamma_R(\theta)| < |\eta_R(\theta)|
$$

D'après I.6 et I.7, $\mathrm{Ind}_0(\gamma_R) = \mathrm{Ind}_0(\eta_R) = n$.

3. Le chemin γ_0 est constant. Donc $\text{Ind}_0(\gamma_0) = 0$. Cette contradiction prouve le théorème de d'Alembert-Gauss.

Commentaires. *Comme il est annoncé dans l'introduction, l'indice de γ par rapport à a mesure le nombre de tours orientés que fait γ autour de a. Le calcul intégral permet donc de fonder rigoureusement cette notion intuitive, et d'en établir les propriétés évidentes de continuité par rapport à a (question I.3.b) et, en un sens convenable, par rapport à γ (question I.6). Le lecteur qui connait la notion de connexité pourra déduire du caractère entier de $\text{Ind}_a\,\gamma$ et de la continuité en a le fait que, à γ fixé, l'indice est constant sur chaque composante connexe du complémentaire de l'image de γ.*

Le résultat de II.2 constitue le "théorème des résidus" pour les fractions rationnelles. Il admet des formulations bien plus générales, faisant appel à la théorie des "fonctions holomorphes", dont le lecteur trouvera un exposé élémentaire dans le cours de R. Godement "Analyse Mathématique" (Springer).

A titre d'exercice, le lecteur pourra compléter la preuve du résultat suivant. Soit P^+ le demi-plan complexe $\text{Im}\,z > 0$, et $F \in \mathbb{R}(X)$ une fraction rationnelle sommable sur $\mathbb{R}$ (c'est-à-dire, comme on le voit aisément, sans pôle réel et de degré $\leqslant -2$). Alors

$$\int_{-\infty}^{+\infty} F = 2i\pi \sum_{a \in P^+} \text{Res}_a(F)$$

L'idée est de considérer le lacet γ_R suivant

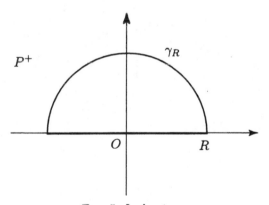

FIG. 5. *La lacet γ_R.*

Pour $R > 0$ assez grand, tous les pôles de F dans P^+ sont de modules strictement inférieurs à R, d'indices 1 par rapport à γ_R. Ainsi, par II.2,

$$\int_{\gamma_R} F = 2i\pi \sum_{a \in P^+} \text{Res}_a F \qquad (1)$$

Maintenant, puisque $F(z) \in O\left(\dfrac{1}{|z|^2}\right)$ *quand* $|z| \to +\infty$, *on montre facilement que*

$$\int_0^\pi F(Re^{i\theta})iRe^{i\theta}d\theta \longrightarrow 0$$

En d'autres termes, la contribution à $\displaystyle\int_{\gamma_R} F$ *venant du demi-cercle de centre* O *et de rayon* R *tend vers* 0 *lorsque* $R \to +\infty$, *ce qui implique que*

$$\int_{\gamma_R} F \longrightarrow \int_{-\infty}^{+\infty} F \quad (2)$$

De (1) et (2) on déduit le résultat annoncé.

Chapitre 4
Structures algébriques usuelles, arithmétique

Vrai ou faux ?

1. Soit f une application d'un ensemble E dans lui-même. Si $f \circ f = Id_E$, alors f est une bijection.
2. Soient A et B deux ensembles. Alors on a $\mathcal{P}(A \times B) = \mathcal{P}(A) \times \mathcal{P}(B)$.
3. Soient A et B deux parties d'un ensemble E. Si A et B ont même complémentaire, alors $A = B$.
4. Soient f et g deux fonctions d'un ensemble fini E dans lui-même. Si on a $f \circ g = Id_E$, alors f est bijective et sa réciproque est g.
5. Soit E un ensemble, muni d'une relation $\mathcal{R}$ symétrique et transitive. Soit x dans E, et $y \in E$ tel que $x\mathcal{R}y$. Alors on a $y\mathcal{R}x$ par symétrie et donc $x\mathcal{R}x$ par transitivité. Ainsi une relation symétrique et transitive est forcément réflexive.
6. Soient A et B deux parties finies d'un ensemble E. Si $|A \cup B| = |A| + |B|$, alors A et B sont disjointes.
7. Soit $(x_i)_{i \in \mathbb{N}}$ une suite d'éléments de $\mathbb{Z}$. Soient I et J deux parties finies de $\mathbb{N}$ telles que $I \subset J$. Alors on a

$$\sum_{i \in I} x_i \leqslant \sum_{j \in J} x_j$$

8. Soit G un groupe et H un sous-groupe de G. Si H est strictement inclus dans G, H et G ne peuvent pas être isomorphes.
9. Un groupe fini est commutatif.
10. Si G est un groupe non commutatif et que H est un sous-groupe commutatif de G, alors $H = \{e\}$ où e est l'élément neutre de G.
11. Un anneau fini est commutatif.
12. Un sous-anneau d'un anneau intègre est intègre.
13. Dans un anneau quelconque $\mathcal{A}$ on a la relation

$$(x + y)^3 = x^3 + 3x^2y + 3xy^2 + y^3.$$

14. Parmi trois nombres quelconques, on peut en trouver deux dont la somme est paire.
15. Soient $a, b, c \geqslant 1$. Si a divise bc alors a divise b ou a divise c.
16. Soient $a, b, c \geqslant 1$. Si $a \wedge bc = 1$ alors $a \wedge b = 1$ et $a \wedge c = 1$.
17. Soit x un nombre rationnel non nul. Si $x^2 \in \mathbb{N}$ alors $x \in \mathbb{Z}$.
18. Soient a et b deux entiers, et d leur pgcd. Si $a = da'$ et $b = db'$, alors a' et b' sont premiers entre eux.

Pour la solution, voir page 126.

Problème 12
Cardinal d'une somme de parties finies de $\mathbb{Z}$

Prérequis. *Loi de composition interne sur un ensemble, combinatoire.*

Introduction. *On établit dans ce problème une inégalité relative au cardinal d'une somme de parties finies de $\mathbb{Z}$, et on examine ensuite les cas d'égalité.*

Définitions et notations.

* Le cardinal d'un ensemble fini A sera noté $|A|$.
* Si S_1 et S_2 sont deux parties finies de $\mathbb{Z}$, on pose

$$S_1 + S_2 = \{x_1 + x_2,\ x_1 \in S_1,\ x_2 \in S_2\}.$$

* Etant donnée une partie finie S de $\mathbb{Z}$, on pose, pour tout $n \in \mathbb{N}^*$,

$$n * S = S + S + \cdots + S \ (n \text{ termes}).$$

On prendra garde à ne pas confondre $n * S$ avec $nS = \{nx, x \in S\}$.
* Enfin, on pose, pour tout $a \in \mathbb{Z}$, $a + S = \{a\} + S$.

PARTIE I. *Questions préliminaires.*

1. Montrer que la loi $+$, définie ci-dessus sur l'ensemble des parties finies de $\mathbb{Z}$, est commutative, associative, et admet un élément neutre.
2. Est-il vrai que toute partie finie $A \subset \mathbb{Z}$ soit régulière? (c'est-à-dire vérifie, pour B, C parties finies de $\mathbb{Z}$, $A + B = A + C \Rightarrow B = C$.)
3. a) Soient A et B les supports de deux suites arithmétiques finies ayant $r \in \mathbb{Z}$ pour même raison. Calculer $|A + B|$ en fonction de $|A| + |B|$.
   b) Soient $A_1, A_2, \ldots, A_n$ des suites arithmétiques finies de même raison $r \in \mathbb{Z}$. Calculer le cardinal de $A_1 + A_2 + \cdots + A_n$ en fonction de n et de $|A_1| + |A_2| + \cdots + |A_n|$.

PARTIE II. *Cardinal de $2 * S$.*

Dans cette partie, S désigne une partie finie non vide de $\mathbb{Z}$, et $q = |S|$. On note $a_1 < a_2 < \cdots < a_q$ les éléments de S.

1. En considérant l'ensemble

$$\{2a_1, a_1 + a_2, 2a_2, a_2 + a_3, 2a_3, \ldots, a_{q-1} + a_q, 2a_q\},$$

établir que $|2 * S| \geqslant 2|S| - 1$.

2. On suppose réalisée l'égalité $|2 * S| = 2q - 1$. Montrer que S est une progression arithmétique (on pourra considérer les nombres $a_{i-1} + a_{i+1}$).

PARTIE III. *Cardinal de $S + T$.*

Soient S et T deux parties finies non vides de $\mathbb{Z}$, $p = |S|$, $q = |T|$. On supposera $p \leqslant q$ et on notera $a_1 < a_2 < \cdots < a_p$ les éléments de S, $b_1 < b_2 < \cdots < b_q$ ceux de T.

1. En considérant l'ensemble
$$\{a_1+b_1, a_2+b_1, a_2+b_2, a_3+b_2, \ldots, a_p+b_{p-1}, a_p+b_p, a_p+b_{p+1}, \ldots, a_p+b_q\},$$
établir l'inégalité
$$|S + T| \geqslant |S| + |T| - 1.$$

2. On suppose que l'égalité a lieu dans l'inégalité précédente.
   a) Etablir :
$$
\begin{aligned}
a_1 + b_2 &= a_2 + b_1 \\
a_2 + b_3 &= a_3 + b_2 \\
&\vdots \\
a_{p-1} + b_p &= a_p + b_{p-1} \\
a_{p-1} + b_{p+1} &= a_p + b_p \\
a_{p-1} + b_{p+2} &= a_p + b_{p+1} \\
&\vdots \\
u_{p-1} + b_q &= u_p + b_{q-1}
\end{aligned}
$$

   b) Soit $T' = \{b_1, b_2, \ldots, b_p\}$. Montrer que $T' = (b_1 - a_1) + S$. En déduire que $|2 * S| = 2p - 1$.
   c) Montrer que si $|S+T| = |S|+|T|-1$, alors S et T sont des progressions arithmétiques de même raison.

PARTIE IV. *Cardinal de $S_1 + S_2 + \cdots + S_p$.*

Soient S_1, S_2, ..., S_p des parties finies non vides de $\mathbb{Z}$.

1. Etablir l'inégalité
$$|S_1 + S_2 + \cdots + S_p| \geqslant |S_1| + |S_2| + \cdots + |S_p| - (p - 1)$$
(on pourra procéder par récurrence sur p).

2. Ici, $p \geqslant 2$. Montrer que si
$$|S_1 + S_2 + \cdots + S_p| = |S_1| + |S_2| + \cdots + |S_p| - (p - 1),$$
alors les S_i sont des progressions arithmétiques de même raison (on pourra à nouveau procéder par récurrence).

Pour la solution, voir page 130.

Problème 13
Les carrés de la suite de Lucas

Prérequis. *Arithmétique, suites récurrentes linéaires d'ordre 2.*

Définitions et notations.

- On désigne par E l'ensemble des suites réelles $(u_n)_{n \in \mathbb{N}}$ telles que pour tout $n \in \mathbb{N}$, $u_{n+2} = u_{n+1} + u_n$.
- Les suites $(F_n)_{n \in \mathbb{N}}$ et $(L_n)_{n \in \mathbb{N}}$ sont les éléments de E définis par les conditions initiales $F_0 = 0$, $F_1 = 1$ et $L_0 = 2$, $L_1 = 1$.
- On pose $w = \dfrac{1 + \sqrt{5}}{2}$ et $w' = \dfrac{1 - \sqrt{5}}{2}$.

Introduction. *Le but du problème est de déterminer les entiers n tels que L_n soit un carré. Le résultat constitue un théorème de Cohn qui date de 1964.*

PARTIE I. *Relations de congruence.*

1. Soit n un entier naturel.
   a) Exprimer F_n et L_n à l'aide de w^n et w'^n.
   b) Calculer $L_{2n} - L_n^2$.
   c) Montrer que L_{2n} ne peut pas être le carré d'un entier.
2. Quelle est, pour $n \in \mathbb{N}$, la classe de congruence de L_n modulo 4 ?
3. Soient m et k deux entiers naturels.
   a) Vérifier que $2L_{2k+m} = 5F_m F_k L_k + L_m L_{2k}$.
   b) En déduire que $2L_{2k+m} \equiv 2(-1)^{k+1} L_m \ [L_k]$.
4. Soit q est un entier impair $\geqslant 5$.
   a) Montrer qu'il existe un unique triplet d'entiers (c, k, r) tel qu'on ait $c \in \{1, 3\}$, k congru à 2 ou 4 modulo 6 et $q = c + 2k3^r$.
   b) En conservant les notations de la question précédente, prouver que soit $L_q \equiv -1 \ [L_k]$ soit $L_q \equiv -4 \ [L_k]$.

PARTIE II. *Petit théorème de Fermat.*

On fixe un entier p premier et un entier a non divisible par p. Si $x \in [\![1, p-1]\!]$ on note $r(x)$ le reste dans la division de ax par p.

1. Montrer que r est une bijection de $[\![1, p-1]\!]$ dans lui-même.
2. En faisant le produit des congruences $ax \equiv r(x)$ $[p]$, pour x dans $[\![1, p-1]\!]$, montrer que $a^{p-1} \equiv 1$ $[p]$.
3. Dans cette question p est supposé congru à 3 modulo 4. Montrer qu'il n'existe pas d'entier $x \in \mathbb{N}$ tel que $x^2 \equiv -1$ $[p]$.
4. Soit n un entier naturel congru à 3 modulo 4. Montrer qu'il n'existe pas d'entier $x \in \mathbb{N}$ tel que $x^2 \equiv -1$ $[n]$.

PARTIE III. *Le théorème de Cohn.*

Montrer que les seuls entiers n tels que L_n soit le carré d'un entier sont $n = 1$ et $n = 3$.

Pour la solution, voir page 133.

Problème 14
Le mot de Thue-Morse

Prérequis. *Loi de composition interne sur un ensemble, combinatoire.*

Introduction. *Tous les matins, au petit déjeuner, Gaspard a le choix entre du café et du chocolat. Il est particulièrement allergique à la monotonie et se demande s'il est possible de faire ce choix sans que jamais la même séquence ne se répète trois fois de suite : il lui est bien entendu impossible d'éviter qu'une même séquence ne se répète deux fois de suite, car il devrait alterner chocolat et café, et la séquence chocolat-café se répèterait alors sans arrêt. Pour une triple répétition, le problème est moins évident. Par exemple pour une durée d'une semaine la suite café-chocolat-chocolat-café-chocolat-café-café fait l'affaire. Gaspard peut-il trouver une suite qui convient jusqu'à la fin de ses jours ? Et s'il vit un nombre infini de jours est-ce encore possible ? Il aura la réponse à la fin de ce problème...*

Définitions et notations.

- Soit A un ensemble fini non vide appelé *alphabet*. Les éléments de A sont appelés des *lettres*. Pour $n \in \mathbf{N}^*$, un *mot de longueur* n sur l'alphabet A est tout simplement un élément de A^n, c'est-à-dire un n-uplet d'éléments de A. On note $M = \bigcup_{n \geqslant 1} A^n$ l'ensemble des mots sur l'alphabet A. La longueur d'un mot u de M sera notée $|u|$.

- On définit sur M une loi de composition interne appelée *concaténation* de la manière suivante : si $u = (u_1, \dots, u_n)$ et $v = (v_1, \dots, v_p)$ sont des mots de longueur respective n et p, alors uv est le mot $(u_1, \dots, u_n, v_1, \dots, v_p)$ de longueur $n + p$.

- Un *mot infini* sur l'alphabet A est une suite $x = (x_n)_{n \geqslant 0}$ de lettres de A. Si x est un tel mot, pour tout entier $k \geqslant 1$, $[x]_k$ désigne le mot fini $(x_0, \dots, x_{k-1})$ obtenu en gardant les k premières lettres de x. On notera M^∞ l'ensemble des mots infinis.

PARTIE I. *Un peu de combinatoire.*

On note $p \geqslant 1$ le cardinal de A, n un entier naturel non nul. Les questions de cette partie sont indépendantes.

1. Combien y a-t-il de mots de longueur n sur A? Combien y a-t-il de mots de longueur n formés de lettres distinctes?

2. Si $u = (u_1, \dots, u_n) \in M$ on pose $\tilde{u} = (u_n, \dots, u_1)$. On dit que u est un *palindrome* si $\tilde{u} = u$. Combien y a-t-il de palindromes de longueur n?

3. Combien y a-t-il de mots de n lettres sans deux lettres consécutives identiques?

4. Soient $a_1, \dots, a_p$ des lettres distinctes de A, $(\alpha_1, \dots, \alpha_p) \in (\mathbb{N}^*)^p$ avec $n = \alpha_1 + \cdots + \alpha_p$. Combien y a-t-il de mots de n lettres contenant exactement α_i fois la lettre a_i pour tout i?

PARTIE II. *Une structure de monoïde ordonné.*

La concaténation est clairement une loi de composition associative. Pour autant M n'est pas un monoïde car il lui manque un élément neutre. On rajoute donc dans la suite un tel élément e à M, appelé mot vide, et qui est par définition de longueur nulle. On a donc $ue = eu = u$ pour tout élément u de M. On observera aussi que si u, v, w sont des éléments de M tels que $uv = uw$, alors $v = w$ (on dit que tout élément de M est régulier à gauche).

1. Soit $(u, x) \in M^2$. On dit que u est un *facteur gauche* de x s'il existe $v \in M$ tel que $x = uv$. On écrit alors $u \preceq x$.
   a) Montrer que $\preceq$ est une relation d'ordre sur M.
   b) Soit u, v dans M avec $u \preceq v$. Montrer que $|u| \leqslant |v|$. La réciproque est-elle vraie?
   c) M a-t-il un plus petit élément? un plus grand élément?

2. Soient u, v, x trois mots avec $u \preceq x$ et $v \preceq x$. Montrer que l'on a soit $u \preceq v$, soit $v \preceq u$.

3. Soit $(u_n)_{n \geqslant 0} \in M^{\mathbb{N}}$ une suite strictement croissante de mots pour $\preceq$.
   a) Montrer que la suite $(|u_n|)$ des longueurs des mots u_n est strictement croissante dans $\mathbb{N}$.
   b) Montrer qu'il existe un unique mot infini $x = (x_k)_{k \geqslant 0} \in M^{\infty}$ tel que pour tout $n \geqslant 0$, $[x]_{|u_n|} = u_n$.
      On dira que x est la limite de la suite $(u_n)_{n \geqslant 0}$ et on écrira $x = \lim u_n$.

4. Soit $g : A \to M$ une application quelconque. Montrer qu'il existe un unique morphisme de monoïde $f : M \to M$ dont la restriction à A soit égale à g.

PARTIE III. *Des exemples (mot de Fibonacci, mot de Thue-Morse.)*

On suppose dans toute la suite du problème que $A = \{a, b\}$.

1. Soit $(u_n)_{n \geqslant 0}$ la suite définie par $u_0 = ab$ et $u_{n+1} = u_n u_n$ pour tout n.
   a) Expliciter u_1, u_2, u_3. Calculer la longueur de u_n.
   b) Montrer que la suite $(u_n)_{n \geqslant 0}$ est strictement croissante et préciser sa limite.

2. Soit (Φ_n) la suite définie par $\Phi_0 = a$, $\Phi_1 = ab$ et $\Phi_{n+2} = \Phi_{n+1} \Phi_n$ pour tout n.
   a) Expliciter Φ_2, Φ_3, Φ_4. Donner une relation de récurrence vérifiée par la suite $|\Phi_n|$, puis montrer qu'elle est strictement croissante.
   b) En déduire que la suite $(\Phi_n)_{n \geqslant 0}$ est strictement croissante.
      Par définition sa limite est le mot de Fibonacci, noté $f = f_0 f_1 f_2 \cdots$

3. Soit μ l'unique morphisme de monoïde de M dans M défini par $\mu(a) = ab$ et $\mu(b) = ba$ (cf. II.3). On définit la suite $(\tau_n)_{n \geqslant 0}$ par $\tau_0 = a$ et $\forall n \in \mathbb{N}$, $\tau_{n+1} = \mu(\tau_n)$.

a) Expliciter $\tau_1, \tau_2, \tau_3, \tau_4$. Calculer la longueur de τ_n.

b) Montrer que la suite $(\tau_n)_{n \geqslant 0}$ est strictement croissante.

Par définition sa limite est le mot de Thue-Morse noté $t = t_0 t_1 t_2 ...$

PARTIE IV. *Etude du mot de Thue-Morse.*

On reprend les notations de la question III.3. On rappelle que $A = \{a, b\}$. On notera par une barre le morphisme de monoïde de M dans M défini par $\bar{a} = b$ et $\bar{b} = a$. Ainsi, $\forall w \in M$, $\overline{w}$ est le mot obtenu en remplaçant dans w la lettre a par b et la lettre b par a.

1. Montrer que pour tout mot w, $\mu(\bar{w}) = \overline{\mu(w)}$.

2. Soit (x_n) et (y_n) les suites de mots définies simultanément par $x_0 = a$, $y_0 = b$ et pour tout $n \in \mathbb{N}$, $x_{n+1} = x_n y_n$, $y_{n+1} = y_n x_n$.

a) Montrer que $\forall n \in \mathbb{N}$, $x_n = \tau_n$ et $y_n = \overline{\tau_n}$.

b) Montrer que x_{2n} et y_{2n} sont des palindromes et que $\tilde{x}_{2n+1} = y_{2n+1}$ (cf. I.2 pour les définitions).

c) Combien y a-t-il de a et de b dans le mot $\tau_n = x_n$?

3. Montrer que $t_n = a$ (resp. $t_n = b$) si et seulement si l'écriture binaire de n comporte un nombre pair (resp. impair) de 1. Que vaut t_{100} ?

4. On dit qu'un mot non vide $u \in M^*$ est un *facteur cube* d'un mot $x \in M$ s'il existe deux mots v, w tels que $x = vuuuw$.

a) Montrer que si x est un mot sans facteur cube, alors $\mu(x)$ aussi.

b) En déduire *le théorème de Thue (1906)*: le mot t ne contient pas trois facteurs (finis) consécutifs identiques.

Pour la solution, voir page 137.

Problème 15
Structure des groupes abéliens finis

Prérequis. *Structure de groupe, arithmétique de* $\mathbb{Z}$.

Définitions et notations.

- On abrègera "groupe abélien fini" en "g.a.f.". La loi de tous les groupes cités dans le problème sera notée multiplicativement et l'élément neutre sera noté e.
- Si $n \in \mathbb{N}^*$, on note U_n le groupe multiplicatif des racines n-ièmes de l'unité dans $\mathbb{C}$.
- Si x est un élément d'un groupe G, on note $< x >= \{x^k, k \in \mathbb{Z}\}$ le sous-groupe de G engendré par x.
- Si G est un g.a.f., on adopte les définitions suivantes :
  - On appelle *exposant* de G, et on note $e(G)$, le ppcm des ordres des éléments de G.
  - On appelle *caractère* de G tout morphisme de G dans $\mathbb{C}^*$; l'ensemble des caractères de G est noté $\widehat{G}$.

Introduction. *Le but de ce problème est d'élucider la structure des groupes abéliens finis en montrant qu'un tel groupe est isomorphe à un produit de groupes cycliques dont les cardinaux forment une suite croissante pour la relation de divisibilité (cf. l'énoncé exact dans l'unique question de la partie V).*

PARTIE 0. *Ordre d'un élément dans un groupe fini.*

On rappelle le résultat classique suivant, qui donne la structure des sous-groupes de $(\mathbb{Z}, +)$ (et se démontre grâce à la division euclidienne).

Théorème. *Soit H un sous-groupe de $(\mathbb{Z}, +)$ non réduit à $\{0\}$. Si n est le plus petit élément strictement positif de H, on a*

$$H = n\mathbb{Z} = \{kn, k \in \mathbb{Z}\}$$

En d'autres termes, il existe un unique entier de $\mathbb{N}^*$ tel que H soit l'ensemble des multiples de cet entier.

On considère dans cette partie un groupe G fini, et x un élément de G.

1. Montrer que $A_x = \{k \in \mathbb{Z}, \ x^k = e\}$ est un sous-groupe de $(\mathbb{Z}, +)$ non réduit à $\{0\}$.

Le théorème ci-dessus permet de définir l'ordre de x dans G comme l'unique entier $n \geqslant 1$ tel que $A_x = n\mathbb{Z}$ ou, de façon équivalente, comme le plus petit $n > 0$ tel que $x^n = e$.

On observera que, par définition même, on a, pour $k \in \mathbb{Z}$, équivalence entre n divise k et $x^k = e$. Seule cette dernière propriété est utilisée dans la suite, et les questions suivantes de cette partie ont pour seul but de se familiariser avec la notion d'ordre.

2. Quelques exemples.

   a) Quels sont les éléments de G d'ordre 1?

   b) Ici, G est le groupe symétrique $(S_3, \circ)$ (groupe des permutations de l'ensemble $\{1, 2, 3\}$). Enumérer les éléments de G et préciser l'ordre de chaque élément.

   c) Ici, G est le groupe U_n, avec $n \geqslant 2$. Soit $x = e^{\frac{2ik\pi}{n}}$ avec $0 \leqslant k \leqslant n-1$. Montrer que l'ordre de x est $\dfrac{n}{d}$, où d est le pgcd de n et k.

3. On revient au cas général. Montrer, si x est d'ordre n, que les x^i sont deux à deux distincts pour $0 \leqslant i \leqslant n - 1$, et que $< x >= \{x^i, 0 \leqslant i \leqslant n - 1\}$, ce qui revient à montrer que n est le cardinal de $< x >$.

PARTIE I. *Caractères des groupes cycliques.*

Ici, G est un groupe cyclique, engendré par un élément x (ce qui signifie que $G =< x >$). On note n l'ordre de x.

1. Soit $\varphi \in \widehat{G}$. Montrer que $\varphi(x) \in U_n$.

2. Inversement, soit $\omega \in U_n$. Montrer qu'il existe un et un seul caractère φ de G tel que $\varphi(x) = \omega$.

PARTIE II. *Prolongement des caractères.*

Soient G un g.a.f., H un sous-groupe de G, et $\varphi \in \widehat{H}$. Le but de cette partie est de montrer qu'il existe un caractère de G prolongeant φ. Soit $x \in G \backslash H$.

1. Soit $L = \{x^k h, \ (k, h) \in \mathbb{Z} \times H\}$. Vérifier que L est un sous-groupe de G contenant H et x.

2. On pose $n = \min\{l \in \mathbb{N}^*, \ x^l \in H\}$. Justifier cette définition, et expliquer pourquoi il existe $\omega \in \mathbb{C}^*$ tel que $\omega^n = \varphi(x^n)$.

3. Etablir l'existence d'une application $\tilde{\varphi}$ de L dans $\mathbb{C}^*$ telle que pour tous $k \in \mathbb{Z}$ et $h \in H$ on ait $\tilde{\varphi}(x^k h) = \omega^k \varphi(h)$.

4. Montrer que $\tilde{\varphi}$ est un caractère de L; quelle est sa restriction à H?

5. Prouver le résultat annoncé au début de cette partie.

PARTIE III. *L'exposant d'un groupe abélien fini.*

Soit G un g.a.f. Le but de cette partie est de montrer que G contient un élément dont l'ordre est $e(G)$.

1. a) Soient x et y dans G, d'ordres respectifs m et n premiers entre eux. Montrer que xy est d'ordre mn.

b) Si $x_1, \ldots, x_r$ sont des éléments de G d'ordres respectifs $n_1, \ldots, n_r$ deux à deux premiers entre eux, quel est l'ordre de $x_1 \ldots x_r$?

2. Ecrivons $e(G) = \prod_{i=1}^{r} p_i^{\alpha_i}$ la décomposition en facteurs premiers de l'exposant de G. Les p_i sont des nombres premiers deux à deux distincts, et $\alpha_1, \ldots, \alpha_r$ sont des entiers $\geqslant 1$.

   a) Si $i \in \{1, \ldots, r\}$, montrer qu'il existe g_i dans G dont l'ordre soit de la forme $p_i^{\alpha_i} m_i$, où m_i est un entier premier avec p_i. Quel est l'ordre de $g_i^{m_i}$?

   b) Démontrer le résultat annoncé au début de cette partie.

PARTIE IV. *Mise en évidence d'un facteur direct cyclique.*

Soit G un g.a.f. Grâce à la partie III, on choisit x dans G d'ordre $e(G)$. On pose $\omega = e^{\frac{2i\pi}{e(G)}}$, et on dispose, grâce à la partie I, d'un caractère φ de $< x >$ tel que $\varphi(x) = \omega$. Enfin, grâce à la partie II, on prolonge φ en un caractère de G que l'on note encore φ.

1. Montrer que tout élément g de G s'écrit de façon unique yh où y appartient à $< x >$ et où h appartient à $\operatorname{Ker}\varphi$.

2. Conclure que G est isomorphe au produit des deux groupes $< x >$ et $\operatorname{Ker}\varphi$.

PARTIE V. *Preuve du théorème.*

Démontrer que tout g.a.f de cardinal $\geqslant 2$ est isomorphe à un produit direct

$$U_{n_1} \times U_{n_2} \times \cdots \times U_{n_r}$$

où $n_1, \ldots, n_r$ sont des entiers $\geqslant 2$ tels que $n_1 | n_2 | \cdots | n_r$.

Pour la solution, voir page 142.

Problème 16
Triplets de Steiner

Prérequis. *Combinatoire, congruences dans $\mathbb{Z}$.*

Prologue. *Steiner était en nage. Le boss avait dit : "Trois jours, Prof, trois jours. Pas un de plus. Après...". Il y avait déjà deux jours qu'il planchait sans relâche. Il n'avait rien trouvé, sinon une migraine abominable, une migraine à faire pâlir un cachet d'aspirine. La fatigue commençait à anéantir ses facultés intellectuelles, la peur à le paralyser. Le tic-tac de l'horloge l'écœurait. Le chef voulait protéger son coffre-fort et demandait à Steiner de concevoir un système de clefs incroyablement compliqué. Les clefs seraient numérotées, chaque numéro apparaissant sur trois clefs exactement (mais chaque clef ne portant bien sûr qu'un seul numéro). Il faudrait, pour ouvrir le coffre, trois clefs pareillement numérotées. Les clefs devaient être distribuées à quinze brigands, chacun pouvant éventuellement recevoir plusieurs clefs de numéros distincts. Jusque là, rien de sorcier. Mais voilà... Le chef exigeait que deux brigands quelconques détiennent, ensemble, deux clefs d'un même numéro et ce numéro devait être unique pour chaque paire de brigands. Celle-ci serait ainsi chaperonnée par un troisième lascar sans lequel ils ne pourraient ouvrir le coffre. Steiner avait examiné sans succès des centaines de possibilités. Il était livide. Mais Steiner était fermement décidé à se battre jusqu'au bout. Il avait fait Math-Sup tout de même !*

Veux-tu bien aider Steiner à ne pas finir sous un méchant autobus ? Alors résouds le problème ci-dessous. Tu as trois jours. Tic-tac-tic-tac...

Définitions et notations.

- E est un ensemble fini (les brigands), et n est son cardinal.
- $\mathcal{P}_k(E)$ désignera l'ensemble des parties à k éléments de E.
- On désignera par $\mathcal{E}$ un ensemble de parties à trois éléments de E (un élément de $\mathcal{E}$ contient trois brigands auxquels on envisage de confier trois clefs portant un même numéro), et on posera $p = |\mathcal{E}|$.
- Nous dirons que $\mathcal{E}$ est un *système de Steiner* sur E si une paire quelconque de E est contenue dans un unique triplet :

$$\forall P \in \mathcal{P}_2(E), \ \exists! A \in \mathcal{E}; \ P \subset A$$

On dira encore que $\mathcal{E}$ est un système de Steiner d'ordre n.
- Enfin, un entier n sera appelé *nombre de Steiner* s'il existe un système de Steiner sur un ensemble à n éléments (c'est une propriété clairement indépendante du choix de l'ensemble). L'ensemble des nombres de Steiner sera noté S (par convention, $0 \in S$).

CHAPITRE I. *Où Steiner bénit 15 d'être congru à 3 modulo 6.*
Steiner était fatigué de cette recherche exhaustive. C'était ridicule. Il n'avait aucune chance de cette manière. Il décida de procéder à l'envers. Après tout, il n'existait peut-être pas de solution... Steiner frémit à cette idée. Le boss n'avait guère le sens des nécessités mathématiques.
- Supposons, pensa Steiner, qu'il existe une solution...

1. Que cherche Steiner? Montrer qu'il existe des systèmes de Steiner d'ordre 1 et 3.
2. Soit X l'ensemble des couples $(P, A) \in \mathcal{P}_2(E) \times \mathcal{E}$ vérifiant $P \subset A$.
   a) Quel est le cardinal de X?
   b) On considère l'application

$$\begin{array}{ccc} X & \to & \mathcal{P}_2(E) \\ (\{x, y\}, A) & \mapsto & \{x, y\} \end{array}.$$

   A quelle condition est-elle surjective? Injective? Bijective?
   En déduire que si $\mathcal{E}$ est un système de Steiner, alors $p = \dfrac{n(n-1)}{6}$.
3. Montrer que si $\mathcal{E}$ est de Steiner, chaque élément de E est contenu dans exactement $\dfrac{n-1}{2}$ triplets.
4. En déduire que si $n > 0$ est un nombre de Steiner, alors $n \equiv 1 \ [6]$ ou $n \equiv 3 \ [6]$.

CHAPITRE II. *Où la vue d'un manuscrit ancien fait jaillir l'inspiration.*
- Bon... Je sais maintenant qu'il existe peut-être une solution.
Il rigola intérieurement.
- Et je suis bien avancé...
Il se leva et commença à faire les cent pas dans sa chambre. Il ne lui restait plus que quelques heures, il fallait absolument qu'il se contrôle. Ne pas céder à la panique. Mais la tension accumulée était trop forte. Il craqua. La fureur l'emporta, il fit valser le lit, le bureau, donna de violents coups dans la bibliothèque. Au sommet de celle-ci était posé un vieux grimoire en équilibre sur la tranche. Il chuta. Une chute longue, interminable, comme un ralenti au cours duquel le livre s'ouvrait et déployait harmonieusement ses pages sous le regard médusé de Steiner. Une fois le livre à terre, Steiner le regardait encore, fasciné. La solution était là, devant lui, dans la forme ouverte de ce livre.

1. Soit $E = \{a, b, c\}$ un ensemble de cardinal 3, et

$$L = \{a, (b, 1), (c, 1), (b, 2), (c, 2), (b, 3), (c, 3)\}$$

On pose

$$\mathcal{L} = \{ \ \{a, (b, 1), (c, 1)\}, \ \{a, (b, 2), (c, 2)\},$$
$$\{a, (b, 3), (c, 3)\}, \ \{(b, 1), (b, 2), (b, 3)\},$$
$$\{(b, 1), (c, 2), (c, 3)\}, \ \{(c, 1), (b, 2), (c, 3)\}, \ \{(c, 1), (c, 2), (b, 3)\} \ \}$$

Vérifier qu'une paire de L n'appartient qu'à au plus un triplet de $\mathcal{L}$. En déduire, en considérant l'application définie à la question I.2.a, que $\mathcal{L}$ est un système de Steiner sur L.

Soit E un ensemble, et $\mathcal{E}$ un système de Steiner sur E. Une partie F de E sera dite stable si, lorsque deux éléments d'un A quelconque de $\mathcal{E}$ sont dans F, le troisième y est aussi.

2. Soit E un ensemble, et $\mathcal{E}$ un système de Steiner sur E.
   a) Montrer que si F est une partie stable de E, alors l'ensemble $\mathcal{F}$ des triplets A de $\mathcal{E}$ qui sont inclus dans F forme un système de Steiner sur F (on le qualifie de sous-système de Steiner de $\mathcal{E}$).
   b) Montrer que tout système de Steiner d'ordre $n \geqslant 1$ admet un sous-système de Steiner d'ordre 1, que tout système de Steiner d'ordre $n \geqslant 3$ admet un sous-système de Steiner d'ordre 3.
3. Soit P un ensemble fini de cardinal s. On note $[a, b, c]$ une liste non ordonnée de 3 éléments (pas forcément distincts) de P (de sorte que $[a, b, c] = [b, a, c] = [a, c, b] = \dots$). Un ensemble $\mathcal{P}$ de telles listes sera qualifié de pseudo-système de Steiner si

$$\forall (a, b) \in P^2, \ \exists! c \in P; [a, b, c] \in \mathcal{P}.$$

On établit ici l'existence d'un tel système. A cette fin, on numérote les éléments de P :
$$P = \{a_0, a_1, a_2, \dots, a_{s-1}\}$$

et on pose :
$$\mathcal{P} = \{\, [a_i, a_j, a_k]; \ i + j + k \equiv 0 \ [s] \,\}.$$

Montrer que $\mathcal{P}$ est un pseudo-système de Steiner.

4. Soient E et G deux ensembles admettant des systèmes de Steiner, $n = |E|$, $m = |G|$ (E ou G peut être vide). Soient $\mathcal{E}$ un système de Steiner sur E, $\mathcal{G}$ un système de Steiner sur G, R une partie stable de E, $\mathcal{R}$ le sous-système de Steiner sur R, et $r = |R|$.

   Posons $P = E \setminus R$, $s = |P| = n - r$ et choisissons arbitrairement un pseudo-système de Steiner $\mathcal{P}$ sur P.

   On pose encore
   $$L = R \cup (P \times G).$$

R sera appelé la reliure de L. Pour tout $g \in G$, $P_g = P \times \{g\}$ peut être pensé comme étant la "g-ième" page de L.

On va montrer qu'il existe un système de Steiner sur L.

Notons $\mathcal{L}$ la partie de $\mathcal{P}_3(L)$ formée de quatre types d'éléments :
   - Type 1 : les éléments de $\mathcal{R}$.
   - Type 2 : les triplets de la forme $\{a, (b, g), (c, g)\}$, où $a \in R$, $b, c \in P$, $g \in G$, et $\{a, b, c\} \in \mathcal{E}$.
   - Type 3 : les triplets de la forme $\{(a, g), (b, g), (c, g)\}$, où $a, b, c \in P$, $g \in G$, $\{a, b, c\} \in \mathcal{E}$.

- Type 4 : les triplets de la forme $\{(a, g_1), (b, g_2), (c, g_3)\}$, où g_1, g_2, g_3 sont des éléments de G tels que $\{g_1, g_2, g_3\} \in \mathcal{G}$, et a, b, c sont des éléments de P tels que $[a, b, c] \in \mathcal{P}$.

a) Quel est le cardinal de L ?

b) Montrer que $\mathcal{L}$ est un système de Steiner.

5. On désigne par S l'ensemble des nombres de Steiner.

a) Prouver que
$$n \in S \Rightarrow 3n \in S$$
$$n \in S, n \geqslant 1 \Rightarrow (3n - 2) \in S$$
$$n \in S, n \geqslant 3 \Rightarrow (3n - 6) \in S$$

b) Etablir que 7, 9, 15, 19, 21, 25, 27 sont des nombres de Steiner.

CHAPITRE III. *Steiner fait du zèle.*

Le soulagement qui envahit Steiner était incroyable. Il était en proie à un prodigieux sentiment de toute puissance, il avait vaincu l'Everest, il jubilait. Il voulait maintenant aller plus loin, trouver tous les nombres qui avaient cette propriété. En particulier, il ne lui semblait pas que 13 pût être obtenu par le procédé utilisé. L'idée qui lui vint alors lui parut absurde. Il s'approcha pourtant du manuscrit demeuré à terre et l'ouvrit au hasard. Il découvrit une figure géométrique, une sorte de cadran semblable à une horloge, mais bordé de 13 points au lieu de 12.

- Nom de Dieu, fit-il...

On considère un ensemble E de 13 points régulièrement disposés sur un cercle et numérotés P_0 à P_{12}. On désigne par distance de P_i à P_j le nombre d'intervalles de l'arc de cercle le plus court joignant P_i à P_j (la distance entre deux points distincts est donc un entier compris entre 1 et 6). On pose

$$T_1 = \{P_0, P_1, P_4\}, \ T_2 = \{P_0, P_2, P_8\}.$$

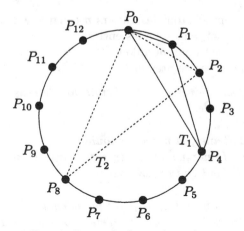

FIG. 1. *Le cercle des treize points.*

1. Soit C l'ensemble des paires $\{P_i, P_j\}$, où P_i et P_j sont deux points distincts du même triangle T_k $(k = 1, 2)$. Montrer que l'application de C dans $\{1, 2, 3, 4, 5, 6\}$ qui à une paire associe la distance entre ses éléments est une bijection.

2. On considère l'ensemble $\mathcal{E}$ des parties de E qui sont obtenues à partir de T_1 ou de T_2 par une rotation. Montrer que $\mathcal{E}$ est un système de Steiner sur E.

3. Retrouver, par une méthode semblable, que 7 est un nombre de Steiner.

CHAPITRE IV. *La victoire de Steiner.*

1. On considère la construction de la question II.4 dont on reprend les notations. On suppose $0 < r < n$ et $m \geqslant 3$. Soient $a \in R$ et $b \in P$. Soit $c \in E$ tel que $\{a, b, c\} \in \mathcal{E}$.
   a) Montrer que $\mathcal{P}$ peut être choisi de telle sorte que $[b, b, b], [b, c, c], \in \mathcal{P}$.
   b) Vérifier alors que le système $\mathcal{L}$ sur L admet un sous-système de Steiner d'ordre 7.

On note T l'ensemble des entiers pour lesquels il existe un système de Steiner admettant un sous-système d'ordre 7.

2. Etablir les implications suivantes :
$$n \in T \Rightarrow 3n \in T$$
$$n \in S, \ n > 1 \Rightarrow (3n - 2) \in T$$
$$n \in S, \ n > 3 \Rightarrow (3n - 6) \in T$$
$$n \in T \Rightarrow (3n - 14) \in T$$
$$n \in S \Rightarrow (2n + 1) \in T$$

3. Soit $n \in \mathbb{N}^*$. Montrer que si $n \equiv 1 \ [6]$ ou $n \equiv 3 \ [6]$ alors l'un au moins des nombres $\dfrac{n}{3}, \dfrac{n+2}{3}, \dfrac{n+6}{3}$ ou $\dfrac{n+14}{3}$ est un entier lui-même congru à 1 ou 3 modulo 6.

4. Montrer que T contient tous les entiers n congrus à 1 où 3 modulo 6 et vérifiant $15 \leqslant n \leqslant 44$, puis tous les entiers $n \geqslant 15$ et congrus à 1 ou 3 modulo 6.

5. Quels sont les nombres de Steiner ?

Epilogue. *On frappa. Steiner ouvrit. C'était Joe, le bras droit du boss. 110 kg et pas du genre sensible.*
- Alors... ? demanda-t-il.
- J'ai fini, répondit Steiner, la mine épanouie.
Joe eut l'air surpris. Il marqua un temps puis, dans un rictus :
- Non. T'as pas fini. Faut qu'tu r'commences.
- Quoi ? fit Steiner.
- Fred a cassé sa pipe, reprit Joe, on n'est pu qu'quatorze.
Steiner crut que son cœur s'arrêtait. 14 n'était congru ni à 1 ni à 3 modulo 6 et le problème n'admettait plus de solution.
- Vous avez buté Fred ? demanda Steiner.

- Mais non tu penses. Il a eu un accident. Un autobus.

- Dis donc, ajouta Joe en apercevant le vieux grimoire, c'est quoi ce truc?

Steiner le ramassa. Le caressa. Puis, se tournant lentement vers Joe:

- C'est un livre magique, mon ami. Il me souffle la solution de n'importe quel problème.

Et d'abattre violemment l'ouvrage au sommet du crâne du gorille qui s'effondra, vertèbres brisées.

- Pourquoi...? fit Joe dans un ultime élan vital.

- Mais parce que 13 est congru à 1 modulo 6, mon vieux.

Il planta alors son drapeau noir sur l'esprit gémissant de Joe, lequel n'avait guère connu les longs ennuis. Incrédule, Joe expira.

Steiner caressa de nouveau son livre. Il l'avait récupéré dans un grenier et, à dire vrai, n'y avait jamais jusqu'à ce jour prêté grande attention. C'était d'ailleurs illisible, on aurait dit du grec. C'était un vieux machin intitulé

$$\mathit{E\Upsilon PHKA\,!}$$

Mais quelqu'un de nouveau frappait. Steiner sursauta. Pris de panique, il dissimula grossièrement l'encombrant macchabée. Le visiteur insista et Steiner ouvrit:

- Salut Steiner! fit joyeusement Fred.

Pour la solution, voir page 146.

Solutions des problèmes du chapitre 4

Solution du vrai ou faux

1. *Si $f \circ f = Id_E$, alors f est une bijection.*

   Vrai. Un résultat connu du cours affirme que lorsque $f \circ g$ est injective, alors g est injective ; de même, si $f \circ g$ est surjective, alors f est surjective. Ici, comme $f \circ f$ est à la fois injective et surjective, le résultat précédent permet d'affirmer l'injectivité et la surjectivité, donc la bijectivité de f.

2. *On a $\mathcal{P}(A \times B) = \mathcal{P}(A) \times \mathcal{P}(B)$.*

   Faux. En effet, la nature des deux termes de l'égalité n'est pas la même. Un élément X de $\mathcal{P}(A \times B)$ est un ensemble de couples de type (a, b) où $a \in A$ et $b \in B$. Un élément (X, Y) de $\mathcal{P}(A) \times \mathcal{P}(B)$ est par contre un couple d'ensembles, où X contient des éléments de A, et Y contient des éléments de B.

   En fait, les deux ensembles en question ne sont même pas forcément équipotents, c'est-à-dire que l'on ne peut pas en général établir de bijection de l'un vers l'autre. C'est notamment le cas lorsque A et B sont des ensembles finis, par exemple de même cardinal 3. Alors le cardinal de $\mathcal{P}(A \times B)$ est $2^9 = 512$, et celui de $\mathcal{P}(A) \times \mathcal{P}(B)$ est $2^3 \times 2^3 = 2^6 = 64$. Comme les deux ensembles n'ont pas même cardinal, il ne peut exister de bijection entre les deux.

3. *Si A et B ont même complémentaire, alors $A = B$.*

   Vrai. En effet, l'application f qui associe à une partie A son complémentaire $\overline{A}$ est involutive, c'est-à-dire que $f \circ f = Id$ (ce qui revient à dire que $\overline{\overline{A}} = A$). Elle est en particulier injective, ce qui est exactement l'assertion proposée.

4. *Soient f et g deux fonctions d'un ensemble fini E dans lui-même. Si $f \circ g = Id_E$, alors f est bijective et sa réciproque est g.*

   Vrai. En effet, si $f \circ g = Id_E$, alors f est notamment surjective de E dans lui-même. Comme E est fini, toute surjection de E dans E est une bijection. On en déduit l'existence de f^{-1}. En composant l'égalité à gauche par f^{-1}, on obtient donc $g = f^{-1}$.

   Par contre, le résultat est faux lorsque E n'est plus fini. Considérons par exemple f définie sur $\mathbb{Z}$ par $f(k) = 2k$, et $g(k) = E(k/2)$ (partie entière de $k/2$). On a $g \circ f = Id_{\mathbb{Z}}$, mais g n'est pas injective, car $g(0) = g(1) = 0$. Lorsque E est infini, le résultat "toute surjection est une bijection" est faux.

5. *Une relation symétrique et transitive est forcément réflexive.*

Faux. Le raisonnement proposé est erroné. En effet, lorsqu'on prend un élément x dans E, on ne peut pas forcément trouver d'élément y tel que $x\mathcal{R}y$. Le contre-exemple le plus flagrant est la relation vide, telle que aucun couple $(x, y) \in E^2$ ne soit en relation. Cette relation est bien symétrique, transitive (elle est même antisymétrique) mais elle n'est pas réflexive.

6. *Si $|A \cup B| = |A| + |B|$, alors A et B sont disjointes.*

   Vrai. On rappelle la formule bien connue $|A \cup B| = |A| + |B| - |A \cap B|$. Si on a l'égalité de l'énoncé, on a alors $|A \cap B| = 0$, et donc A et B sont deux parties disjointes (c'est-à-dire d'intersection vide).

7. *Soit $(x_i)_{i\in\mathbb{N}}$ une suite d'éléments de $\mathbb{Z}$. Soient I et J deux parties finies de $\mathbb{N}$ telles que $I \subset J$. Alors on a*

$$\sum_{i\in I} x_i \leqslant \sum_{j\in J} x_j$$

   Faux. En effet, les x_i ne sont pas forcément positifs! Prenons comme contre-exemple le cas où tous les x_i sont égaux à -1. Alors $\sum_{i\in I} x_i = -|I|$. Si $|I| = 1$ et $|J| = 2$, alors

$$\sum_{i\in I} x_i = -1 > \sum_{j\in J} x_j = -2$$

   Le résultat serait par contre vrai si les x_i étaient tous dans $\mathbb{N}$, car dans ce cas on aurait

$$\sum_{i\in J} x_i = \sum_{i\in I} x_i + \sum_{i\in J\setminus I} x_i \geqslant \sum_{i\in I} x_i$$

8. *Si H est strictement inclus dans G, H et G ne peuvent être isomorphes.*

   Faux. Considérons l'application $f : \mathbb{Z} \mapsto \mathbb{Z}$ définie par $f(x) = 2x$. Cette application est en fait un morphisme de groupes injectif de $\mathbb{Z}$ dans $\mathbb{Z}$. Son image est $2\mathbb{Z}$, l'ensemble des nombres pairs, qui est un sous-groupe strict de $\mathbb{Z}$. Or f étant bijective de $\mathbb{Z}$ dans $f(\mathbb{Z})$, $\mathbb{Z}$ est bien isomorphe à un de ses sous-groupes stricts.

   Le résultat est par contre vrai lorsque G est fini, puisque dans ce cas un sous-groupe strict est de cardinal strictement inférieur, et les deux ensembles ne sauraient être en bijection.

9. *Un groupe fini est commutatif.*

   Faux. Un contre-exemple est donné par le groupe S_n des permutations de $\{1, 2, \ldots, n\}$, lorsque $n \geqslant 3$; ce groupe est fini (de cardinal $n!$), et notoirement non commutatif, les transpositions $\tau_{1,2}$ et $\tau_{1,3}$ ne commutant pas.

10. *Si G est un groupe non commutatif et si H est un sous-groupe commutatif de G, alors $H = \{e\}$ où e est l'élément neutre de G.*

    Faux. Considérons un contre-exemple issu de la géométrie. L'ensemble réunion des homothéties du plan de rapport non nul et des translations du plan forme un groupe non commutatif. Le sous-groupe constitué uniquement des translations est en revanche commutatif.

    Plus généralement, si G est un groupe quelconque et que g est un élément de G distinct de e, alors $\{g^n, n \in \mathbb{Z}\}$ est un sous-groupe de G (sous-groupe engendré par g) ; il est commutatif et non réduit à $\{e\}$.

11. *Un anneau fini est commutatif.*

    Faux. Mais il est difficile de trouver un contre-exemple. En effet, la majorité des anneaux rencontrés en cours sont infinis, et les rares anneaux finis étudiés sont en général les anneaux $\mathbb{Z}/n\mathbb{Z}$, qui sont commutatifs. Pour trouver un contre exemple, il faut chercher du coté de l'anneau des matrices carrées (de taille 2 par exemple) dont les coefficients sont dans un corps fini $\mathbb{K}$ (par exemple le corps $\mathbb{Z}/p\mathbb{Z}$ avec p premier). Le cardinal de cet anneau est alors $|\mathbb{K}|^4$ et le lecteur pourra vérifier que les deux matrices

    $$\begin{pmatrix} 0 & 1 \\ 0 & 0 \end{pmatrix} \quad \text{et} \quad \begin{pmatrix} 1 & 0 \\ 0 & 0 \end{pmatrix}$$

    ne commutent pas.

    Cependant, dans le cas où tous les éléments non nuls de l'anneau (fini) sont inversibles, ce qui lui confère une structure de corps, il est nécessairement commutatif en vertu d'un célèbre théorème de Wedderburn.

12. *Un sous-anneau d'un anneau intègre est intègre.*

    Vrai. La propriété d'intégrité, qui stipule que xy est non nul dès que x et y sont non nuls, se restreint parfaitement aux éléments d'un sous-anneau.

13. *Dans un anneau quelconque $\mathcal{A}$ on a la relation*

    $$(x + y)^3 = x^3 + 3x^2y + 3xy^2 + y^3.$$

    Faux. La formule du binôme, dont il s'agit ici d'une illustration pour la puissance 3, n'est valable que lorsque l'anneau est commutatif ! Si ce n'est pas le cas, on a

    $$(x + y)^3 = x^3 + x^2y + xyx + yx^2 + xy^2 + yxy + y^2x + y^3$$

    qui est en général différent de $x^3 + 3x^2y + 3xy^2 + y^3$.
    Le lecteur pourra expliciter l'exemple suivant :

    $$\mathcal{A} = \mathcal{M}_2(\mathbb{R}), \quad x = \begin{pmatrix} 0 & 1 \\ 0 & 0 \end{pmatrix} \quad \text{et} \quad y = \begin{pmatrix} 1 & 0 \\ 0 & 0 \end{pmatrix}$$

14. *Parmi trois nombres quelconques, on peut en trouver deux dont la somme est paire.*

    Vrai. Parmi trois nombres, soit on peut en trouver au moins deux qui sont pairs, soit il y en a au plus un qui est pair, et deux sont impairs. Dans tous les cas, on peut trouver deux nombres qui ont même parité. Leur somme est paire.

15. *Soient $a, b, c \geqslant 1$. Si a divise bc alors a divise b ou a divise c.*

    Faux. Cet énoncé n'est pas sans rappeler le théorème de Gauss. Mais si a ne divise pas b, alors a n'est pas pour autant premier avec b (cette dernière propriété n'est valable que lorsque a est premier). Donc le théorème de Gauss ne peut pas s'appliquer. Ainsi on peut considérer le contre-exemple $a = 6$, $b = 2$ et $c = 3$.

16. *Si $a \wedge bc = 1$ alors $a \wedge b = 1$ et $a \wedge c = 1$.*

    Vrai. Considérons une relation de Bezout $ka + lbc = 1$ entre a et bc. Il suffit de remarquer qu'il s'agit aussi d'une relation de Bezout entre a et b, ainsi qu'entre a et c.

    Il est à noter que la réciproque de ce résultat est vraie elle aussi : si a est premier avec b et avec c, il est premier avec le produit des deux.

17. *Soit x un nombre rationnel non nul. Si $x^2 \in \mathbb{N}$ alors $x \in \mathbb{Z}$.*

    Vrai. Ecrivons sous forme irréductible $x = \dfrac{a}{b}$ où a et b sont premiers entre eux. Alors a^2 et b^2 sont aussi premiers entre eux, et comme $x^2 \in \mathbb{N}$, alors b^2 divise a^2. Le nombre b^2 est donc un diviseur commun à lui-même (certes !) et à a^2, donc $b^2 = 1$ car a^2 et b^2 sont premiers entre eux. Ainsi $b = \pm 1$ et $x \in \mathbb{Z}$.

18. *Soient a et b deux entiers, et d leur pgcd. Si $a = da'$ et $b = db'$, alors a' et b' sont premiers entre eux.*

    Vrai. Il suffit pour le démontrer de diviser par d une relation de Bezout $ak + bl = d$. On obtient alors $a'k + b'l = 1$ et a' et b' sont premiers entre eux.

Solution du problème 12
Cardinal d'une somme de parties finies de $\mathbb{Z}$

PARTIE I. *Questions préliminaires.*

1. La commutativité est évidente. Pour l'associativité, considérons trois parties finies A, B, et C de $\mathbb{Z}$. On a

$$
\begin{aligned}
(A+B)+C &= \{y + x_3,\ y \in (A+B),\ x_3 \in C\} \\
&= \{x_1 + x_2 + x_3,\ x_1 \in A,\ x_2 \in B,\ x_3 \in C\} \\
&= A + (B + C)
\end{aligned}
$$

Enfin, $\{0\}$ est clairement un élément neutre pour la loi $+$. On peut remarquer que l'ensemble vide est un élément absorbant, c'est-à-dire que $\emptyset + A = \emptyset$ pour toute partie finie A.

2. C'est faux. Par exemple

$$\{0,1\} + \{0,2\} = \{0,1,2,3\} = \{0,1\} + \{0,1,2\}.$$

3. a) Posons $A = \{a + kr, 0 \leqslant k \leqslant p\}$, $B = \{b + jr, 0 \leqslant j \leqslant q\}$ (où $|A| = p + 1$, $|B| = q + 1$). On a

$$
\begin{aligned}
A + B &= \{(a+b) + (k+j)r,\ 0 \leqslant k \leqslant p,\ 0 \leqslant j \leqslant q\} \\
&= \{(a+b) + mr,\ 0 \leqslant m \leqslant p + q\},
\end{aligned}
$$

d'où

$$|A + B| = p + q + 1 = |A| + |B| - 1.$$

b) On vient de voir que la somme de deux suites arithmétiques de même raison r et de longueurs p et q, est une suite arithmétique de raison r et de longueur $p + q - 1$. Une récurrence immédiate nous apprend que la somme de n suites arithmétiques $A_1, A_2, \ldots, A_n$ de même raison r et de longueurs $p_1, p_2, \ldots, p_n$ est une suite arithmétique de raison r et de longueur $(p_1 + p_2 + \cdots + p_n) - (n-1)$. Donc

$$|A_1 + A_2 + \cdots + A_n| = |A_1| + |A_2| + \cdots + |A_n| - (n-1)$$

PARTIE II. *Cardinal de $2 * S$.*

1. L'ensemble considéré dans l'énoncé présente les nombres par ordre croissant. On a

$$2a_1 < a_1 + a_2 < 2a_2 < a_2 + a_3 < 2a_3 < \cdots < a_{q-1} + a_q < 2a_q,$$

et ces $(2q - 1)$ nombres sont bien sûr dans $2 * S$. Donc

$$|2 * S| \geqslant 2q - 1 = 2|S| - 1.$$

2. Si $|2 * S| = 2q - 1$, les nombres $2a_1, a_1 + a_2, 2a_2, \dots, a_{q-1} + a_q, 2a_q$ constituent l'ensemble $2 * S$ dans sa totalité. Soit alors $i \in [\![2, q-1]\!]$. On a

$$a_{i-1} + a_i < a_{i-1} + a_{i+1} < a_i + a_{i+1}.$$

Or $a_{i-1} + a_{i+1} \in 2 * S$ et $2a_i$ est le seul nombre de $2 * S$ compris entre $a_{i-1} + a_i$ et $a_i + a_{i+1}$. Donc $a_{i-1} + a_{i+1} = a_{2i}$, d'où $a_{i+1} - a_i = a_i - a_{i-1}$. Ceci prouve que S est une progression arithmétique.

PARTIE III. *Cardinal de $S + T$.*

1. C'est le même principe qu'en I.3.a). L'ensemble $S + T$ contient au moins les $p + q - 1$ nombres distincts

$$a_1 + b_1 < a_2 + b_1 < a_2 + b_2 < a_3 + b_2 < \cdots < a_p + b_{p-1}$$

$$< a_p + b_p < a_p + b_{p+1} < \cdots < a_p + b_q.$$

Donc $|S + T| \geqslant |S| + |T| - 1$.

2. a) Si $|S + T| = p + q - 1$, la liste ci-dessus est la liste exhaustive des éléments de $S + T$. Mais les éléments

$$a_1 + b_1 < a_1 + b_2 < a_2 + b_2 < a_2 + b_3 < \cdots < a_{p-1} + b_p$$

$$< a_{p-1} + b_{p+1} < \cdots < a_{p-1} + b_q$$

forment eux aussi une liste de $p+q-1$ éléments distincts de $S+T$. Ces deux listes doivent coïncider, ce qui démontre les égalités demandées.

b) Soit i tel que $1 \leqslant i \leqslant p$. En additionnant les $(i-1)$ premières égalités, on voit que $b_i = a_i + (b_1 - a_1)$. Donc $T' = (b_1 - a_1) + S$. Par ailleurs,

$$a_p + b_{p+1} < a_p + b_{p+2} < \dots < a_p + b_q$$

sont $(q - p)$ nombres distincts de $S + T$ qui ne sauraient être dans $S + T'$ (car le plus grand élément de $S + T'$ est $a_p + b_p$). Donc

$$|S + T'| \leqslant |S + T| - (q - p)$$

et, puisque $|S + T| = p + q - 1$, on a $|S + T'| \leqslant 2p - 1$. Comme

$$2 * S = S + ((a_1 - b_1) + T') = (a_1 - b_1) + (S + T'),$$

on a aussi $|2 * S| \leqslant 2p - 1$.

c) Ce résultat, ainsi que la question II.2, montrent que S est une progression arithmétique. C'est le cas de T' aussi puisque $T' = (b_1 - a_1) + S$. Notons r leur raison commune. Des dernières égalités trouvées en 2.a), on tire

$$b_{p+1} - b_p = \cdots = b_q - b_{q-1} = a_p - a_{p-1} = r.$$

Donc T est aussi une progression arithmétique de raison r.

PARTIE IV. *Cardinal de $S_1 + S_2 + \cdots + S_p$.*

1. Procédons par récurrence sur p. Ce résultat est immédiat si $p = 1$. On a, en le supposant vrai au rang $p - 1$, et en utilisant II.2

$$
\begin{aligned}
|S_1 + S_2 + \cdots + S_p| \;&\geqslant\; |(S_1 + \cdots + S_{p-1}) + S_p| \\
&\geqslant\; |S_1 + \cdots + S_{p-1}| + |S_p| - 1 \\
&\geqslant\; [|S_1| + \cdots + |S_{p-1}| - (p-2)] + |S_p| - 1 \\
&\geqslant\; |S_1| + \cdots + |S_p| - (p-1)
\end{aligned}
$$

2. C'est, si $p = 2$, ce qu'affirme III.2. Supposons $p \geqslant 3$, et le résultat vrai au rang $(p-1)$. Choisissons $S_1, \ldots, S_p$ tels que

$$
|S_1| + |S_2| + \cdots + |S_p| - (p-1) = |S_1 + S_2 + \cdots + S_p|.
$$

On a :

$$
\begin{aligned}
\left(\sum_{k=1}^{p} |S_k| \right) - (p-1) \;&=\; (|S_1| + |S_2| + \cdots + |S_{p-1}| - (p-2)) + |S_p| - 1 \\
&\leqslant\; |S_1 + S_2 + \cdots + S_{p-1}| + |S_p| - 1 \\
&\leqslant\; |S_1 + S_2 + \cdots + S_p| \\
&=\; |S_1| + |S_2| + \cdots + |S_p| - (p-1)
\end{aligned}
$$

Comme le premier et le dernier membre sont identiques, ces inégalités sont en fait des égalités. Il en résulte que

$$
|S_1| + |S_2| + \cdots + |S_{p-1}| - (p-2) = |S_1 + S_2 + \cdots + S_{p-1}|,
$$

ce qui montre, grâce à l'hypothèse de récurrence, que les S_i sont pour $i \leqslant (p-1)$ des progressions arithmétiques de même raison r. En isolant S_1 plutôt que S_p, on voit que S_p est encore une progression arithmétique de raison r.

Solution du problème 13
Les carrés de la suite de Lucas

PARTIE I. *Relations de congruence.*

1. a) Nous savons que E est un $\mathbb{R}$-espace vectoriel de dimension 2 et que w, w' étant les deux racines de l'équation caractéristique $r^2 - r - 1$, les suites géométriques $(w^n)_{n\in\mathbb{N}}$ et $(w'^n)_{n\in\mathbb{N}}$ forment une base de E. Il existe donc deux réels α et β tels que pour tout n, $F_n = \alpha w^n + \beta w'^n$. On détermine α et β en écrivant le relation précédente pour $n = 0$ et $n = 1$. On obtient alors :

$$\forall n \in \mathbb{N}, \quad F_n = \frac{1}{\sqrt{5}}(w^n - w'^n).$$

Pour $(L_n)_{n\in\mathbb{N}}$, le même raisonnement conduit à :

$$\forall n \in \mathbb{N}, \quad L_n = w^n + w'^n.$$

b) On a donc pour tout n,

$$\begin{aligned}
L_{2n} - L_n^2 &= (w^{2n} + w'^{2n}) - (w^n + w'^n)^2 \\
&= -2(ww')^n = -2(-1)^n = 2(-1)^{n+1}
\end{aligned}$$

c) Supposons que $L_{2n} = a^2$ où $a \in \mathbb{N}^*$. On a alors

$$(a - L_n)(a + L_n) = 2(-1)^{n+1}.$$

Comme a et L_n sont des entiers naturels non nuls, $a + L_n \geqslant 2$. La relation précédente impose que $a + L_n$ divise 2, donc $a + L_n = 2$ et $a - L_n = (-1)^{n+1}$. Par suite $2L_n = 2 + (-1)^n$, ce qui est absurde car $2 + (-1)^n$ est impair.

2. On regarde les premières valeurs de n. Modulo 4, on a $L_0 \equiv 2$, $L_1 \equiv 1$, $L_2 \equiv 3$, $L_3 \equiv 0$, $L_4 \equiv 3$, $L_5 \equiv 3$, $L_6 \equiv 2$, $L_7 \equiv 1$. Puisque $L_6 \equiv L_0$ et $L_7 \equiv L_1$, on montre facilement par une récurrence à deux termes sur n (grâce à la relation $L_{n+2} = L_{n+1} + L_n$) que pour tout n, L_{n+6} est congru à L_n modulo 4. Soit alors r le reste dans la division de n par 6. D'après les valeurs déterminées ci-dessus, on a donc $L_n \equiv 0$ pour $r = 3$, $L_n \equiv 1$ pour $r = 1$, $L_n \equiv 2$ pour $r = 0$ et enfin $L_n \equiv 3$ pour $r \in \{2, 4, 6\}$.

3. a) Grâce à la question 1 on a

$$5F_m F_k L_k = (w^n - w'^n)(w^k - w'^k)(w^k + w'^k) = (w^n - w'^n)(w^{2k} - w'^{2k})$$

et aussi

$$L_m L_{2k} = (w^n + w'^n)(w^{2k} + w'^{2k}).$$

Par suite, $5F_m F_k L_k + L_m L_{2k} = 2(w^{2k+m} + w'^{2k+m}) = 2L_{2k+m}.$

b) D'après la question précédente, il suffit de prouver que L_{2k} est congru à $2(-1)^{k+1}$ modulo L_k. Mais la question 1.b) nous assure de la relation $L_{2k} = 2(-1)^{k+1} + L_k^2$, ce qui permet de conclure.

4. a) On prouve simultanément l'existence et l'unicité.

 • Il est clair que si (c, k, r) vérifie les conditions de l'énoncé, c est le reste de la division euclidienne de q par 4, r est la 3-valuation de $q - c$ (exposant de 3 dans la décomposition en facteurs premiers de $q - c$) et k vaut alors $\dfrac{q-c}{2.3^r}$.

 • Définissons, inversement, (c, k, r) par les conditions précédentes. Puisque q est impair, $c \in \{1, 3\}$. Par définition de c, l'entier $q - c$ est divisible par 4 et puisque $q \geqslant 5$, alors $q - c$ est non nul. Si r est sa 3-valuation, $\dfrac{q-c}{3^r}$ est divisible par 4 mais pas par 3. Par suite $k = \dfrac{q-c}{2.3^r}$ est divisible par 2 mais pas par 3 donc congru à 2 ou 4 modulo 6.

b) Appliquons la question 3.b). Il vient $2L_q \equiv 2(-1)^{3^r k+1} L_c \ [L_{k3^r}]$. Or k est pair donc $2L_q \equiv -2L_c \ [L_{k3^r}]$. Pour conclure, il suffit de démontrer que L_k divise L_{k3^r}. Il en résultera que $2L_q \equiv -2L_c \ [L_k]$ puis, vu que L_k est impair (en vertu de la question 2 puisque k est congru à 2 ou 4 modulo 6), que $L_q \equiv -L_c \ [L_k]$ avec $L_c \in \{1, 4\}$.

Montrons donc, avec les notations précédentes, que L_k divise L_{k3^r}.
En appliquant 3.a) on a pour $n \in \mathbb{N}$, $2L_{3n} = L_n(5F_n^2 + L_{2n})$. Il en résulte que L_n divise $2L_{3n}$. Par récurrence sur t on montre que pour tout $t \in \mathbb{N}$ et tout $n \in \mathbb{N}$, L_n divise $2^t L_{3^t n}$.
On prend alors $n = k$ et $t = r$. Comme L_k est impair, ce qui précède montre que L_k divise L_{k3^r}.

PARTIE II. *Petit théorème de Fermat.*

1. D'abord, puisque p est premier, le produit de deux entiers non divisibles par p est également non divisible par p. Il en résulte, si $x \in \{1, \ldots, p-1\}$, que ax n'est pas divisible par p, donc que $r(x) \in \{1, \ldots, p-1\}$. Ainsi, r applique bien $\{1, \ldots, p-1\}$ dans lui-même. Pour montrer que r est une bijection, il suffit de vérifier qu'elle est injective car l'ensemble est fini. Soient donc x, y dans $\{1, \ldots, p-1\}$ tels que $r(x) = r(y)$. Ainsi ax est congru à ay modulo p et donc p divise $a(x - y)$. Comme p est premier et ne divise pas a, il divise $x - y$ et puisque x, y sont dans $\{1, \ldots, p-1\}$, alors $x = y$.

2. En faisant le produit des congruences $ax \equiv r(x) \ [p]$ pour x dans $[\![1, p-1]\!]$, on obtient
$$\prod_{x=1}^{p-1} ax \equiv \prod_{x=1}^{p-1} r(x) \ [p]$$

Mais la question 1 montre que $\displaystyle\prod_{x=1}^{p-1} r(x) = \prod_{x=1}^{p-1} x = (p-1)!$. Ainsi, l'entier $(a^{p-1} - 1)(p-1)!$ est divisible par p. Comme p est premier avec $(p-1)!$, c'est que p divise $a^{p-1} - 1$.

3. Si $x^2 \equiv -1$ $[p]$, on obtient en élevant à la puissance $\dfrac{p-1}{2}$, $x^{p-1} \equiv (-1)^{\frac{p-1}{2}}$ $[p]$. Or, l'hypothèse implique que x n'est pas divisible par p, d'où par la question précédente $x^{p-1} \equiv 1$ $[p]$. On a donc $1 \equiv (-1)^{\frac{p-1}{2}}$ $[p]$ et puisque p est impair, $1 \equiv -1$ $[p]$. C'est absurde puisque $p > 2$.

4. Si n est un entier naturel congru à 3 modulo 4, l'un au moins des facteurs premiers de n est congru à 3 modulo 4. En effet, si tous les facteurs premiers de n étaient congru à 1 modulo 4 (2 ne divise pas n), n le serait aussi car le produit de deux entiers congru à 1 modulo 4 est congru à 1 modulo 4. Soit alors p un tel diviseur premier de n. La congruence $x^2 \equiv -1$ $[n]$ implique $x^2 \equiv -1$ $[p]$ ce qui est impossible d'après la question précédente.

Donc il n'existe pas d'entier $x \in \mathbb{N}$ tel que $x^2 \equiv -1$ $[n]$.

PARTIE III. *Le théorème de Cohn.*

Soit n un entier impair, $n \geqslant 5$. On va montrer que L_n n'est pas un carré. D'après la question I.4.b) il existe un entier k congru à 2 ou 4 modulo 6 tel que L_n soit congru à -1 ou -4 modulo L_k. D'autre part L_k est congru à 3 modulo 4 d'après la question 2.

• Si $L_n \equiv -1$ $[L_k]$, la question II.4 montre que L_n ne peut pas être un carré.

• Si $L_n \equiv -4$ $[L_k]$, on va se ramener au cas précédent. Il existe en effet, puisque L_k est impair, un entier λ tel que $2\lambda \equiv 1$ $[L_k]$. D'où $4\lambda^2 \equiv 1$ $[L_k]$. En multipliant par λ^2 la congruence $L_n \equiv -4$ $[L_k]$, on obtient donc $L_n\lambda^2 \equiv -1$ $[L_k]$. Si L_n était un carré, il en serait de même de $L_n\lambda^2$, et à nouveau la question II.4 fournit une contradiction.

En conclusion, si L_n est un carré, n est nécessairement impair et < 5 donc $n \in \{1, 3\}$. Or $L_1 = 1$ et $L_3 = 4$ sont des carrés, donc ce sont les seuls carrés de la suite de Lucas.

Commentaires. *Ce problème propose un exemple d'équation diophantienne, c'est-à-dire d'équations en nombres entiers. Les méthodes pour aborder ce type de questions sont extrêmement variées. Pour avoir un aperçu des plus élémentaires d'entre elles, le lecteur pourra consulter le livre de L.J. Mordell, "Diophantine Equations", Academic Press, 1969.*

Le résultat de la question II.2 (petit théorème de Fermat) est très classique. La méthode suivie ici est due à Euler. En substance, elle consiste à montrer que dans un groupe fini commutatif $(G, \cdot)$ de neutre e, tout élément vérifie $a^{|G|} = e$, en utilisant que $x \longmapsto ax$ est une bijection de G sur G, ce qui implique :

$$\prod_{x \in G} x = \prod_{x \in G} ax = a^{|G|} \prod_{x \in G} x$$

(le symbole $\prod$ ne mérite pas d'explication particulière puisque G est commutatif) et le résultat après simplification. En l'appliquant au groupe multiplicatif $(\mathbb{Z}/p\mathbb{Z})^*$ où p est premier, on obtient le petit théorème de Fermat ; en l'appliquant au groupe des inversibles de l'anneau $\mathbb{Z}/n\mathbb{Z}$, où $n \geqslant 2$ est quelconque, on obtient le théorème plus général d'Euler : si $a \in \mathbb{Z}$ vérifie $\mathrm{pgcd}(a, n) = 1$, alors $a^{\varphi(n)} \equiv 1 \pmod{n}$, où φ est l'indicatrice d'Euler. Rappelons par ailleurs qu'une argumentation un peu plus élaborée montre que l'égalité $a^{|G|} = e$ reste vraie pour tout élément d'un groupe fini G, non nécessairement commutatif.

Enfin, le II.3 est un des premiers résultats concernant les carrés modulo un nombre premier p. Pour une étude de ce thème classique, le lecteur pourra consulter tout cours de théorie des nombres, par exemple le célèbre livre de G.H. Hardy et E.M. Wright, "An introduction to the Theory of Numbers" (Oxford).

Solution du problème 14
Le mot de Thue-Morse

PARTIE I. *Un peu de combinatoire.*

1. Il y a p^n mots de longueur n (c'est le cardinal de A^n). Il y a autant de mots de longueur n formés de lettres distinctes que d'applications injectives de $[\![1, n]\!]$ dans A, c'est-à-dire A_p^n si $n \leqslant p$, et aucune si $n > p$.

2. Supposons $n = 2k$. Un palindrome de longueur n est alors uniquement déterminé par ses k premières lettres. Il y en a donc p^k. Si $n = 2k + 1$, un palindrome est déterminé par ses $k + 1$ premières lettres et il y en a p^{k+1}.

3. On raisonne par récurrence sur $n \geqslant 1$. Notons E_n l'ensemble des mots de n lettres sans deux lettres consécutives identiques. On a $|E_1| = p$. L'application de E_n dans E_{n-1} qui à un mot $(a_1, \ldots, a_n)$ associe le mot $(a_1, \ldots, a_{n-1})$ est surjective, et tout élément de E_{n-1} admet exactement $p - 1$ antécédents (la lettre a_n doit être distincte de a_{n-1}). Le principe des bergers donne donc $|E_n| = |E_{n-1}|(p - 1)$. D'où le résultat

$$|E_n| = p(p - 1)^{n-1}.$$

4. On choisit l'emplacement des α_1 lettres a_1. On a $C_n^{\alpha_1}$ possibilités. Pour chacun de ces choix, on a ensuite $C_{n-\alpha_1}^{\alpha_2}$ façons de placer les lettres a_2. Etc... Il reste à la fin $C_{n-\alpha_1-\cdots-\alpha_{p-1}}^{\alpha_p} = 1$ manière de placer les lettres a_p. Le nombre total de mots est donc

$$C_n^{\alpha_1} C_{n-\alpha_1}^{\alpha_2} \cdots C_{n-\alpha_1-\cdots-\alpha_{p-1}}^{\alpha_p} = \frac{n!}{\alpha_1! \alpha_2! \ldots \alpha_p!}.$$

PARTIE II. *Une structure de monoïde ordonné.*

1. a) Soient u, v, w des mots de M. On a $u = ue$ donc $u \preceq u$. La relation $\preceq$ est réflexive. Supposons $u \preceq v$ et $v \preceq w$. On peut écrire $v = ux$ et $w = vy$. Il vient alors $w = uxy$ de sorte que $u \preceq w$. La relation $\preceq$ est donc transitive. Enfin si $u \preceq v$ et $v \preceq u$ on peut écrire $v = ux$ et $u = vy$. Il en résulte $u = uxy$. Par régularité de u, $xy = e$. Cela implique clairement $x = y = e$. D'où l'antisymétrie et le fait que $\preceq$ est une relation d'ordre.

    b) On peut écrire $v = uw$. On a alors $|v| = |uw| = |u| + |w| \geqslant |u|$. Bien entendu la réciproque est fausse en général : si a et b sont deux lettres distinctes de l'alphabet A, $|a| = |b| = 1$ mais a et b ne sont pas comparables pour l'ordre $\preceq$ (en particulier cet ordre n'est pas total si A a au moins deux éléments).

    c) e est le plus petit élément de M mais il n'y a pas de plus grand élément (si m était un tel élément, ma est strictement plus grand que m pour tout $a \in A$).

2. Supposons $p = |u| \leqslant |v| = q$. Si $p = 0$, $u = e$ et on a $e \preceq v$.

   Si $p \geqslant 1$, on peut écrire $u = (u_1, \ldots, u_p)$, $v = (v_1, v_2, \ldots, v_p, \ldots, v_q)$ et $x = (x_1, \ldots, x_p, \ldots, x_q, \ldots, x_r)$ où $r = |x|$. Par définition de l'ordre on a $u_1 = v_1 = x_1, \ldots, u_p = v_p = x_p$. En particulier, $u \preceq v$.

3. a) On voit dans la question II.1.b) que si u est strictement inférieur à v alors $|u| < |v|$. Ainsi, si (u_n) est strictement croissante dans M, la suite $(|u_n|)$ des longueurs des mots u_n est strictement croissante dans $\mathbb{N}$.

   b) L'unicité est la partie la plus facile. Soient $x = (x_k)$, $y = (y_k)$ deux mots infinis qui conviennent. On va montrer qu'il sont égaux. Soit k un entier quelconque. On choisit un entier n tel que $|u_n| > k$. Alors pour cette valeur de n, l'égalité $[x]_{|u_n|} = [y]_{|u_n|} = u_n$ conduit à l'égalité de x_k et y_k. Donc $x = y$.

   L'existence est plus délicate à expliquer même si on voit très bien ce qui se passe. La partie unicité montre *comment* il faut définir $x = (x_k)$. Il ne restera plus qu'à montrer que le mot ainsi construit convient. Soit $k \in \mathbb{N}$ fixé. On va définir x_k. L'ensemble des entiers n tels que $k < |u_n|$ est non vide. On note m_k son plus petit élément. Comme on doit avoir $(x_0, x_1, \ldots, x_k, \ldots, x_{|u_{m_k}|-1}) = [x]_{|u_{m_k}|} = u_{m_k}$ on définit x_k comme étant la $(k+1)$-ième lettre du mot u_{m_k}. Cela permet de définir le mot x de manière univoque. Il reste cependant à vérifier qu'il convient bien.

   Soit n un entier naturel quelconque et $k \in [\![0, |u_n| - 1]\!]$. On a alors $m_k \leqslant n$. Comme x_k est la $(k+1)$-ième lettre du mot u_{m_k} et que la suite (u_n) est croissante, x_k est aussi la $(k+1)$-ième lettre de x_n. Donc $[x]_{|u_n|} = u_n$.

4. Soit $g : A \to M$ une application quelconque.

   • Unicité. Soit f, f' deux morphismes de monoïde qui prolongent g. Soit $u \in M^*$, $u = u_1 \ldots u_n$. On a alors $f(u) = f(u_1) \ldots f(u_n) = g(u_1) \ldots g(u_n)$ et de même $f'(u) = g(u_1) \ldots g(u_n)$. Donc $f = f'$.

   • Existence. On définit f en posant $f(e) = e$ et $f(u) = g(u_1) \ldots g(u_n)$ pour tout mot $u = u_1 \ldots u_n$. Il est aisé de vérifier que la fonction f est alors un morphisme de monoïde de M dans M et que $f|_A = g$.

PARTIE III. *Des exemples (mot de Fibonacci, mot de Thue-Morse).*

1. a) On a $u_1 = abab$, $u_2 = abababab$, $u_3 = abababababababab$. La longueur de u_n est 2^{n+1} (c'est une suite géométrique de raison 2).

   b) On a par définition $u_n \preceq u_{n+1}$ et vu que $|u_n| < |u_{n+1}|$ on a $u_n \neq u_{n+1}$. Donc la suite est strictement croissante. Sa limite est le mot infini (x_k) défini par $x_k = a$ si k est pair et $x_k = b$ si k est impair.

2. a) On a $\Phi_2 = aba$, $\Phi_3 = abaab$, $\Phi_4 = abaababa$. Pour tout entier n, on a $|\Phi_{n+2}| = |\Phi_{n+1}| + |\Phi_n|$. Comme cette suite est strictement positive, il en résulte que $|\Phi_n| < |\Phi_{n+1}|$ pour tout n (en fait la longueur de Φ_n est F_{n+2}, le $(n+2)$-ième terme de la suite de Fibonacci).

b) La suite $(\Phi_n)_{n \geqslant 0}$ est croissante par définition et donc strictement croissante par ce qui précède.

3. a) On a $\tau_1 = ab$, $\tau_2 = abba$, $\tau_3 = abbabaab$, $\tau_4 = abbabaabbaababba$. La longueur de τ_n est 2^n: l'image d'un mot de longueur p par μ est un mot de longueur $2p$ puisque a est remplacé par ab et b par ba.

b) Au vu des longueurs, il suffit de montrer par récurrence sur n que $\tau_n \preceq \tau_{n+1}$. C'est clair pour $n = 0$ car $a \preceq ab$. Supposons le résultat établi au rang n. On peut écrire $\tau_{n+1} = \tau_n y$ où $y \in M$. Il vient alors en appliquant μ, $\tau_{n+2} = \tau_{n+1}\mu(y)$, de sorte que $\tau_{n+1} \preceq \tau_{n+2}$.

PARTIE IV. *Etude du mot de Thue-Morse.*

1. Il s'agit de prouver que le morphisme μ et le morphisme de *conjugaison* $w \longmapsto \bar{w}$ commutent. En effet,

$$\mu(\bar{a}) = \mu(b) = ba = \overline{\mu(a)} \text{ et } \mu(\bar{b}) = \mu(a) = ab = \overline{\mu(b)}.$$

Par le résultat d'unicité établi en II.4 les morphismes sont égaux.

2. a) Montrons par récurrence sur n que $\tau_{n+1} = \tau_n\overline{\tau_n}$. C'est vrai au rang $n = 0$ puisque $\tau_1 = ab$. Supposons le résultat au rang n. Alors,

$$\tau_{n+2} = \mu(\tau_{n+1}) = \mu(\tau_n)\mu(\overline{\tau_n}) = \tau_{n+1}\overline{\mu(\tau_n)} = \tau_{n+1}\overline{\tau_{n+1}}$$

D'où le résultat. Une récurrence facile permet alors de prouver que pour tout n, $x_n = \tau_n$ et $y_n = \overline{\tau_n}$.

b) Montrons par récurrence sur n que x_{2n} et y_{2n} sont des palindromes. C'est vrai au rang 0. Ensuite, la relation

$$x_{2n+2} = x_{2n+1}y_{2n+1} = x_{2n}y_{2n}y_{2n}x_{2n}$$

permet de passer du rang n au rang $n + 1$. Il en résulte l'égalité $\tilde{x}_{2n+1} = \tilde{y}_{2n}\tilde{x}_{2n} = y_{2n}x_{2n} = y_{2n+1}$. L'involutivité de l'application $w \longmapsto \bar{w}$ permet de conclure pour y_{2n+1}.

c) Dans τ_0 il y a un a et aucun b. A partir du rang $n = 1$ il y a autant de a et de b dans τ_n à savoir 2^{n-1}. Cela se montre très facilement par récurrence à partir des relations de la question 2.a) par exemple.

3. Cette question propose une description directe du mot t. Les 2^n premières lettres du mot t sont, par définition, les lettres de τ_n. Il suffit de prouver que pour tout n on a le résultat suivant : (H_n) pour tout $k \in [\![0, 2^n - 1]\!]$, la lettre d'indice k de τ_n (en commençant les indices à 0) est un a si et seulement si l'écriture binaire de k comporte un nombre pair de 1. On montre (H_n) par récurrence sur n.

• Validité de (H_0). La lettre d'indice 0 de $\tau_0 = a$ est un a et l'écriture binaire de 0 ne comporte aucun 1.

• Supposons (H_n) vérifiée. On va montrer (H_{n+1}). Bien entendu il suffit de regarder les lettres d'indice $k \in [\![2^n, 2^{n+1} - 1]\!]$ puisque pour les autres le résultat découle de l'hypothèse de récurrence. Or, si on écrit $k = 2^n + k'$ où $k' \in [\![0, 2^n - 1]\!]$, l'écriture en base 2 de k comporte un 1 de plus que l'écriture binaire de k'. Or, comme $\tau_{n+1} = \tau_n \overline{\tau_n}$, la lettre d'indice k de τ_{n+1} est la conjuguée de la lettre d'indice k' dans τ_n. L'assertion (H_{n+1}) est donc vraie. D'où le résultat.

Comme 100 s'écrit 1100100 en base deux et qu'il y a 3 fois le chiffre 1, on a $t_{100} = b$.

4. a) Supposons, par l'absurde, que $\mu(x)$ admet un facteur cube. On peut écrire $\mu(x) = vuuuw$.

- Cas 1. Si $|v|$ et $|u|$ sont pairs. Alors v et u sont les images de facteurs de x par μ et on peut écrire $x = v'u'u'u'w'$ où $\mu(u') = u$, $\mu(v') = v$. C'est contradictoire x étant sans facteur cube.

- Cas 2. Si $|v|$ est impair et $|u|$ pair. Pour fixer les idées supposons que $v = v'a$ se termine par un a. On a $\mu(x) = v'auuuw$. Nécessairement u commence par un b. On note $(.,.)$ un couple de lettres ab ou ba provenant de l'image par μ d'un a ou d'un b. On a alors, vu que $|u|$ est pair, $u = b(.,.)(.,.)\ldots(.,.)z = bcz$ où z est une lettre. Mais alors

$$\mu(x) = v'(a, b) \overbrace{(.,.)(.,.)\ldots(.,.)}^{c}\underbrace{}_{=u} z\, b(.,.)\ldots(.,.)zb(.,.)(.,.)\ldots(.,.)zw$$

Nécessairement $z = a$, de sorte que $\mu(x) = v'(abc)(abc)(abc)aw$. C'est une écriture qui tombe dans le cas 1.

- Cas 3. Si $|u|$ impair. On a par exemple si $\mu(x) = vuuuw$ avec $|v|$ pair, $u = (.,.)(.,.)\ldots(.,.)z$ où $z \in \{a, b\}$. Pour fixer les idées, prenons 3 parenthèses et $z = a$. On a

$$uuu = \underbrace{(.,.)(.,.)(.,.)(a,.)}_{u}\underbrace{(.,.)(.,.)(.,.)(.,a)}_{u}\underbrace{(.,.)(.,.)(.,.)a}_{u}$$

La première lettre de u est donc un b. Mais la seconde est alors un a, la troisième un b,... On obtient une contradiction car la dernière devrait être un a et un b. Le cas où $|v|$ est impair et u du type $z(.,.)\ldots(.,.)$ se traite de même et est laissé à Gaspard.

b) Si t a trois facteurs consécutifs identiques, alors τ_n aussi pour n assez grand. Or, comme $\tau_0 = a$ n'a pas de facteur cube, la question précédente montre par une récurrence immédiate que pour tout n, τ_n est sans facteur cube.

Commentaires. *La théorie combinatoire des mots abordée dans ce problème apparait dans plusieurs branches des mathématiques (théorie des groupes, probabilités) et en informatique (théorie des automates et des langages formels). C'est Axel Thue qui, en trois articles fondamentaux publiés entre 1906 et 1914, initie l'étude systématique des mots.*

C'est dans un de ces articles qu'apparait le mot étudié dans la partie IV qui possède la propriété spectaculaire de ne pas contenir de facteur cube. Il a été redécouvert, indépendamment de cela, par Morse en 1921, d'où sa dénomination actuelle. Comme cela est dit dans l'introduction, il n'existe pas de mot sans facteur carré avec un alphabet de deux lettres. En revanche, cela devient possible si l'on utilise trois lettres. On peut en fabriquer un exemple à partir du mot t de Thue-Morse par le procédé suivant : dans t, la lettre a est suivie de 0, 1 ou 2 lettres b. On remplace respectivement a par c, ab par b et abb par a. Le lecteur pourra vérifier que le mot obtenu convient. Il commence par

$$abcacbabcbacabc...$$

Pour de plus amples informations, on pourra consulter M. Lothaire, "Combinatorics on Words", Cambridge University Press, 1983.

Solution du problème 15
Structure des groupes abéliens finis

PARTIE 0. *Ordre d'un élément dans un groupe fini.*

1. Puisque $x^0 = e$, 0 est dans A_x. Soient k et l dans A_x. On a $x^k = e$ et $x^l = e$, donc $x^{k-l} = e$, de sorte que $k - l$ est dans A_x. Ainsi A_x est bien un sous-groupe de $(\mathbb{Z}, +)$. Pour voir que sous-groupe est non trivial, on note que pour i dans $\mathbb{N}$ les x^i sont dans G; ils ne peuvent donc pas être deux à deux distincts vu que G est fini. Il existe donc i et j dans $\mathbb{N}$ tel que $i < j$ et $x^i = x^j$, et alors $x^{j-i} = e$, de sorte que $j - i$ est un élément non nul de A_x.

2. a) Il est clair que seul e est d'ordre 1.

   b) Les éléments de S_3 sont:
   - l'identité, qui est d'ordre 1,
   - les trois transpositions $(1, 2)$, $(1, 3)$ et $(2, 3)$, qui sont d'ordre 2,
   - les deux 3-cycles $(1, 2, 3)$ et $(1, 3, 2)$, chacun d'ordre 3.

   c) Pour déterminer l'ordre de x, cherchons les m de $\mathbb{Z}$ tels que $x^m = 1$. Ceci équivaut à $e^{\frac{2ik\pi m}{n}} = 1$ ou encore à n divise km. Ecrivons $n = n'd$ et $k = k'd$ où k' et n' sont deux entiers premiers entre eux. Alors n divise km si et seulement si n' divise $k'm$. Compte tenu du théorème de Gauss, cela équivaut à n' divise m. Ainsi l'ordre de x est $n' = \dfrac{n}{d}$.

3. Si $0 \leqslant i < j \leqslant n - 1$ et $x^i = x^j$, alors $x^{j-i} = e$ et $j - i \in A_x$. Comme $0 < j - i < n$, cela contredit la définition de n. Par conséquent, les x^i pour $0 \leqslant i \leqslant n - 1$ sont deux à deux distincts.
   Si $y \in <x>$, y s'écrit x^m où $m \in \mathbb{Z}$. On fait la division euclidienne de m par n, et on écrit $m = qn + r$ où $q \in \mathbb{Z}$ et $r \in [\![0, n-1]\!]$. Alors $y = x^m = x^{qn+r} = (x^n)^q x^r = x^r$, et le résultat suit.

PARTIE I. *Caractères des groupes cycliques.*

1. On a $x^n = e$, d'où, puisque φ est un morphisme de groupes, $\varphi(x)^n = \varphi(x^n) = \varphi(e) = 1$. Donc $\varphi(x) \in U_n$.

2. Unicité. Si $\varphi \in \widehat{G}$ et que $\varphi(x) = \omega$, alors pour tout $k \in \mathbb{Z}$ on a $\varphi(x^k) = \omega^k$, ce qui détermine complètement φ.
   Existence. Montrons tout d'abord qu'il existe une application φ de $<x>$ dans $\mathbb{C}^*$ telle que pour tout $k \in \mathbb{Z}$ on a $\varphi(x^k) = \omega^k$.
   Le problème est de vérifier, que si k et k' sont dans $\mathbb{Z}$, alors $x^k = x^{k'}$ entraîne $\omega^k = \omega^{k'}$. Or si $x^k = x^{k'}$, on a $x^{k'-k} = e$ et n divise $k' - k$. Ainsi $\omega^{k'-k} = 1$ et $\omega^k = \omega^{k'}$.
   Vérifions maintenant que $\varphi \in \widehat{G}$. C'est clair, car si g et g' sont dans G, on peut écrire $g = x^k$ et $g' = x^{k'}$, d'où $gg' = x^{k+k'}$ et $\varphi(gg') = \omega^{k+k'} = \omega^k \omega^{k'} = \varphi(g)\varphi(g')$.

PARTIE II. *Prolongement des caractères.*

1. Si $k = 0$ et $h \in H$, $x^k h = h$, d'où $H \subset L$. Si $k = 1$ et $h = e$, $x^k h = x$, d'où $x \in L$. Il reste à prouver que L est un sous-groupe de G. Comme $H \subset L$, $e \in L$. Si $g = x^k h$ et $g' = x^{k'} h'$ sont dans L, alors

$$g'g^{-1} = x^{k'} h' h^{-1} x^{-k} = x^{k'-k} h' h^{-1}$$

car G est commutatif. Comme $k' - k \in \mathbb{Z}$ et que $h'h^{-1}$ est dans H (puisque H est un sous-groupe), on obtient $g'g^{-1} \in L$, ce qui achève la preuve.

2. L'ensemble des entiers $\{l \in \mathbb{N}^*,\ x^l \in H\}$ est non vide, car il contient l'ordre de x. Comme toute partie non vide de $\mathbb{N}^*$, il admet un plus petit élément, ce qui justifie la définition de n.

   L'existence de ω provient de ce que tout complexe non nul admet n racines n-ièmes dans $\mathbb{C}^*$.

3. Comme en I.2, le problème est celui de la cohérence de la définition. Il faut donc prouver, pour k, k' dans $\mathbb{Z}$ et h, h' dans H avec $x^k h = x^{k'} h'$, que $\omega^k \varphi(h) = \omega^{k'} \varphi(h')$. Or $x^k h = x^{k'} h'$ implique que $x^{k-k'} = h'h^{-1}$ est dans H. En faisant la division euclidienne de $k - k'$ par n, et en notant r le reste, on obtient que x^r est dans H. Comme $r \in \{0, \ldots, n-1\}$, la minimalité de n fait que r est nul, et donc que n divise $k - k'$. Posons $k - k' = nq$. Alors

$$\varphi(h'h^{-1}) = \varphi(x^{k'-k}) = \varphi(x^{nq}) = \varphi(x^n)^q = \omega^{nq} = \omega^{k-k'}$$

ce qui est le résultat souhaité.

4. Soient g et g' dans L. On écrit $g = x^k h$, $g' = x^{k'} h'$ où k et k' sont dans $\mathbb{Z}$, et h et h' dans H. Il vient, puisque G est abélien, que $gg' = x^{k+k'} hh'$, et

$$\tilde{\varphi}(gg') = \tilde{\varphi}(x^{k+k'} hh') = \omega^{k+k'} \varphi(hh') = \omega^{k+k'} \varphi(h)\varphi(h')$$
$$= \omega^k \varphi(h) \omega^{k'} \varphi(h') = \tilde{\varphi}(g)\tilde{\varphi}(g').$$

Ainsi $\tilde{\varphi}$ est un caractère de L, dont il est clair que la restriction à H est φ.

5. On vient de prouver que φ admet un prolongement en un élément de $\hat{L}$. Si $L = G$, on a terminé. Sinon, on recommence, en prenant y dans $G \backslash L$, et en prolongeant $\tilde{\varphi}$ au sous-groupe $M = \{y^k l, (k, l) \in \mathbb{Z} \times L\}$ qui contient strictement L. Puisque G est fini, en répétant plusieurs fois cette opération, on prolonge φ en un élément de $\hat{G}$. Le lecteur pourra formaliser davantage, en raisonnant par récurrence descendante sur $|H| \in \{1, 2, \ldots, |G|\}$.

PARTIE III. *L'exposant d'un groupe abélien fini.*

1. a) Cherchons les entiers k de $\mathbb{Z}$ tels que $(xy)^k = e$. Cette égalité équivaut à $x^k y^k = e$ car G est abélien. On obtient alors $(x^k y^k)^n = e$ et donc

$x^{nk}y^{nk} = e$. Or $x^{nk} = e$ donc il reste $y^{nk} = e$. Par les propriétés de l'ordre, m divise nk. Comme m est premier avec n, le théorème de Gauss implique que m divise k. Par symétrie, n divise k. Donc k est multiple du ppcm de n et de m, qui vaut nm car n et m sont premiers entre eux. Réciproquement, si k est multiple de nm, alors $(xy)^k = e$. Donc l'ordre de (xy) est nm.

b) Par récurrence sur r, on montre à l'aide de la question précédente que l'ordre de $x_1 \ldots x_r$ est égal à $\displaystyle\prod_{i=1}^{r} n_i$.

2. a) Par définition du ppcm, il existe g_i dans G dont l'ordre est divisible par $p_i^{\alpha_i}$. Cet ordre ne peut être divisible par $p_i^{\alpha_i+1}$ vue la définition de $e(G)$, et s'écrit donc $p_i^{\alpha_i} m_i$, où m_i est un entier qui n'est pas divisible par p_i.

Cherchons les entiers k de $\mathbb{Z}$ tels que $(g_i^{m_i})^k = e$, i.e. $g_i^{m_i k} = e$. L'ordre de g_i doit diviser $m_i k$, donc $p_i^{\alpha_i}$ divise k. Réciproquement, lorsque k est multiple de $p_i^{\alpha_i}$, $g_i^{m_i k} = e$. Donc l'ordre de $g_i^{m_i}$ est bien $p_i^{\alpha_i}$.

b) Posons $x_i = g_i^{m_i}$. Les questions 1.b) et 2.a) prouvent que l'ordre de $x_1 \ldots x_r$ est $p_1^{\alpha_1} \ldots p_r^{\alpha_r} = e(G)$.

Si G n'est pas abélien, le résultat de cette partie est faux. Ainsi $(S_3, \circ)$ contient des éléments d'ordre 2, d'ordre 3, mais aucun élément d'ordre 6.

PARTIE IV. *Mise en évidence d'un facteur direct cyclique.*

1. Observons tout d'abord, si $g \in G$, que $g^{e(G)} = e$ (car $e(G)$ est multiple de l'ordre de g). Donc $\varphi(g^{e(G)}) = 1$ et $\varphi(g) \in U_{e(G)}$. Ainsi $\varphi(g)$ s'écrit $e^{\frac{2ik\pi}{e(G)}}$, pour une valeur idoine de $k \in \mathbb{Z}$.

Soit $g \in G$. Supposons que g s'écrive yh où $y \in <x>$ et $h \in \operatorname{Ker}\varphi$. Alors $\varphi(g) = \varphi(y)\varphi(h) = \varphi(y)$. Posons $y = x^l$ où $l \in \mathbb{Z}$. Alors $\varphi(y) = e^{\frac{2il\pi}{e(G)}}$ et donc on a $e^{\frac{2il\pi}{e(G)}} = e^{\frac{2ik\pi}{e(G)}}$, ce qui revient à $k \equiv l\ [e(G)]$. Mais la classe de congruence de l modulo $e(G)$ détermine x^l, c'est-à-dire y. Vu que $g = yh$, g et y déterminent h, ce qui prouve l'unicité d'une éventuelle décomposition. L'existence de la décomposition s'obtient en remontant la rédaction. On pose $y = x^k$, on a alors $y \in <x>$ et aussi

$$\varphi(y) = e^{\frac{2ik\pi}{e(G)}} = \varphi(g)$$

de sorte que $y^{-1}g \in \operatorname{Ker}\varphi$.

2. Soit Γ l'application de $<x> \times \operatorname{Ker}\varphi$ dans G définie par $\Gamma(y,h) = yh$. La question précédente dit que Γ est une bijection. En utilisant la commutativité de G, on prouve aisément que Γ est un morphisme, ce qui achève la preuve.

PARTIE V. *Preuve du théorème.*

On raisonne par récurrence sur $|G|$; le cas où $|G| = 2$ est évident, car alors G est isomorphe à U_2. Supposons le résultat acquis si $|G| \leqslant n$ et soit G un groupe de cardinal $n + 1$. Soit $x \in G$ d'ordre $e(G)$. On distingue deux cas :

• Si $e(G) = n + 1$, alors $G = < x >$ et G est isomorphe à U_{n+1}.

• Si $e(G) \leqslant n$. Dans ce cas, Ker φ est un sous-groupe de G de cardinal compris entre 2 et n, car $|\mathrm{Ker}\,\varphi| = \dfrac{|G|}{|e(G)|}$ d'après IV.2. L'hypothèse de récurrence s'applique à Ker φ, et fournit des entiers $n_1, \ldots, n_r$ supérieurs à 2 et tels que $n_1|n_2|\cdots|n_r$ et que Ker φ soit isomorphe au produit $U_{n_1} \times \cdots \times U_{n_r}$.

Mais puisque l'exposant de Ker φ est un sous-groupe de G, l'exposant de Ker φ (qui est n_r) divise $e(G)$. Posons alors $n_{r+1} = e(G)$, de sorte que le groupe $< x >$ est isomorphe à $U_{n_{r+1}}$. La question IV.2 montre que G est isomorphe à Ker $\varphi \times U_{n_{r+1}}$, et donc que G est isomorphe à $U_{n_1} \times U_{n_2} \times \cdots \times U_{n_{r+1}}$, complétant ainsi la preuve par récurrence du résultat.

Commentaires. *On peut montrer que la suite $(d_1, \cdots, d_r)$ est unique. En d'autres termes, si r et s sont dans $\mathbb{N}^*$, si $(d_1, \ldots, d_r)$ et $(d'_1, \ldots, d'_s)$ sont deux suites d'entiers $\geqslant 2$ telles que $d_1|d_2|\cdots|d_r$ et que $d'_1|d'_2|\cdots|d'_r$, et que les groupes $U_{d_1} \times \cdots \times U_{d_r}$ et $U_{d'_1} \times \cdots \times U_{d'_r}$ soient isomorphes, on a $r = s$ et $d_i = d'_i$ pour tout $i \in \{1, 2, \ldots, r\}$.*

En combinant le résultat prouvé dans le problème et la remarque 1, on obtient une bijection naturelle entre les groupes abéliens finis contenant au moins deux éléments et les suites finies $(d_1|\cdots|d_r)$ d'entiers $\geqslant 2$. Ceci permet de résoudre à peu près tout problème naturel concernant les groupes abéliens finis. A titre d'application, le lecteur pourra essayer de déterminer le nombre de groupes abéliens de cardinal 2000 (à isomorphisme près).

Le théorème de structure des groupes abéliens finis a été explicitement formulé et prouvé par Kronecker vers 1870. Il en existe de nombreuses approches. Le lecteur pourra par exemple consulter "Basic Algebra" de Nathan Jacobson pour deux autres preuves de ce résultat, formulées dans un contexte plus général ("modules de type fini sur un anneau principal").

Solution du problème 16
Triplets de Steiner

CHAPITRE I. *Où Steiner bénit 15 d'être congru à 3 modulo 6.*

1. Steiner cherche un système de triplets $\mathcal{E}$ sur l'ensemble des 15 brigands, de telle sorte que chaque paire de brigand appartienne à un et un seul triplet de $\mathcal{E}$. Autant dire qu'il cherche un système de Steiner sur un ensemble à 15 éléments.

   Par ailleurs, si $n = 1$, l'ensemble vide est un système de Steiner. Pour $n = 3$, l'ensemble $\mathcal{E}$ contenant l'unique triplet est un système de Steiner.

2. a) Chacun des p éléments de $\mathcal{E}$ contient 3 paires. Donc $\mathrm{Card}(X) = 3p$.

   b) Cette application est surjective lorsque chaque paire de E est contenue dans au moins un triplet de $\mathcal{E}$. Elle est injective lorsque chaque paire de E est contenue dans au plus un triplet de $\mathcal{E}$. Elle est donc bijective si et seulement si le système $\mathcal{E}$ est de Steiner. Lorsque c'est le cas, les ensembles de départ et d'arrivée ont même cardinal :

$$\mathrm{Card}(X) = \mathrm{Card}(\mathcal{P}_2(E)) = C_n^2$$

   Et donc $p = \dfrac{n(n-1)}{6}$.

3. Choisissons un élément x de E. Il appartient à $(n-1)$ paires d'éléments de E, et chacune est contenue dans un triplet de $\mathcal{E}$ et un seul. Mais un triplet $\mathcal{E}$ qui contient x contient exactement deux paires contenant x. Donc x est contenu dans $\dfrac{n-1}{2}$ triplets exactement. Cette démonstration peut paraître insuffisamment claire. On peut la formaliser si on comprend qu'il s'agit en fait d'un procédé de double-comptage. Le cardinal d'une partie G d'un produit cartésien $U \times V$ est évalué par tranches "horizontales", puis par tranches "verticales" :

$$\begin{aligned} |G| &= \sum_{v \in V} |\{u \in U;\ (u,v) \in G\}| \\ &= \sum_{u \in U} |\{v \in V;\ (u,v) \in G\}| \end{aligned}$$

Ici, on dénombre

$$G = \{(P,A) \in \mathcal{P}_2(E) \times \mathcal{E};\ x \in P \text{ et } P \subset A\}.$$

Ce qui donne

$$|G| = \sum_{P \in \mathcal{P}_2(E);\ x \in P} |\{A \in \mathcal{E};\ P \subset A\}| = n - 1$$

$$|G| = \sum_{A \in \mathcal{E}, x \in A} |\{P \in \mathcal{P}_2(E); \ x \in P \text{ et } P \subset A\}| = 2|\{A \in \mathcal{E}, x \in A\}|$$

et le résultat $|\{A \in \mathcal{E}, x \in A\}| = \dfrac{n-1}{2}$.

4. S'il existe un système de Steiner sur un ensemble de cardinal n, les nombres $\dfrac{n-1}{2}$ et $\dfrac{n(n-1)}{6}$ sont entiers. Donc 2 divise $n-1$, 3 divise $n(n-1)$, ce qui équivaut à $n \equiv 3 \ [6]$ ou $n \equiv 1 \ [6]$.

CHAPITRE II. *Où la vue d'un manuscrit ancien fait jaillir l'inspiration.*

1. Il est manifeste que l'intersection de deux des triplets de $\mathcal{L}$ contient au plus un élément de L. Donc une paire de L est contenue dans au plus un triplet de $\mathcal{L}$, et l'application définie en I.2.a est une injection. Or le cardinal de l'ensemble de départ vaut

$$\begin{aligned} |X| &= |\{(P, A) \in \mathcal{P}_2(L) \times \mathcal{L}; \ P \subset A\}| \\ &= 3|\mathcal{L}| = 21, \end{aligned}$$

tandis que le cardinal de l'ensemble but vaut

$$|\mathcal{P}_2(L)| = C_7^2 = 21.$$

L'application considérée est donc une bijection, et $\mathcal{L}$ est un système de Steiner sur L.

2. a) Une paire de F est contenue dans un unique triplet de $\mathcal{E}$ qui, parce que F est stable, est dans $\mathcal{F}$. Donc $\mathcal{F}$ est un système de Steiner sur F.

    b) Comme sous-système d'ordre 1, on peut prendre n'importe quel élément de E. Et comme sous-système d'ordre 3, n'importe quel élément de $\mathcal{E}$.

3. Si a_i et a_j sont deux éléments quelconques de P, il existe un unique $k \in [\![0, s-1]\!]$ tel que $i + j + k \equiv 0 \ [s]$, c'est-à-dire tel que $[a_i, a_j, a_k] \in \mathcal{P}$.

4. a) $\text{Card}(L) = r + sm$.

    b) Considérons deux éléments distincts x, y de L.
    - Si x et y sont dans R, $\{x, y\}$ ne peut être contenu que dans un triplet de type 1, et il en existe un unique puisque $\mathcal{R}$ est un système de Steiner.
    - Si $x \in R$, $y \in P \times G$, $\{x, y\}$ ne peut être que dans un triplet de type 2. Écrivons $y = (b, g)$ (où $b \in P$, $g \in G$). Il existe un unique $c \in E$ tel que $\{a, b, c\} \in \mathcal{E}$, et l'on a $c \in P$ car R est stable : $\{x, y\}$ est contenu dans le triplet $\{x, (b, g), (c, g)\}$ (et, clairement, dans celui-là seulement).
    - Si x et y sont dans $P \times G$, posons $x = (b, g_2)$, $y = (c, g_3)$. Trois cas peuvent se produire :
      1. $g_2 = g_3$ (donc $b \neq c$) et l'élément a pour lequel $\{a, b, c\} \in \mathcal{E}$ est dans R. Dans ce cas $\{x, y\}$ est contenu dans le triplet de type 2 : $\{a, (b, g_2), (c, g_2)\}$, et seulement dans celui-là.

2. $g_2 = g_3$ (donc $b \neq c$) et et l'élément a pour lequel $\{a, b, c\} \in \mathcal{E}$ est dans P. Dans ce cas $\{x, y\}$ est contenu dans le triplet de type $3 : \{(a, g_2), (b, g_2), (c, g_2)\}$, et seulement dans celui-là.

3. $g_2 \neq g_3$. Dans ce cas $\{x, y\}$ est contenu dans le triplet de type $4 : \{(a', g_1), (b, g_2), (c, g_3)\}$, où a' est tel que $[a, b, c] \in \mathcal{P}$ et g_1 est tel que $\{g_1, g_2, g_3\} \in \mathcal{G}$, et seulement dans celui-là.

5. a) • Si $n \in S$: on peut utiliser la construction précédente en choisissant $m = 3, r = 0$, pour obtenir un système de Steiner d'ordre $3n$. Donc $3n \in S$.

   • $n \in S, n \geqslant 1$: on peut utiliser la construction précédente en choisissant $m = 3, r = 1$, pour obtenir un système de Steiner d'ordre $3n - 2$.Donc $3n - 2 \in S$.

   • $n \in S, n \geqslant 3$: on peut utiliser la construction précédente en choisissant $m = 3, r = 3$, pour obtenir un système d'ordre $3n - 6$. Donc $3n - 6 \in S$.

   b) On a successivement :

   $7 \in S$, dáprès la question II.1.

   $9 = 3 \times 3$ et $3 \in S$. Donc $9 \in S$.

   $15 = 3 \times 7 - 6$ et $7 \in S$. Donc $15 \in S$.

   $19 = 3 \times 7 - 2$ et $7 \in S$. Donc $19 \in S$.

   $21 = 3 \times 7$ et $7 \in S$. Donc $21 \in S$.

   $25 = 3 \times 9 - 2$ et $9 \in S$. Donc $25 \in S$.

   $27 = 3 \times 9$ et $9 \in S$. Donc $27 \in S$.

CHAPITRE III. *Steiner fait du zèle.*

1. La vérification est immédiate.
2. Soient P et Q deux points de E. La distance de P à Q étant un entier compris entre 1 et 6, elle est égale à la longueur d'un et d'un seul côté de l'un des deux triangles T_1 et T_2. L'ensemble $\{P, Q\}$ est donc contenu dans un et un seul des triangles obtenus à partir de T_1 et T_2 par rotation : $\mathcal{E}$ est un système de Steiner.
3. On considére un ensemble E de 7 points régulièrement disposés sur un cercle, et notés P_0 à P_6. La distance entre deux points est alors 1,2 ou 3. Puis l'on pose $T = \{P_0, P_1, P_3\}$. Comme les "longueurs" des côtés de T sont 1, 2 et 3, les 7 triangles obtenus par rotation de T forment un système de Steiner.

CHAPITRE IV. *La victoire de Steiner.*

1. a) On voit que $c \in P$ puisque R est stable. Reconsidérons maintenant la construction de $\mathcal{P}$ faite en II.3. Comme n et r sont impairs (ce sont des nombres de Steiner non nuls), $s = n - r$ est pair et l'on peut choisir la numérotation des éléments de P de telle sorte que $a_0 = b$, $a_{s/2} = c$. Dès lors on a bien : $[b, b, b], [b, c, c] \in \mathcal{P}$.

   b) Puisque $m \geqslant 3$, on peut choisir $g_1, g_2, g_3 \in G$ tels que $\{g_1, g_2, g_3\} \in \mathcal{G}$. Il est maintenant aisé de vérifier que

$$\{a, (b, g_1), (c, g_1), (b, g_2), (c, g_2), (b, g_3), (c, g_3)\}$$

est un sous-système de Steiner de L.

2. Soit $n \in T$, et E un système de Steiner d'ordre n admettant un sous-système d'ordre 7. La construction II.4.b fournit (pour $r = 0$ et $m = 3$) un système de Steiner d'ordre $3n$ dont E est un sous-système, et qui admet donc un sous-système d'ordre 7 : $3n \in T$.

Les propositions $n \in S, n > 1 \Rightarrow (3n-2) \in T$ et $n \in S, n > 3 \Rightarrow (3n-6) \in T$ résultent de ce qui a été fait en II.5.a et IV.1.b.

Si $n \in T$, on peut utiliser la construction II.4.b avec $m = 3$ et $r = 7$ pour obtenir un système d'ordre $3n - 14$ qui admet un sous-système d'ordre 7. Donc $3n - 14 \in T$.

Enfin, si $m \in S, m \geqslant 3$, on peut utiliser la construction II.4.b avec $n = 3$ et $r = 1$ pour obtenir un système d'ordre $2m + 1$ qui admet un sous-système d'ordre 7. Donc $2m + 1 \in T$.

3. L'un des nombres $\dfrac{n}{3}, \dfrac{n+2}{3}, \dfrac{n+6}{3}, \dfrac{n+14}{3}$ est entier et congru à 1 ou 3 modulo 6 si et seulement si

$$n \equiv 3 \text{ ou } 9 \ [18]$$
$$\text{ou} \quad n \equiv 1 \text{ ou } 7 \ [18]$$
$$\text{ou} \quad n \equiv 15 \text{ ou } 3 \ [18]$$
$$\text{ou} \quad n \equiv 7 \text{ ou } 13 \ [18].$$

Ceci prouve le résultat car si $n \equiv 1$ ou 3 [6], alors $n \equiv 1, 3, 7, 9, 13$ ou 15 [18].

4. Les entiers en question sont $\{15, 19, 21, 25, 27, 31, 33, 37, 39, 43\}$. Usant de IV.2 à répétition :

$15 = 3 \times 7 - 6$ et $7 \in S$. Donc $15 \in T$.
$19 = 3 \times 7 - 2$ et $7 \in S$. Donc $19 \in T$.
$21 = 3 \times 7$ et $7 \in T$. Donc $21 \in T$.
$25 = 3 \times 9 - 2$ et $9 \in S$. Donc $25 \in T$.
$27 = 2 \times 13 + 1$ et $13 \in S$. Donc $27 \in T$.
$31 = 3 \times 15 - 14$ et $15 \in T$. Donc $31 \in T$.
$33 = 3 \times 13 - 6$ et $13 \in S$. Donc $33 \in T$.
$37 = 3 \times 13 - 2$ et $13 \in S$. Donc $37 \in T$.
$39 = 3 \times 15 - 6$ et $15 \in S$. Donc $39 \in T$.
$43 = 3 \times 15 - 2$ et $15 \in S$. Donc $43 \in T$.

Si maintenant $n \geqslant 45$ est congru à 1 ou 3 modulo 6, les nombres $\dfrac{n}{3}, \dfrac{n+2}{3}, \dfrac{n+6}{3}$ ou $\dfrac{n+14}{3}$ sont compris entre 15 et $n - 1$, et l'un d'entre eux est un entier congru à 1 ou 3 modulo 6. On voit donc par récurrence que T contient tous les entiers congrus à 1 où 3 modulo 6 au-delà de 15.

5. Ceux des entiers congrus à 1 ou 3 modulo 6 qui sont majorés par 14 sont déjà connus pour être dans S. Les suivants sont dans T. Il en résulte que $n > 0$ est un nombre de Steiner si et seulement si $n \equiv 1$ ou 3 [6].

Commentaires. *Jakob Steiner (1796-1863) était un important géomètre de son temps. Il s'est intéressé à ce qu'on appelle désormais les "systèmes de Steiner" en 1853 dans l'étude des 28 double-tangentes d'une quartique.*

Le langage de la géométrie est particulièrement adapté pour se représenter un système de Steiner $\mathcal{E}$. Appelons "points" les éléments de l'ensemble E sous-jacent et "droites" les éléments de $\mathcal{E}$. Les axiomes donnés dans l'introduction s'interpètent alors de la manière suivante : $\mathcal{E}$ est un système de Steiner si toute droite contient 3 points et si par deux points quelconques passent une et une seule droite (il ne s'agit bien entendu que d'un cas particulier des systèmes de Steiner généraux : on peut déjà commencer par faire varier le nombre de points des droites...). La première partie montre alors que si un tel système existe, le cardinal de E doit être congru à 1 ou à 3 modulo 6 et que chaque point de E appartient à $\dfrac{n-1}{2}$ droites.

Pour $n = 7$, la solution présentée en II.1 est en fait la seule : il s'agit du plan de Fano (1871-1952), qu'on peut se représenter de la manière suivante :

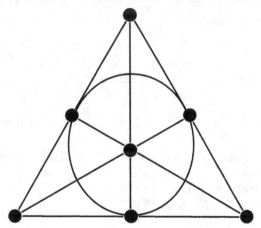

FIG. 2. *Plan projectif de Fano.*

Les points sont les sommets du triangle, les milieux des côtés et le centre. Les droites sont les côtés, les médianes et le "cercle" passant par les milieux des côtés. Il s'agit en fait du plan projectif construit sur le corps fini $\mathbb{Z}/2\mathbb{Z}$.

Les procédés de construction de systèmes de Steiner à partir d'exemples pour les petits cardinaux, étudiés dans les parties III et IV du problème sont assez représentatifs des méthodes utilisées dans cette théorie.

Loin d'être anecdotiques, les systèmes de Steiner constituent une branche particulièrement riche de la combinatoire, et ont de multiples applications, de la théorie des groupes (groupe de Mathieu) aux codes correcteurs d'erreurs (code de Gray).

Chapitre 5
Polynômes

Vrai ou faux ?

1. Si $(P_n)_{n \in \mathbb{N}}$ est une suite de polynômes non nuls de degrés deux à deux distincts, alors la famille $(P_n)_{n \in \mathbb{N}}$ est libre.

2. Si $(P_n)_{n \in \mathbb{N}}$ est une famille libre dans $\mathbb{K}[X]$, alors les degrés des polynômes P_n sont deux à deux distincts.

3. Soit $(a, b, c) \in \mathbb{C}^3$, $a \neq 0$. Si l'équation du second degré $ax^2 + bx + c = 0$ admet deux racines non réelles et conjuguées, alors a, b, c sont réels.

4. Le polynôme $X^4 + X + 1$ est irréductible dans $\mathbb{R}[X]$.

5. Deux polynômes à coefficients réels P et Q sont premiers entre eux si et seulement si ils n'ont pas de racine réelle commune.

6. Soient P, Q deux polynômes à coefficients réels. Le pgcd de P et Q dans $\mathbb{R}[X]$ est le même que celui obtenu si on considère P et Q comme des polynômes de $\mathbb{C}[X]$.

7. On a pour tout $n \geqslant 1$, $\displaystyle\prod_{k=0}^{n-1} \left(2 - e^{i \frac{2k\pi}{n}} \right) = 2^n - 1$.

8. Pour $n \geqslant 2$, le polynôme $X^n + nX + 1$ n'admet pas de racines doubles dans $\mathbb{C}$.

9. Soit $P \in \mathbb{C}[X]$ de degré $n \geqslant 1$, et z une racine complexe d'ordre k de P'. Alors z est une racine d'ordre $k + 1$ de P.

10. Si $P \in \mathbb{R}[X]$ est un polynôme scindé, alors P' est aussi scindé.

11. Soit $P \in \mathbb{R}[X]$. Si P' est scindé, alors P est aussi scindé.

12. Soit $P \in \mathbb{C}[X]$ de degré $n \geqslant 1$. La fonction polynôme associée à P est surjective.

13. Soit $P \in \mathbb{C}[X]$. Si la fonction polynôme associée à P est injective, alors $\deg P = 1$.

14. Soit $P \in \mathbb{C}[X]$. Si pour tout entier $n \in \mathbb{Z}$, $P(n) \in \mathbb{Z}$, alors les coefficients de P sont tous entiers.

15. Si F et G sont deux fractions rationnelles de degrés inférieurs à n, et qui coincident en $n + 1$, alors elles sont égales.

16. Si $F \in \mathbb{C}(X)$ une fraction rationnelle, alors F et F' ont les mêmes pôles.

17. Si $F \in \mathbb{C}(X)$ est une fraction rationnelle, la décomposition en éléments simples de F' est obtenue en dérivant la décomposition en éléments simples de F.

Pour la solution, voir page 162.

Problème 17
Théorème de Block et Thielmann (1951)

Prérequis. *Polynômes, structure de groupe.*

Définitions et notations.

- Pour tout $\alpha \in \mathbb{C}$, on note P_α le polynôme $X^2 + \alpha$.
- Pour tout polynôme $P \in \mathbb{C}[X]$, on notera $\mathcal{C}(P)$ l'ensemble des polynômes complexes Q de degré supérieur ou égal à 1 tels que $P \circ Q = Q \circ P$.
- On dira que $(P_n)_{n \geqslant 1}$ est une famille *commutante* de polynômes si et seulement si pour tout $n \geqslant 1$, $\deg P_n = n$ et si pour tout $n, m \geqslant 1$, on a $P_n \circ P_m = P_m \circ P_n$.

Introduction. *L'objectif du problème est de décrire toutes les familles commutantes de $\mathbb{C}[X]$.*

PARTIE I. *Quelques propriétés de la composition.*

1. Soient P et Q deux polynômes de degrés supérieurs ou égaux à 1. Quel est le degré de $P \circ Q$?
2. Soit $\alpha \in \mathbb{C}$ et $Q \in \mathcal{C}(P_\alpha)$. Montrer que Q est unitaire. En déduire que $\mathcal{C}(P_\alpha)$ contient au plus un polynôme de degré fixé $n \geqslant 1$.
3. Déduire de la question précédente $\mathcal{C}(X^2)$.
4. Déterminer $\mathcal{C}(X + a)$, où a est un complexe non nul.

PARTIE II. *Conjugaison des polynômes.*

Soit G l'ensemble des polynômes complexes de degré 1.

1. Montrer que G est un groupe pour la composition. L'inverse d'un élément U de G sera noté U^{-1}.

On dit que deux polynômes P et Q de $\mathbb{C}[X]$ sont *affinement conjugués*, si et seulement si on peut trouver un élément $U \in G$ tel que $Q = U \circ P \circ U^{-1}$.

2. Montrer que la relation précédente définit une relation d'équivalence sur $\mathbb{C}[X]$. Donner la classe d'équivalence de 1. Que peut-on dire du degré de deux polynômes appartenant à une même classe d'équivalence ?
3. Soient P_1 et $P_2 \in \mathbb{C}[X]$, ainsi que $U \in G$, tels que $P_2 = U \circ P_1 \circ U^{-1}$. Exprimer $\mathcal{C}(P_2)$ en fonction de $\mathcal{C}(P_1)$.
4. Soit $P = aX^2 + bX + c \in \mathbb{C}[X]$ avec $a \neq 0$. Montrer que l'on peut trouver un unique $U \in G$ et un unique $\alpha \in \mathbb{C}$, que l'on exprimera en fonction de a, b, c, tels que $U \circ P \circ U^{-1} = P_\alpha$. Déterminer U et α lorsque $P = 2X^2 - 1$.

5. Si $\alpha \neq \beta$, P_α et P_β sont-ils affinement conjugués ?

PARTIE III. *Polynômes de Tchebychev.*

Il est clair que la famille de polynômes $(X^n)_{n \geqslant 1}$ est commutante. On construit ici une autre famille commutante de polynômes.

1. Soit $n \geqslant 1$. Montrer qu'il existe un unique polynôme T_n, dont on précisera le degré, tel que pour tout $x \in \mathbb{R}$, $T_n(\operatorname{ch} x) = \operatorname{ch} nx$. Les T_n sont les polynômes de Tchebytchev.
   Indication : on a $e^x = \operatorname{ch} x + \operatorname{sh} x$ et $e^{-x} = \operatorname{ch} x - \operatorname{sh} x$.
2. Montrer que $(T_n)_{n \geqslant 1}$ est une famille commutante.
3. Trouver $\mathcal{C}(T_2)$.

PARTIE IV. *Le théorème de Block et Thielmann.*

1. Soit $(Q_n)_{n \geqslant 1}$ une famille commutante quelconque, et $U \in G$. Montrer que la famille $(U \circ Q_n \circ U^{-1})_{n \geqslant 1}$ est commutante.
2. Montrer que les seuls complexes α tels que $\mathcal{C}(P_\alpha)$ contienne un polynôme de degré 3 sont 0 et -2.
3. En déduire le théorème suivant (Block et Thielmann) :
   Si $(Q_n)_{n \geqslant 1}$ une famille commutante, il existe $U \in G$ tel que
   • soit $Q_n = U \circ X^n \circ U^{-1}$ pour tout $n \geqslant 1$,
   • soit $Q_n = U \circ T_n \circ U^{-1}$ pour tout $n \geqslant 1$.

Pour la solution, voir page 166.

Problème 18
Inégalité de Mason (1983)

Prérequis. *Arithmétique des polynômes.*

Définitions et notations.

- Si P est un polynôme complexe non nul, on note $\deg(P)$ le degré de P, $R(P)$ l'ensemble des racines de P dans $\mathbb{C}$, $r(P)$ le cardinal de $R(P)$.
- Si $z \in \mathbb{C}$, on note $\mu_P(z)$ la multiplicité de z comme racine de P, avec la convention habituelle $\mu_P(z) = 0$ si z n'est pas racine de P.

Introduction. *La première partie de ce problème établit une inégalité minorant le nombre de racines distinctes du produit ABC de trois polynômes complexes premiers entre eux et tels que $A + B + C = 0$ à l'aide des degrés de A, B, C. Les deux parties suivantes en déduisent deux théorèmes classiques concernant les polynômes.*

Question Préliminaire.
On considère trois polynômes non nuls A, B, C avec $A = BC$. Donner les relations naturelles entre

1. $\deg(A), \deg(B), \deg(C)$
2. $R(A), R(B), R(C)$
3. $r(A), r(B), r(C)$
4. $\mu_A(z), \mu_B(z), \mu_C(z)$
5. $r(A)$ et $\deg(A)$
6. $\deg(A)$ et $\displaystyle\sum_{z \in R(A)} \mu_A(z)$.

PARTIE I. *L'inégalité de Mason.*

Dans les questions 1 à 5, A, B, C sont trois polynômes complexes non nuls, premiers entre eux dans leur ensemble, non tous trois constants, tels que $A + B + C = 0$. On se propose de démontrer l'inégalité de Mason (1986) :

$$r(A) + r(B) + r(C) \geqslant 1 + \max(\deg(A), \deg(B), \deg(C))$$

1. Montrer que A, B, C sont deux à deux premiers entre eux.
2. Soit $P = AB' - BA'$. Montrer que P n'est pas nul. Vérifier que

$$P = BC' - CB' = CA' - AC'$$

3. Soit $z \in R(A)$. Vérifier que $\mu_P(z) \geqslant \mu_A(z) - 1$.

4. Montrer que $\deg(P) \geqslant \deg(A) + \deg(B) + \deg(C) - (r(A) + r(B) + r(C))$.
5. Achever la preuve de l'inégalité de Mason.
6. Soient E et F deux polynômes non nuls de $\mathbb{C}[X]$, premiers entre eux, tels que $\deg(E) > \deg(F)$. Comparer $r(E) + r(E + F)$ et $1 + \deg(E) - \deg(F)$.

PARTIE II. *L'équation de Fermat dans* $\mathbb{C}[X]$.

Dans cette partie, n est un entier supérieur ou égal à 3. On se propose de déterminer tous les triplets (A, B, C) de polynômes complexes non nuls tels que $A^n + B^n + C^n = 0$ (théorème de Korkine, 1880).

1. Ici, U, V, W sont trois polynômes complexes non nuls, premiers entre eux dans leur ensemble, tels que $U^n + V^n + W^n = 0$. En utilisant l'inégalité de Mason, montrer que U, V, W sont constants.
2. Conclure.

PARTIE III. *Le théorème de Baker.*

Dans cette partie, P est un polynôme complexe de degré $d \geqslant 2$. Si $n \in \mathbb{N}^*$, soit $P_n = P \circ P \circ \cdots \circ P$ (n compositions) ; on convient que $P_0 = X$. Enfin, si $z \in \mathbb{C}$, on note $A_P(z) = \{n \in \mathbb{N}^*, P_n(z) = z\}$.

1. a) Calculer $\deg(P_n)$.
    b) Si $A_P(z)$ est non vide, montrer qu'il existe un unique $q \in \mathbb{N}^*$ tel que $A_P(z) = \{qm, m \in \mathbb{N}^*\}$. On dit alors que z est un point d'ordre q pour P.
    c) Déterminer les points d'ordre 2 de $X^2 - X$.

On veut établir le théorème de Baker (1960), qui affirme que l'ensemble des entiers $k \geqslant 1$ tels que P n'a pas de point d'ordre k est soit vide, soit réduit à un singleton.
On raisonne par l'absurde, en supposant dans la suite que l'on peut trouver dans cet ensemble deux entiers n et k avec $n > k$ et on pose

$$\Delta = \mathrm{pgcd}(P_n - X, P_{n-k} - X), \quad U = \frac{P_n - X}{\Delta}, \quad V = \frac{P_{n-k} - X}{\Delta}$$

2. a) Montrer que $k \geqslant 2$.
    b) Exprimer $\deg(U) - \deg(V)$ en fonction de d, n, k.
3. Si r est un entier $\geqslant 2$, on note $\chi_r = \sum\limits_{p \mid r} d^{\frac{r}{p}}$, la somme ne portant que sur les nombres premiers. Calculer χ_2. Si $r \geqslant 3$, prouver que $\chi_r \leqslant d^{r-2}$.
4. a) Montrer que $r(U) \leqslant r(P_n - X) \leqslant d^{n-2}$.
    b) Montrer que $r(U - V) \leqslant d^{n-1}$.
5. Conclure.

Pour la solution, voir page 170.

Problème 19
Un théorème de George Polya (1928)

Prérequis. *Polynômes et fractions rationnelles, continuité et dérivabilité des fonctions de la variable réelle.*

Définitions et notations.

Soit $P \in \mathbb{C}[X]$ un polynôme unitaire de degré $n \geqslant 1$.

- On pose $\Omega_P = \{z \in \mathbb{C},\ |P(z)| \leqslant 2\}$.
- On désigne par $\mathcal{R}_P = \{\mathrm{Re}\, z,\ z \in \Omega_P\}$ la projection orthogonale de Ω_P sur l'axe réel.

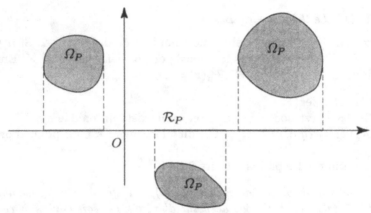

FIG. 1. *Les ensembles Ω_P et $\mathcal{R}_P$.*

Introduction. *Avec les notations qui précèdent, on se propose de démontrer que l'ensemble $\mathcal{R}_P$ peut toujours être recouvert par un nombre fini de segments disjoints dont la somme des longueurs est inférieure ou égale à 4. C'est un résultat démontré par Polya en 1928.*

PARTIE I. *Où l'on regarde des exemples.*

1. Montrer que l'ensemble Ω_P est non vide.
2. On suppose que $P(X) = X - a$ où $a \in \mathbb{C}$. Reconnaitre les ensembles Ω_P et $\mathcal{R}_P$ et vérifier le résultat dans ce cas. Peut-on rempacer le réel 4 par un réel plus petit dans le théorème de Polya?
3. On suppose que $P(X) = X^2 - 2$. Montrer que $\Omega_P \subset \{z \in \mathbb{C},\ |z| \leqslant 2\}$. En déduire que $\mathcal{R}_P = [-2, 2]$.

4. On suppose que $P(X) = X^2 - a$ avec a réel. Montrer que pour $a > 2$, $\mathcal{R}_P$ n'est pas un intervalle.

PARTIE II. *Où l'on se ramène au cas réel.*

On note $z_1, \ldots, z_n$ les racines complexes de P comptées avec multiplicité. Pour tout $i \in [\![1, n]\!]$, on pose $x_i = \operatorname{Re} z_i$ et on considère le polynôme $Q(X) = (X - x_1)\ldots(X - x_n) \in \mathbb{R}[X]$. Pour tout polynôme R à coefficients réels on note $E_R = \{x \in \mathbb{R}, \ |R(x)| \leqslant 2\}$.

1. Montrer que $\mathcal{R}_P \subset E_Q \subset \mathcal{R}_Q$.
2. a) Montrer qu'on peut trouver $-\infty = u_0 < u_1 < \cdots < u_{p-1} < u_p = +\infty$ tels que la fonction polynôme Q soit strictement monotone sur chaque intervalle $[u_k, u_{k+1}]$.
   b) En déduire que E_Q est une réunion de segments deux à deux disjoints. On écrit $E_Q = I_1 \cup I_2 \cup \ldots \cup I_s$, avec pour tout $k \in [\![1, s]\!]$, $I_k = [a_k, b_k]$, et où pour tout $k \in [\![1, s-1]\!]$, $b_k < a_{k+1}$ (les segments sont numérotés dans "l'ordre croissant"). On notera $\mu(Q) = \displaystyle\sum_{k=1}^{s}(b_k - a_k)$ la somme des longeurs des intervalles I_k.
   c) Montrer que pour tout $k \in [\![1, s]\!]$, $Q(a_k)$ et $Q(b_k)$ appartiennent à $\{-2, 2\}$ et que pour tout $k \in [\![1, s-1]\!]$, $Q(b_k) = Q(a_{k+1})$. Préciser $Q(b_s)$ ainsi que $Q(a_1)$ en fonction de la parité de n.
3. Soit R un polynôme réel de degré $n \geqslant 1$ scindé sur $\mathbb{R}$, $y_1, y_2, \ldots, y_p$ ses racines distinctes rangées dans l'ordre croissant, et $\alpha_1, \ldots, \alpha_p$ leurs ordres de multiplicité respectifs.
   a) Montrer que R' est également scindé sur $\mathbb{R}$. Localiser ses racines.
   b) En déduire que toute racine multiple de R' est racine de R.
   c) Décomposer en éléments simples la fraction $\dfrac{R'}{R}$.
   d) En déduire que pour tout $x \in \mathbb{R}$, $R(x)R''(x) \leqslant R'(x)^2$.

PARTIE III. *Où l'on se ramène à un seul intervalle.*

On garde les notations introduites dans la partie précédente concernant le polynôme Q.

1. On souhaite montrer que chaque intervalle I_k, $k \in [\![1, s]\!]$, contient au moins une racine de Q.
   a) Traiter le cas où $Q(a_k) = -Q(b_k)$. On suppose dans la suite de la question qu'on a par exemple $Q(a_k) = Q(b_k) = 2$.
   b) Soit $\alpha \in [a_k, b_k]$ tel que $Q(\alpha) = \displaystyle\inf_{x \in I_k} Q(x)$. Justifier. Prouver que $Q'(\alpha) = 0$ et $Q''(\alpha) \geqslant 0$.
   c) Conclure à l'aide de II.3.
2. Notons $t_1, \ldots, t_m$ les racines de Q qui sont dans l'intervalle I_s, ces racines étant comptées avec multiplicité. On suppose $m < n$ (et donc $s > 1$) et

on pose $A(X) = (X - t_1) \ldots (X - t_m)$ et $B \in \mathbb{R}[X]$ tel que $Q(X) = A(X)B(X)$. On pose enfin $Q_1(X) = A(X + d)B(X)$ où $d = a_s - b_{s-1}$ est l'écart entre les intervalles I_{s-1} et I_s.

a) Vérifier que Q_1 est unitaire de degré n et scindé sur $\mathbb{R}$.

b) Montrer que $I_1 \cup I_2 \cup \ldots \cup I_{s-1} \subset E_{Q_1}$ et que $I_s - d = [a_s - d, b_s - d] = [b_{s-1}, b_s - d] \subset E_{Q_1}$.

c) En déduire que $\mu(Q_1) \geqslant \mu(Q)$ et que l'intervalle le plus à droite de E_{Q_1} contient strictement plus de m racines de Q_1.

3. En déduire qu'il existe un polynôme $\tilde{Q} \in \mathbb{R}[X]$ unitaire de degré n scindé sur $\mathbb{R}$, tel que $\mu(\tilde{Q}) \geqslant \mu(Q)$ et pour lequel $E_{\tilde{Q}}$ est réduit à un unique segment.

PARTIE IV. *Où l'on conclut à l'aide d'un résultat de Tchebychev.*

1. On définit une suite de polynômes $(T_n)_{n \geqslant 0}$ par $T_0 = 1$, $T_1 = X$ et la relation de récurrence $T_{n+2}(X) = 2X T_{n+1}(X) - T_n(X)$ pour tout $n \geqslant 0$.

a) Préciser le degré de T_n et son coefficient dominant.

b) Montrer que $T_n(\cos \theta) = \cos(n\theta)$ pour tout réel θ.

c) Déterminer les points $x \in [-1, 1]$ tels que $|T_n(x)| = 1$.

2. Soit R un polynôme réel unitaire de degré $n \geqslant 1$. En considérant le polynôme $R - \dfrac{T_n}{2^{n-1}}$, montrer que $\sup\limits_{x \in [-1,1]} |R(x)| \geqslant \dfrac{1}{2^{n-1}}$.

3. En déduire que si un polynôme $R \in \mathbb{R}[X]$ unitaire de degré n vérifie $|R(x)| \leqslant 2$ pour tout $x \in [a, b]$, alors $b - a \leqslant 4$.

4. Conclure.

Pour la solution, voir page 175.

Problème 20
Géométrie des racines d'un polynôme à coefficients complexes

Prérequis. *Interprétation géométrique des nombres complexes, polynômes et fractions rationnelles, applications linéaires.*

Définitions et notations.

- Dans tout le problème n est un entier naturel non nul. On note $\mathbb{C}_n[X]$ l'espace vectoriel des polynômes à coefficients complexes de degré inférieur ou égal à n.
- Une partie A de $\mathbb{C}$ est dite *convexe* si pour tout couple $(z, z') \in A^2$, et tout réel $t \in [0, 1]$, $(1 - t)z + tz' \in A$. Cela signifie que pour tout couple (z, z') de points de A, le segment $[z, z']$ est inclus dans A.
- Si P est un polynôme complexe, on note $Z(P)$ l'ensemble des racines complexes de P.

Introduction. *Le thème central du problème est de localiser, pour un polynôme P de $\mathbb{C}[X]$, les racines de P' par rapport aux racines de P. Le premier résultat dans ce sens est le théorème de Gauss-Lucas de la partie II. Le théorème de Laguerre de la partie IV en est une généralisation qui sert dans V à prouver le théorème de Grace, lui-même utilisé dans VI.*

PARTIE I. *Enveloppe convexe d'une partie de $\mathbb{C}$.*

1. Montrer que l'intersection d'une famille $(A_i)_{i \in I}$ de parties convexes de $\mathbb{C}$ est une partie convexe (éventuellement vide) de $\mathbb{C}$.

2. Soit $A \subset \mathbb{C}$. On note E l'ensemble des parties convexes contenant A et on pose $C(A) = \bigcap_{X \in E} X$. Montrer que $C(A)$ est la plus petite partie convexe, au sens de l'inclusion, qui contient A. *On dit que $C(A)$ est l'enveloppe convexe de la partie A.*

Soit $A \subset \mathbb{C}$ non vide. On note $B(A)$ l'ensemble des barycentres à coefficients positifs d'éléments de A, c'est-à-dire l'ensemble des nombres complexes z pour lesquels il existe $p \in \mathbb{N}^*$, $a_1, \ldots, a_p$ dans A et $t_1, \ldots, t_p$ dans $\mathbb{R}_+$ tels que $t_1 + t_2 + \cdots + t_p = 1$ et $z = t_1 a_1 + \cdots + t_p a_p$.

3. Soit $A \subset \mathbb{C}$ non vide. Montrer que $A \subset B(A) \subset C(A)$. Prouver ensuite que $B(A)$ est convexe, et en déduire que $B(A) = C(A)$.

PARTIE II. *Le théorème de Gauss-Lucas (1874).*

Soit $P = X^n + a_{n-1}X^{n-1} + \cdots + a_0 \in \mathbb{C}_n[X]$. On écrit $Z(P) = \{z_1, \ldots, z_p\}$ l'ensemble des racines distinctes de P et pour tout k on note α_k l'ordre de multiplicité de la racine z_k.

1. Décomposer en éléments simples la fraction $\dfrac{P'}{P}$.

2. Soit z une racine de P' n'appartenant pas à $Z(P)$. Montrer qu'on a

$$\sum_{i=1}^{p} \frac{\alpha_i(z - z_i)}{|z - z_i|^2} = 0.$$

   En déduire que z est barycentre à coefficients strictement positifs des z_i.

3. Montrer que $Z(P') \subset C(Z(P))$ (théorème de Gauss-Lucas). En déduire en particulier que si D est un disque fermé de $\mathbb{C}$ contenant $Z(P)$, alors D contient aussi $Z(P')$.

4. On prend comme exemple $P = X^3 - iX^2 - X + i$. Déterminer $Z(P)$, $Z(P')$. Représenter dans le plan complexe l'enveloppe convexe de $Z(P)$ et vérifier le résultat de la question 3.

PARTIE III. *Dérivée polaire par rapport à un point.*

Soit $\xi \in \mathbb{C}$. On considère l'application $A_{\xi,n}$ qui à tout polynôme $P \in \mathbb{C}_n[X]$ associe le polynôme $A_{\xi,n}(P) = (\xi - X)P'(X) + nP(X)$ appelé *dérivé polaire de P par rapport à ξ*.

1. Montrer que $A_{\xi,n}$ est une application linéaire de $\mathbb{C}_n[X]$ dans $\mathbb{C}_{n-1}[X]$.

2. Calculer les coefficients de $A_{\xi,n}(P)$ en fonction de ceux de P.

3. On écrit $P = C_n^0\alpha_0 + C_n^1\alpha_1 X + \cdots + C_n^n\alpha_n X^n$ et on écrit de même $A_{\xi,n}(P) = \displaystyle\sum_{k=0}^{n-1} C_{n-1}^k b_k X^k$. Exprimer les b_k à l'aide des α_k.

4. En déduire le noyau et l'image de $A_{\xi,n}$.

PARTIE IV. *Théorème de Laguerre.*

Soit $P \in \mathbb{C}_n[X]$ de degré n et D un disque fermé de $\mathbb{C}$ contenant toutes les racines de P. Soit ξ un complexe n'appartenant pas à D.

1. Montrer que l'image de D par l'application $z \longmapsto \dfrac{1}{z - \xi}$ est un disque fermé D' de $\mathbb{C}$.

2. Soit $R(X) = \dfrac{P(X)}{(X - \xi)^n}$. Calculer R'. Montrer qu'il existe un unique polynôme $Q \in \mathbb{C}[X]$, dont on précisera le degré et les coefficients, tel que :

$$R(X) = Q\left(\frac{1}{X - \xi}\right)$$

3. Montrer que les racines de Q sont dans D', ainsi que celles de Q'.
4. En déduire que les racines de $A_{\xi,n}(P)$ sont toutes dans D.
   C'est le théorème de Laguerre.

PARTIE V. *Théorème de Grace (1902).*

Soient P, Q deux polynômes de degré n que l'on écrit : $P = \displaystyle\sum_{k=0}^{n} C_n^k a_k X^k$ et

$Q = \displaystyle\sum_{k=0}^{n} C_n^k b_k X^k$. On dit que P et Q sont *apolaires* si $\displaystyle\sum_{k=0}^{n} C_n^k (-1)^k a_k b_{n-k} = 0$.

On note $\xi_1, \ldots, \xi_n$ les n racines (pas forcément distinctes) de Q et on pose
$P_1 = A_{\xi_1,n}(P)$, $P_2 = A_{\xi_2,n-1}(P_1), \ldots, P_n = A_{\xi_n,1}(P_{n-1})$.

1. Quel est la valeur du polynôme constant P_n?
2. Soit D un disque fermé contenant $Z(P)$. On suppose que $\forall i \in [\![1, n]\!]$, $\xi_i \notin D$. Montrer que $\forall i \in [\![1, n]\!]$, $Z(P_i) \subset D$.
3. En déduire que si P et Q sont apolaires, tout disque fermé contenant $Z(P)$ contient au moins une racine de Q (théorème de Grace).
4. Un exemple. Soit $P = a_n X^n - X + 1$, $a_n \neq 0$, $n \geqslant 2$. Montrer que P admet toujours une racine dans le disque $D = \{z \in \mathbb{C},\ |z - 1| \leqslant 1\}$. On pourra étudier l'apolarité de P et de $Q = (1 - X)^n - 1$.

PARTIE VI. *Théorème de Grace-Heawood (1907).*

Soit $P \in \mathbb{C}[X]$ de degré n supposé ici supérieur à 2.

1. On suppose dans les questions 1 et 2 que $P(1) = P(-1) = 0$. Montrer que P' et $Q = (X - 1)^n - (X + 1)^n$ sont apolaires.
2. En déduire que le disque fermé de centre 0 et de rayon $\cotan \dfrac{\pi}{n}$ contient un zéro de P'.
3. De manière plus générale, si $z_1 \neq z_2$ sont deux racines de P, montrer que le disque fermé de centre $\dfrac{z_1 + z_2}{2}$ et de rayon $\dfrac{|z_1 - z_2|}{2} \cotan \dfrac{\pi}{n}$ contient une racine de P'. *C'est le théorème de Grace-Heawood, que l'on peut voir comme un lemme de Rolle complexe.*
4. En déduire le théorème d'Alexander-Kakeya-Szegö : si $P \in \mathbb{C}[X]$ de degré n admet deux racines dans un disque de rayon $R > 0$, alors P' admet au moins une racine dans le disque fermé de même centre et de rayon $\dfrac{R}{\sin \pi/n}$.

Pour la solution, voir page 179.

Solutions des problèmes du chapitre 5

Solution du vrai ou faux

1. *Si $(P_n)_{n\in\mathbb{N}}$ est une suite de polynômes non nuls de degrés deux à deux distincts, alors la famille $(P_n)_{n\in\mathbb{N}}$ est libre.*

   Vrai. En effet, si $Q_1, \ldots, Q_p$ sont des polynômes non nuls de degré deux à deux distincts et $\lambda_1, \ldots, \lambda_p$ des scalaires non nuls, alors le polynôme $Q = \lambda_1 Q_1 + \cdots + \lambda_p Q_p$ a pour degré $\max_{1\leqslant k\leqslant p} \deg Q_k$ et est donc non nul. Par conséquent, il est impossible d'avoir une relation de liaison entre les polynômes P_n.

2. *Si $(P_n)_{n\in\mathbb{N}}$ est une famille libre dans $\mathbb{K}[X]$, alors les degrés des polynômes P_n sont deux à deux distincts.*

   Faux. Pour tout n, la famille

   $$(X^n, X^n + 1, X^n + X, X^n + X^2, \ldots, X^n + X^{n-1})$$

   est une base de $\mathbb{R}_n[X]$ (car génératrice et de cardinal $n+1 = \dim \mathbb{R}_n[X]$) qui est formée uniquement de polynômes de degré n. Il suffit de la compléter avec la famille $(X^k)_{k\geqslant n+1}$ pour former un contre-exemple à l'assertion proposée.

3. *Soit $(a, b, c) \in \mathbb{C}^3$, $a \neq 0$. Si l'équation du second degré $ax^2 + bx + c = 0$ admet deux racines non réelles et conjuguées, alors a, b, c sont réels.*

   Faux. Avant toute utilisation des relations entre les coefficients et les racines, il est conseillé de normaliser le polynôme, i.e. de le diviser par son coefficient dominant, ce qui ne change pas ses racines. En effet, si S et P sont la somme et le produit des deux racines, S et P sont réels et vérifient $b = -aS$ et $c = aP$. Mais il est tout à fait possible de prendre a dans $\mathbb{C} \setminus \mathbb{R}$. Ainsi, le polynôme $iX^2 + iX + i = i(X^2 + X + 1)$ admet deux racines complexes et conjuguées (j et j^2) sans être à coefficients réels.

   En revanche, l'énoncé devient vrai lorsque $a = 1$.

4. *Le polynôme $X^4 + X + 1$ est irréductible dans $\mathbb{R}[X]$.*

   Faux. On sait que les irréductibles de $\mathbb{R}[X]$ sont les polynômes de degré 1 et les polynômes du second degré de discriminant strictement négatif. Le polynôme $X^4 + X + 1$ n'a pas de racines réelles (il suffit de remarquer que $x^4 + x \geqslant 0$ pour x en dehors de $[-1, 0]$, et $x + 1 \geqslant 0$ sur $[-1, 0]$), et pourtant il n'est pas irréductible : il se factorise donc en un produit de deux irréductibles du second degré.

5. *Deux polynômes à coefficients réels P et Q sont premiers entre eux si et seulement si ils n'ont pas de racine réelle commune.*

Faux. Il n'y a pas équivalence dans $\mathbb{R}[X]$. Par exemple $P = X(X^2 + 1)$ et $Q = (X - 1)(X^2 + 1)$ n'ont pas de racine réelle commune, mais ne sont pas premiers entre eux. En revanche, l'implication réciproque est toujours vraie : deux polynômes premiers entre eux ne peuvent pas avoir de racine commune.

Par ailleurs, l'assertion est vraie dans $\mathbb{C}[X]$, ce qui explique que de nombreux problèmes d'arithmétiques soient plus simples à résoudre dans $\mathbb{C}[X]$ que dans $\mathbb{R}[X]$.

6. *Soient P, Q deux polynômes à coefficients réels. Le pgcd de P et Q dans $\mathbb{R}[X]$ est le même que celui obtenu si on considère P et Q comme des polynômes de $\mathbb{C}[X]$.*

Vrai. Le pgcd est le dernier reste non nul dans la suite des divisions de l'algorithme d'Euclide. Or, la division euclidienne de deux polynômes réels dans $\mathbb{R}[X]$ est la même que celle dans $\mathbb{C}[X]$ (par unicité du reste sous conditions de degré).

7. *On a pour tout $n \geqslant 1$, $\displaystyle\prod_{k=0}^{n-1} \left(2 - e^{i\frac{2k\pi}{n}}\right) = 2^n - 1$.*

Vrai. On connait la factorisation $X^n - 1 = \displaystyle\prod_{k=0}^{n-1} \left(X - e^{i\frac{2k\pi}{n}}\right)$ et il suffit d'évaluer ce polynôme en 2.

8. *Pour $n \geqslant 2$, le polynôme $X^n + nX + 1$ n'admet pas de racines doubles dans $\mathbb{C}$.*

Faux. Pour $n = 2$ on a $X^2 + 2X + 1 = (X + 1)^2$. En revanche, pour $n \geqslant 3$, $P_n = X^n + nX + 1$ n'a pas de racine double. En effet, les racines de P' vérifient la relation $z^{n-1} = -1$ (elles sont en particulier de module 1). Mais alors on a pour une telle racine $P(z) = (1 - n)z - 1$. Comme $1/(1 - n)$ n'est pas de module 1 pour $n \geqslant 3$, z ne peut être racine de P. Donc P ne peut avoir de racine double pour $n \geqslant 3$.

9. *Soit $P \in \mathbb{C}[X]$ de degré $n \geqslant 1$, et z une racine complexe d'ordre k de P'. Alors z est une racine d'ordre $k + 1$ de P.*

Faux. Il n'y a pas de raison pour que z soit racine de P. Par exemple, si $P = X^5 + X^4 + 1$, 0 est racine d'ordre 3 de P' mais n'est pas racine de P.

10. *Si $P \in \mathbb{R}[X]$ est un polynôme scindé, alors P' est aussi scindé.*

Vrai. Posons $P = \lambda \displaystyle\prod_{k=1}^{p} (X - x_i)^{\alpha_i}$ où $x_1 < x_2 < \cdots < x_p$ sont les racines réelles distinctes de P. Les x_i sont racines de P' avec la multiplicité $\alpha_i - 1$, ce qui fait déjà $\displaystyle\sum_{i=1}^{p} (\alpha_i - 1) = n - p$ racines pour P' (avec multiplicité).

Or, sur chaque intervalle $[x_i, x_{i+1}]$ on peut appliquer le théorème de Rolle à la fonction $x \mapsto P(x)$, qui assure l'existence d'une racine y_i de P' dans chaque intervalle $]x_i, x_{i+1}[$ pour $i \in [\![1, p-1]\!]$. Cela donne $p - 1$ racines supplémentaires de P'. Au total on a $(n - p) + (p - 1) = n - 1 = \deg P'$ racines avec multiplicité et P' est scindé.

Remarquons au passage que ce résultat est naturellement vrai dans $\mathbb{C}[X]$ (puisque tout polynôme y est scindé), mais pas dans $\mathbb{Q}[X]$, comme on peut le vérifier avec le polynôme $X^3 - X$.

11. *Soit $P \in \mathbb{R}[X]$. Si P' est scindé, alors P est aussi scindé.*

    Faux. Le polynôme $P = X^2 + 1$ donne un contre-exemple.

12. *Soit $P \in \mathbb{C}[X]$ de degré $n \geqslant 1$. La fonction polynôme associée à P est surjective.*

    Vrai. Si $w \in \mathbb{C}$, le théorème de d'Alembert-Gauss donne l'existence d'une racine z de $P(X) - w$. On a alors $P(z) = w$.

13. *Soit $P \in \mathbb{C}[X]$. Si la fonction polynôme associée à P est injective, alors $\deg P = 1$.*

    Vrai. Si P est constant il n'est pas injectif. Supposons $n = \deg P \geqslant 2$. Si P admet deux racines distinctes, 0 a deux antécédents et P n'est pas injectif. Sinon, P s'écrit $\lambda(X - a)^n$ avec $\lambda \neq 0$ et $a \in \mathbb{C}$. Mais alors $P(X) - \lambda$ admet n racines distinctes (les $a + \omega$ où ω parcourt l'ensemble des n racines de l'unité) et λ admet autant d'antécédents par P. Réciproquement, un polynôme de degré 1 définit une bijection de $\mathbb{C}$ sur lui-même.

14. *Soit $P \in \mathbb{C}[X]$. Si pour tout entier $n \in \mathbb{Z}$, $P(n) \in \mathbb{Z}$, alors les coefficients de P sont tous entiers.*

    Faux. Le polynôme $\dfrac{X(X-1)}{2}$ fournit un contre-exemple. C'est d'ailleurs un très bon exercice que de chercher tous les polynômes complexes P vérifiant $P(\mathbb{Z}) \subset \mathbb{Z}$. Remarquons cependant que les coefficients de P sont forcément rationnels. En effet, les résultats classiques sur l'interpolation de Lagrange montrent que si n est le degré de P, alors

    $$P(X) = \sum_{k=0}^{n} P(k) L_k \quad \text{où l'on pose} \quad L_k = \frac{\displaystyle\prod_{i \neq k}(X - i)}{\displaystyle\prod_{i \neq k}(k - i)}.$$

    Comme les L_k sont à coefficients rationnels, et que les $P(k)$ sont rationnels (car entiers), P est bien à coefficients rationnels.

15. *Si F et G sont deux fractions rationnelles de degrés inférieurs à n, et qui coincident en $n + 1$, alors elles sont égales.*

Faux. Un énoncé de ce type existe bien pour les polynômes. Mais les deux fractions rationnelles $\dfrac{2X+1}{X+2}$ et 1 coincident en 1, sont de degrés inférieurs à 0, et sont pourtant distinctes.

Un énoncé proche est cependant valable. Si F et G coincident en une infinité de points, alors elles sont égales. En effet, si on pose $F = \dfrac{P_1}{Q_1}$ et $G = \dfrac{P_2}{Q_2}$, l'égalité $F(x) = G(x)$ implique $P_1Q_2(x) = P_2Q_1(x)$. Si cette dernière égalité est vérifiée pour une infinité de valeurs de x, alors les deux polynômes P_1Q_2 et P_2Q_1 sont égaux (et ce, indépendemment des degrés de F et G), ce qui revient à $F = G$.

16. *Si $F \in \mathbb{C}(X)$ une fraction rationnelle, alors F et F' ont les mêmes pôles.*

Vrai. Soit P/Q un représentant irréductible de F. Supposons que F n'est pas un polynôme, ce cas étant immédiat car alors F n'admet pas de pôles. Le polynôme Q est alors non constant et les pôles de F sont les racines de Q. On a
$$F' = \frac{P'Q - PQ'}{Q^2}.$$

Ainsi, les pôles de R' sont forcément des pôles de R. Cependant, la réciproque n'est pas triviale, car le représentant de F' obtenu n'est pas nécessairement irréductible. Mais si a est une racine de Q de multiplicité m, alors on voit aisément que a est racine de $P'Q - PQ'$ avec la multiplicité $m-1$. Ainsi a est un pôle de F' de multiplicité $2m - (m-1) = m+1$.

17. *Si $F \in \mathbb{C}(X)$ est une fraction rationnelle, la décomposition en éléments simples de F' est obtenue en dérivant la décomposition en éléments simples de F.*

Vrai. La dérivée de l'élément simple $\dfrac{1}{(X-a)^k}$ donne $\dfrac{-k}{(X-a)^{k+1}}$. On peut d'ailleurs utiliser cela pour donner une autre justification de la question précédente. Soit a un pôle de F d'ordre m. Dans la décomposition en éléments simples de F on a une partie polaire de la forme
$$\frac{\lambda_1}{X-a} + \frac{\lambda_2}{(X-a)^2} + \cdots + \frac{\lambda_m}{(X-a)^m}$$

avec $\lambda_m \neq 0$. L'unicité de la décomposition en éléments simples de F' prouve que, en dérivant cette somme, on obtient la partie polaire de F' relative à a. Comme la dérivée de $\dfrac{1}{(X-a)^k}$ est $\dfrac{-k}{(X-a)^{k+1}}$, on en déduit immédiatement que a est pôle de F' avec une multiplicité $m+1$.

Solution du problème 17
Théorème de Block et Thielmann (1951)

PARTIE I. *Quelques propriétés de la composition.*

1. Le degré du polynôme composé $P \circ Q$ est le produit des degrés de P et
de Q. En effet, posons $n = \deg P$ et écrivons $P = \sum_{k=0}^{n} a_k X^k$, avec $a_n \neq 0$.

   Alors $P \circ Q = \sum_{k=0}^{n} a_k Q^k = a_n Q^n + \sum_{k=0}^{n-1} a_k Q^k$. Comme $a_n \neq 0$, le degré
   de $a_n Q^n$ est $n \deg Q$. Or, pour $k \leqslant n-1$, $\deg a_k Q^k \leqslant (n-1) \deg Q$ et
   par les propriétés du degré, il en est de même de la somme $\sum_{k=0}^{n-1} a_k Q^k$.
   Comme $\deg Q \geqslant 1$, le degré de $a_n Q^n$ est strictement supérieur à celui de
   $\sum_{k=0}^{n-1} a_k Q^k$; la somme des deux est donc de degré $n \deg Q = \deg P \deg Q$.

2. Posons $Q = aX^n + R$ avec $\deg R < n$ et $a \neq 0$. On a $P_\alpha \circ Q = Q^2 + \alpha$,
   dont le terme dominant est $a^2 X^{2n}$. Par ailleurs,
   $$Q \circ P_\alpha = Q(X^2 + \alpha) = a(X^2 + \alpha)^n + R(X^2 + \alpha),$$
   a pour terme dominant aX^{2n}. On a donc $a = a^2$ et, comme $a \neq 0$, $a = 1$.
   Donc Q est unitaire.

   Supposons par l'absurde que $C(P_\alpha)$ contienne deux polynômes distincts
   Q_1 et Q_2 de même degré n. Ils sont donc unitaires et comme on a les
   relations $Q_1 \circ P_\alpha = P_\alpha \circ Q_1$ et $Q_2 \circ P_\alpha = P_\alpha \circ Q_2$, on en déduit que
   $$(Q_1 - Q_2) \circ P_\alpha = P_\alpha \circ Q_1 - P_\alpha \circ Q_2$$
   Posons $R = Q_1 - Q_2$. C'est un polynôme non nul et, comme Q_1 et Q_2 sont
   unitaires, il est de degré $< n$. On a $\deg R \circ P_\alpha = 2 \deg R$. En revanche,
   le degré de $P_\alpha \circ Q_1 - P_\alpha \circ Q_2 = Q_1^2 - Q_2^2 = R(Q_1 + Q_2)$ est égal à
   $\deg R + n > 2 \deg R$, ce qui fournit la contradiction cherchée.

3. L'ensemble $C(X^2)$ contient tous les X^n, car $(X^2)^n = (X^n)^2 = X^{2n}$.
   Lorsque n est fixé, il ne peut y avoir d'autre polynôme de degré n, puisqu'il
   y en a déjà un. Donc $C(X^2) = \{X^n, n \geqslant 1\}$.

4. La propriété $P \in C(X+a)$ revient à $P(X)+a = P(X+a)$. On obtient alors
   par récurrence $P(na) = P(0) + na$ pour tout $n \in \mathbb{N}$, et donc P coïncide
   avec le polynôme $P(0) + X$ en une infinité de points ($a \neq 0$). Les deux
   polynômes sont donc égaux, et P s'écrit $P = X+b$. Réciproquement, pour
   tout complexe b, le polynôme $X + b$ vérifie bien $(X + a) + b = (X + b) + a$
   et appartient donc à $C(X + a)$.
   Conclusion : $C(X + a) = \{X + b, b \in \mathbb{C}\}$.

PARTIE II. *Conjugaison des polynômes.*

1. $X \in G$ est l'élément neutre pour la composition. De plus, la composition est bien une loi associative interne à G. Un simple calcul permet de vérifier que $\dfrac{1}{a}X - \dfrac{b}{a}$ est l'inverse de $aX + b$.

En fait, G est isomorphe au groupe des similitudes directes du plan complexe.

2. • Comme $P = X \circ P \circ X$ et $X \in G$, tout polynôme P est affinement conjugué à lui-même. Donc la relation est réflexive.
   • Si $Q = U \circ P \circ U^{-1}$, alors $U^{-1} \circ Q \circ U = P$ et la relation est symétrique.
   • Si $Q = U \circ P \circ U^{-1}$ et $R = V \circ Q \circ V^{-1}$ alors $R = (V \circ U) \circ P \circ (U^{-1} \circ V^{-1})$. Comme l'inverse de $V \circ U$ dans G est $U^{-1} \circ V^{-1}$, R et P sont affinement conjugués.

   La classe d'équivalence de 1 est constituée de l'ensemble des $U \circ 1 \circ U^{-1}$, où U parcourt G. Or $U \circ 1 \circ U^{-1} = U \circ 1 = U(1)$ est un polynôme constant. Pour tout $a \in \mathbb{C}$, $U = X + (a - 1)$ conduit à $U(1) = a$. Ainsi, la classe d'équivalence de 1 est exactement l'ensemble des polynômes constants.

   Enfin, si P et Q sont non constants et affinement conjugués, la question I.1 permet d'affirmer que P et Q ont même degré. Ainsi, si l'on excepte la classe des polynômes constants qui contient aussi le polynôme nul, deux éléments d'une même classe d'équivalence ont même degré. La réciproque est fausse, comme le prouvera plus loin la question II.5.

3. On raisonne par équivalence :
$$Q \in \mathcal{C}(P_2) \Longleftrightarrow Q \circ P_2 = P_2 \circ Q \Longleftrightarrow Q \circ U \circ P_1 \circ U^{-1} = U \circ P_1 \circ U^{-1} \circ Q$$

   Or, en composant à gauche et à droite respectivement par U^{-1} et U, la dernière égalité est équivalente à
$$(U^{-1} \circ Q \circ U) \circ P_1 = P_1 \circ (U^{-1} \circ Q \circ U)$$

   Ainsi, $\mathcal{C}(P_2) = \{U \circ Q \circ U^{-1}, Q \in \mathcal{C}(P_1)\}$.

4. La relation cherchée est équivalente à $U \circ P = P_\alpha \circ U$. Posons $U = dX + e$. On a
$$U \circ P = adX^2 + bdX + cd + e \quad \text{et} \quad P_\alpha \circ U = d^2 X^2 + 2edX + e^2 + \alpha$$

   L'égalité est réalisée si et seulement si $ad = d^2$, $bd = 2de$, et $e^2 + \alpha = cd + e$. Ces trois équations sont équivalentes à
$$d = a, \quad e = \frac{b}{2}, \quad \alpha = ac + \frac{b}{2} - \frac{b^2}{4}$$

   Donc il y a bien un couple (U, α) tel que $U \circ P \circ U^{-1} = P_\alpha$, et ce couple est unique. Si $P = 2X^2 - 1$, on trouve $\alpha = -2$ et $U = 2X$.

5. D'après le résultat précédent, comme P_α est déjà conjugué à lui-même, il ne peut être conjugué à un autre P_β. Notons au passage que la réciproque de II.2 est fausse.

PARTIE III. *Polynômes de Tchebychev.*

1. On a $\operatorname{ch} nx = \dfrac{1}{2}\left((e^x)^n + (e^{-x})^n\right)$. En développant $(e^x)^n = (\operatorname{ch} x + \operatorname{sh} x)^n$ et $(e^{-x})^n = (\operatorname{ch} x - \operatorname{sh} x)^n$ par la formule du binôme, puis en regroupant, on obtient

$$\operatorname{ch} nx = \frac{1}{2}\sum_{k=0}^{n} C_n^k (1 + (-1)^k)(\operatorname{ch} x)^{n-k}(\operatorname{sh} x)^k$$

Or $(1 + (-1)^k)$ est nul pour k impair, et vaut 2 pour k pair. Ainsi,

$$\operatorname{ch} nx = \sum_{0 \leqslant 2k \leqslant n} C_n^{2k}(\operatorname{ch} x)^{n-2k}(\operatorname{ch}^2 x - 1)^k$$

en utilisant la formule bien connue $\operatorname{sh}^2(x) = \operatorname{ch}^2(x) - 1$. Donc le polynôme

$$T_n = \sum_{0 \leqslant 2k \leqslant n} C_n^{2k} X^{n-2k}(X^2 - 1)^k$$

convient. Il est unique, car ses valeurs sont fixées sur l'ensemble infini $[1, +\infty[$. Comme T_n est une somme de polynômes de degré n, on sait que son dégré est inférieur ou égal à n. De plus, son coefficient en X^n est

$$\sum_{0 \leqslant 2k \leqslant n} C_n^{2k} = \frac{1}{2}\sum_{k \leqslant n} C_n^k(1 + (-1)^k) = 2^{n-1}$$ d'après la formule du binôme

(qui implique que $\sum_{k \leqslant n} C_n^k(-1)^k = 0$). Ainsi $\deg T_n = n$.

2. Soit $n, p \geqslant 1$ et $x \in [1, +\infty[$. On peut écrire $x = \operatorname{ch}\theta$ avec $\theta \in \mathbb{R}$. On a alors

$$(T_n \circ T_p)(x) = T_n(\operatorname{ch} p\theta) = \operatorname{ch} np\theta = \operatorname{ch} pn\theta = T_p(\operatorname{ch} n\theta) = (T_p \circ T_n)(x)$$

Les deux polynômes $T_n \circ T_p$ et $T_p \circ T_n$ coincident sur une infinité de valeurs. Ils sont donc égaux.

3. Le polynôme $T_2 = 2X^2 - 1$ n'est pas unitaire, donc on ne peut pas directement appliquer le résultat de la question I.2, qui permettrait de conclure (par unicité d'un polynôme de $\mathcal{C}(T_2)$ de degré donné) que les seuls éléments de $\mathcal{C}(T_2)$ sont les T_n. Mais ce n'est pas très grave, on peut s'y ramener en remarquant que $U \circ T_2 \circ U^{-1} = P_{-2}$ avec $U = 2X$. Si Q est un polynôme de degré n dans $\mathcal{C}(T_2)$, alors $U \circ Q \circ U^{-1}$ est dans $\mathcal{C}(P_{-2})$ et est de degré n. Or il y a déjà $U \circ T_n \circ U^{-1}$ de degré n dans $\mathcal{C}(P_{-2})$. Comme P_{-2} est unitaire, on a par unicité $U \circ T_n \circ U^{-1} = U \circ Q \circ U^{-1}$, et par suite $T_n = Q$. Donc $\mathcal{C}(T_2) = \{T_n, n \geqslant 1\}$.

PARTIE IV. *Le théorème de Block et Thielmann.*

1. D'après la question I.1, la famille $(U \circ Q_n \circ U^{-1})_{n \geqslant 1}$ vérifie les conditions de degré demandées à une famille commutante. On a pour $n, p \geqslant 1$,

$$(U \circ Q_n \circ U^{-1}) \circ (U \circ Q_p \circ U^{-1}) = U \circ Q_n \circ Q_p \circ U^{-1}$$

De même, $(U \circ Q_p \circ U^{-1}) \circ (U \circ Q_n \circ U^{-1}) = U \circ Q_p \circ Q_n \circ U^{-1}$. Comme $Q_n \circ Q_p = Q_p \circ Q_n$, il vient

$$(U \circ Q_n \circ U^{-1}) \circ (U \circ Q_p \circ U^{-1}) = (U \circ Q_p \circ U^{-1}) \circ (U \circ Q_n \circ U^{-1})$$

et donc la famille $(U \circ Q_n \circ U^{-1})_{n \geqslant 1}$ est commutante.

2. Si $\mathcal{C}(P_\alpha)$ contient un polynôme Q de degré 3, celui-ci est forcément unitaire (d'après la question I.2), donc il peut s'écrire $Q = X^3 + aX^2 + bX + c$. Essayons de ne pas trop calculer. Comme $Q \circ P_\alpha$ est un polynôme pair, il ne contient pas de termes impairs.
   - Le coefficient de X^5 dans $(X^3 + aX^2 + bX + c)^2 + \alpha$ est $2a$. Donc $a = 0$.
   - Le coefficient de X^3 dans $(X^3 + bX + c)^2 + \alpha$ est $2c$. Donc $c = 0$.
   - Enfin,

$$\begin{cases} (X^3 + bX)^2 + \alpha & = X^6 + 2bX^4 + b^2X^2 + \alpha \\ (X^2 + \alpha)^3 + b(X^2 + \alpha) & = X^6 + 3\alpha X^4 + (3\alpha^2 + b)X^2 + \alpha^3 + b\alpha \end{cases}$$

On doit alors avoir $b = \dfrac{3}{2}\alpha$ (coefficient de X^4) et donc $\dfrac{3}{4}\alpha^2 + \dfrac{3}{2}\alpha = 0$ (coefficient de X^2). La deuxième équation force $\alpha = 0$ ou $\alpha = -2$. Réciproquement, pour $\alpha = 0$ le polynôme $Q = X^3$ convient, et lorsque $\alpha = -2$ le polynôme $Q = X^3 - 3X$ convient.

3. Soit α tel que Q_2 soit conjugué à P_α. Alors il y a un conjugué de Q_3 qui commute avec P_α et d'après la question précédente, $\alpha = 0$ ou -2.
   - Si $\alpha = 0$, on écrit $Q_2 = U \circ X^2 \circ U^{-1}$. Pour tout entier n, Q_n peut s'écrire $U \circ R_n \circ U^{-1}$ où R_n est de degré n et commute avec X^2. Donc $R_n = X^n$ et $Q_n = U \circ X^n \circ U^{-1}$.
   - Si $\alpha = -2$, alors Q_2 est conjugué par transitivité à T_2 et Q_2 peut s'écrire $U \circ T_2 \circ U^{-1}$. Pour tout n, Q_n s'écrit $U \circ R_n \circ U^{-1}$, où R_n est de degré n et commute avec T_2. Donc $R_n = T_n$ et $Q_n = U \circ T_n \circ U^{-1}$.

Commentaires. *Une description complète des couples de polynômes (P, Q) qui commutent a été établie par G.Julia en 1922. Il a démontré que si P et Q commutent, soit ils sont les itérés (au sens de la composition) d'un même polynôme, soit ils sont affinement conjugués (avec le même polynôme de degré 1) à deux polynômes de Tchebychev ou à deux puissances. Le résultat du problème en est une conséquence directe, mais les méthodes employées par Julia sont loin d'être élémentaires, contrairement à la preuve du théorème de Block et Thielmann.*

Solution du problème 18
Inégalité de Mason (1983)

Question préliminaire. Les résultats suivants sont clairs:

1. $\deg(A) = \deg(B) + \deg(C)$
2. $R(A) = R(B) \cup R(C)$
3. $r(A) \leqslant r(B) + r(C)$ avec égalité si $R(B)$ et $R(C)$ sont d'intersection vide. Mais $r(A) \geqslant r(B)$ et $r(A) \geqslant r(C)$.
4. $\mu_A(z) = \mu_B(z) + \mu_C(z)$
5. $r(A) \leqslant \deg(A)$
6. $\deg(A) = \displaystyle\sum_{z \in R(A)} \mu_A(z)$, car A est scindé dans $\mathbb{C}[X]$.

PARTIE I. *L'inégalité de Mason.*

1. Montrons que A et B sont premiers entre eux, les deux autres preuves étant analogues. Soit Δ le pgcd de A et B. Puisque $C = -A - B$, alors Δ divise C. Or A, B, C sont premiers entre eux dans leur ensemble, donc $\Delta = 1$.

2. Supposons, par l'absurde, que $P = 0$. Alors A divise $A'B$. Puisque d'après la question précédente, A est premier avec B, le théorème de Gauss entraine que A divise A'. Au vu des degrés, cela impose que $A' = 0$, et donc A est constant. Mais alors $0 = P = AB'$, et puisque A n'est pas nul, $B' = 0$ et B est constant. Alors $C = -A - B$ est aussi constant, ce qui est contradictoire avec l'énoncé.
   Les formules demandées s'obtiennent avec la relation $A + B + C = 0$, qui permet d'exprimer un des polynômes en fonction des deux autres.

3. Posons $\alpha = \mu_A(z) \geqslant 1$. Alors $\mu_{A'}(z) = \alpha - 1$ et donc chacun des deux polynômes $A'B$ et AB' est divisible par $(X - z)^{\alpha-1}$; il en est de même de leur différence P, d'où l'inégalité demandée.

4. De même qu'à la question précédente, par la symétrie donnée par les formules de la question 2, on a:

$$\forall z \in R(B), \quad \mu_P(z) \geqslant \mu_B(z) - 1 \text{ et } \forall z \in R(C), \quad \mu_P(z) \geqslant \mu_C(z) - 1$$

D'autre part, puisque A, B, C sont deux à deux premiers entre eux, les ensembles $R(A), R(B), R(C)$ sont deux à deux disjoints. On a donc:

$$\underbrace{\sum_{z \in \mathbb{C}} \mu_P(z)}_{=\deg(P)} \geqslant \sum_{z \in R(A)} (\mu_A(z) - 1) + \sum_{z \in R(B)} (\mu_B(z) - 1) + \sum_{z \in R(C)} (\mu_C(z) - 1)$$

Maintenant, si Q est un polynôme non nul de $\mathbb{C}[X]$, il est clair que

$$\sum_{r \in R(Q)} (\mu_Q(z) - 1) = \deg(Q) - r(Q)$$

En utilisant cette formule et l'inégalité précédente, on arrive à la minoration voulue.

5. Puisque $P = AB' - A'B$, on a $\deg(P) \leqslant \deg(A) + \deg(B) - 1$. On en déduit à l'aide de la question 4 que $1 + \deg(C) \leqslant r(A) + r(B) + r(C)$.

   Mais les rôles de A, B, C étant symétriques, cette dernière inégalité subsiste en remplaçant le minorant par $1 + \deg(B)$ ou $1 + \deg(A)$, donc par le maximum des trois.

6. On part de $E + F + (-E - F) = 0$. On observe que le triplet $(E, F, -E - F)$ vérifie les hypothèses du théorème de Mason : en effet, si E et F sont premiers entre eux, E et $E + F$ le sont aussi (lemme d'Euclide). De plus $\deg(E + F) = \deg(E) > \deg(F)$. Par suite $r(E) + r(E + F) + r(F) \geqslant 1 + \deg(E)$ et

$$r(E) + r(E + F) \geqslant 1 + \deg(E) - r(F) \geqslant 1 + \deg(E) - \deg(F)$$

PARTIE II. *L'équation de Fermat dans $\mathbb{C}[X]$.*

1. Supposons, par l'absurde, U, V, W non tous trois constants. Le triplet U^n, V^n, W^n vérifie les hypothèses du théorème de Mason. On a donc

$$r(U^n) + r(V^n) + r(W^n) \geqslant 1 + \max(\deg(U^n), \deg(V^n), \deg(W^n)),$$

   ainsi

$$r(U) + r(V) + r(W) \geqslant 1 + n \max(\deg(U), \deg(V), \deg(W))$$

   Or, on a $r(U) + r(V) + r(W) \leqslant 3 \max(\deg(U), \deg(V), \deg(W))$, ce qui provoque une contradiction, vu que $n \geqslant 3$.

2. Soit (A, B, C) un triplet de polynômes complexes non nuls tels que l'on ait $A^n + B^n + C^n = 0$. Soit Δ le pgcd des trois polynômes A, B, C. Le triplet $\left(\dfrac{A}{\Delta}, \dfrac{B}{\Delta}, \dfrac{C}{\Delta} \right)$ vérifie les hypothèses de la question précédente, et est donc constitué de polynômes constants. Il en résulte aisément que les triplets recherchés sont les $(\alpha P, \beta P, \gamma P)$, où P est un polynôme non nul de $\mathbb{C}[X]$, et α, β, γ trois complexes non nuls tels que $\alpha^n + \beta^n + \gamma^n = 0$.

Comme pour l'équation de Fermat dans $\mathbb{Z}$, on peut trouver des solutions non triviales pour $n = 2$, comme par exemple $(X^2 + 1)^2 - (X^2 - 1)^2 - (2X)^2 = 0$.

PARTIE III. *Le théorème de Baker.*

1. a) Par une récurrence simple, il est clair que $\deg(P^n) = d^n$.
   b) Tout d'abord, si $A_P(z) = q\mathbb{N}^*$, q est le plus petit élément de $A_P(z)$, ce qui caractérise q et prouve son unicité. Inversement, soit q le plus petit élément de $A_P(z)$, dont l'existence est assurée puisque $A_P(z)$ est une partie non vide de $\mathbb{N}$. Montrons que $A_P(z) = q\mathbb{N}^*$.
   Pour commencer, puisque z est un point fixe de P_q, c'est aussi un point fixe de tous les P_{nq} avec $n \in \mathbb{N}^*$. Ainsi, on a déjà $q\mathbb{N}^* \subset A_P(z)$. Réciproquement, soit $n \in A_P(z)$. Ecrivons la division euclidienne de n par q : $n = qa + r$ avec $r < q$. On a les équivalences suivantes :

   $$P_n(z) = z \Longleftrightarrow P_r(P_{qa}(z)) = z \Longleftrightarrow P_r(z) = z$$

   On a ici utilisé l'inclusion de $q\mathbb{N}^*$ dans $A_P(z)$. Par minimalité de q, la dernière égalité force $r = 0$, et $n = qa$. Ainsi $A_P(z) \subset q\mathbb{N}^*$.
   c) Soit $P = X^2 - X$. Alors $P_2 = X^4 - 2X^3 + X$. Si $P_2(z) = z$, alors $z \in \{0, 2\}$ et $P(z) = z$. Donc il n'y a pas de point d'ordre 2.

2. a) Le théorème de D'Alembert-Gauss garantit que $P - X$, qui est de degré d, donc non constant, a au moins une racine dans $\mathbb{C}$. Cette racine est point d'ordre 1 pour P. On a donc $n > k \geqslant 2$.
   b) En considérant les degrés dans l'égalité $U\Delta = P_n - X$, on obtient $\deg(U) + \deg(\Delta) = d^n$. De même $\deg(V) + \deg(\Delta) = d^{n-k}$. Par suite $\deg(U) - \deg(V) = d^n - d^{n-k}$.

3. On a $\chi_2 = d$. Supposons désormais $r \geqslant 3$. On a alors

   $$\chi_r \leqslant \sum_{k=0}^{E(r/2)} d^k = \frac{d^{E(r/2)+1} - 1}{d - 1} \leqslant d^{E(r/2)+1} - 1 \leqslant d^{r/2+1} - 1 \leqslant d^{r/2+1}$$

   Si $r \geqslant 6, r/2 + 1 \leqslant r - 2$ et l'inégalité est démontrée. Pour $r \leqslant 5$, on obtient $\chi_3 = d, \chi_4 = d^2, \chi_5 = d$ et l'inégalité est à chaque fois vérifiée.

4. a) Puisque U divise $P_n - X$, $R(U)$ est contenu dans $R(P_n - X)$, et $r(U) \leqslant r(P_n - X)$. Le point clef pour la suite consiste à observer que, puisque P n'a pas de point d'ordre n, $R(P_n - X)$ est contenu, d'après 1.b), dans la réunion des $R(P_{n/p} - X)$ pour p variant dans l'ensemble des diviseurs premiers de n.
   Or, $r(P_{n/p} - X) \leqslant \deg(P_{n/p} - X) = d^{n/p}$. La question 3 entraine alors $r(P_n - X) \leqslant \chi_n \leqslant d^{n-2}$ (car $n \geqslant 3$, vu que $n > k \geqslant 2$).
   b) Le polynôme $U - V$ divise $P_n - P_{n-k}$, donc $r(U - V)$ est majoré par $r(P_n - P_{n-k})$. Par ailleurs, si $z \in \mathbb{C}$, on a

   $$z \in R(P_n - P_{n-k}) \Longleftrightarrow P_{n-k}(z) = P_k(P_{n-k}(z))$$
   $$\Longleftrightarrow P_{n-k}(z) \in R(P_k - X)$$

   On fait alors les deux observations suivantes :

- chaque élément de $R(P_k - X)$ a au plus $\deg(P_{n-k}) = d^{n-k}$ antécédents par P_{n-k} dans $\mathbb{C}$ (le nombre de racines d'un polynôme est majoré par son degré).
- Comme P n'a pas de point d'ordre k, l'argument de 4.a) entraine que $|R(P_k - X)| \leqslant \chi_k \leqslant d^{k-1}$ (ici, k peut être égal à 2).

Au total, $R(P_n - P_{n-k})$ est de cardinal au plus $d^{n-k}d^{k-1} = d^{n-1}$.

5. Par construction, U et V sont premiers entre eux. Appliquons le résultat de la question I.6 :

$$r(U) + r(U - V) \geqslant d^n - d^{n-k} + 1$$

D'où, à l'aide de III.4, $d^{n-1} + d^{n-2} \geqslant d^n - d^{n-k} + 1$, soit encore $\dfrac{1}{d} + \dfrac{1}{d^2} + \dfrac{1}{d^k} \geqslant 1 + \dfrac{1}{d^n}$. Or

$$\frac{1}{d} + \frac{1}{d^2} + \frac{1}{d^k} \leqslant \frac{1}{2} + \frac{1}{4} + \frac{1}{2^k} \leqslant 1$$

car $k \geqslant 2$. Cette contradiction prouve le théorème de Baker.

Commentaires. *Avant d'être mise en évidence par R. C. Mason, l'inégalité de I avait été établie en 1981 par W. Stothers dans un article moins remarqué. La preuve donnée ici est une reformulation, donnée par N. Snyder, de l'argument de Mason (qui utilise des dérivées logarithmiques). Le lecteur trouvera plus de détails dans l'ouvrage de Serge Lang, "Math Talk for Undergraduates" (Springer-Verlag). Malgré son caractère technique, l'inégalité de Mason est un résultat très puissant comme l'attestent les applications des parties II et III. Le résultat de II concernant l'équation de Fermat dans $\mathbb{C}[X]$ peut être atteint plus directement. Nous renvoyons le lecteur à l'exercice 5.6 du livre de S. Francinou, H. Gianella, S. Nicolas, "Exercices de Mathématiques, Oraux X-ENS", Cassini, 2001.*

Il est classique, en théorie des nombres, d'établir des analogies entre les deux anneaux principaux $\mathbb{Z}$ et $\mathbb{C}[X]$. Pour l'inégalité de Mason, un analogue raisonnable est fourni par la conjecture abc, que nous allons brièvement discuter. Définissons le radical de $x \in \mathbb{Z}^*$ comme le produit $r(x)$ des nombres premiers distincts divisant x ; $r(x)$ est le pendant dans $\mathbb{Z}$ du nombre de racines distinctes d'un élément non constant de $\mathbb{C}[X]$. Disons qu'un triplet (a, b, c) de $(\mathbb{Z}^*)^3$ vérifie (1) si et seulement si $a + b + c = 0$ et a, b, c, sont premiers entre eux. Il serait tentant de croire à la version suivante de l'inégalité de Mason :

Si $(a, b, c) \in (\mathbb{Z}^*)^3$ vérifie (1), $\quad r(abc) \geqslant 1 + \max(|a|, |b|, |c|)$

Malheureusement, on peut voir qu'il n'existe aucune constante $K > 0$ telle que pour tout triplet (a, b, c) vérifiant (1) on ait

$$Kr(abc) \geqslant \max(|a|, |b|, |c|)$$

Le lecteur est invité à le vérifier en considérant $a_n = 3^{2^n}$, $b_n = -1$ et $c_n = -a_n - b_n$, et en observant que 2^n divise c_n. On est amené à l'énoncé plus faible suivant :

Conjecture abc *(Masser, Oesterlé, 1986). Etant donné $\varepsilon > 0$, il existe alors $K(\varepsilon) > 0$ tel que pour tout triplet (a, b, c) de $(\mathbb{Z}^*)^3$ vérifiant (1), on ait*

$$K(\varepsilon) r(abc)^{1+\varepsilon} \geqslant \max(|a|, |b|, |c|)$$

Un raisonnement essentiellement analogue à celui de II du problème montre que cet énoncé implique que pour n assez grand, la célèbre équation de Fermat $a^n + b^n + c^n = 0$ n'a pas de solution dans $(\mathbb{Z}^*)^3$. La conjecture abc n'est pas prouvée à ce jour. Pour de plus amples renseignements sur le sujet, et une bibliographie accessible, le lecteur est renvoyé au livre de Serge Lang cité au début de ces commentaires.

La preuve du théorème de Baker de la partie III est tirée du livre de W. Narkiewicz, "Polynomial Mappings" (Springer, 1995), à l'exception de l'utilisation de l'inégalité de Mason, dont la conséquence utile (la question I.6 du problème) est implicitement redémontrée dans cette référence. Le chapitre XII de cet ouvrage, intitulé "Polynomial cycles", contient beaucoup de renseignements sur ce sujet. Signalons en particulier que le résultat de Baker subsiste en remplaçant les polynômes par des fonctions entières non affines, mais que la preuve de cette généralisation nécessite des méthodes sophistiquées ("théorie de Nevanlinna" sur la répartition des valeurs des fonctions holomorphes).

Solution du problème 19
Un théorème de George Polya (1928)

PARTIE I. *Où l'on regarde des exemples.*

1. L'ensemble Ω_P contient les racines de P.
2. Ω_P est le disque fermé de centre a et de rayon 2. Donc $\mathcal{R}_P$ est un segment de longueur 4 centré en $\operatorname{Re} a$. On ne peut donc pas remplacer le réel 4 par un réel plus petit dans le théorème de Polya.
3. Soit $z \in \Omega_P$. On a $|z^2 - 2| \leqslant 2$ donc $|z^2| - 2 \leqslant 2$ par inégalité triangulaire et $|z|^2 \leqslant 4$. On a donc $\Omega_P \subset \{z \in \mathbb{C},\ |z| \leqslant 2\}$. On a déjà $\mathcal{R}_P \subset [-2, 2]$. Mais il est clair que $[-2, 2] \subset \Omega_P$. Donc $\mathcal{R}_P = [-2, 2]$.
4. On observe que $\sqrt{a}$ et $-\sqrt{a}$ sont dans $\mathcal{R}_P$ mais pas 0. En effet, pour $y \in \mathbb{R}$, $|(iy)^2 - a| = a + y^2 > 2$. Il n'y a donc aucun point de la droite des imaginaires pures dans Ω_P. Ainsi $\mathcal{R}_P$ ne peut pas être un intervalle.

PARTIE II. *Où l'on se ramène au cas réel.*

1. Soit $x \in \mathcal{R}_P$ et $z = x + iy \in \Omega_P$ de partie réelle x. On a :

$$|Q(x)| = \prod_{i=1}^{n} |x - x_i| = \prod_{i=1}^{n} |\operatorname{Re}(z - z_i)| \leqslant \prod_{i=1}^{n} |z - z_i| = |P(z)| \leqslant 2$$

Donc $x \in E_Q$. L'inclusion $E_Q \subset \mathcal{R}_Q$ est évidente.
2. a) Le polynôme Q' admet un nombre fini de racines réelles. Notons dans l'ordre croissant $u_1 < u_2 < \cdots < u_{p-1}$ les racines réelles qui sont de multiplicité impaire (par convention $p = 1$ s'il n'y a pas de telles racines). On pose aussi $u_0 = -\infty$ et $u_p = +\infty$. Sur chaque intervalle $]u_k, u_{k+1}[$ Q' garde un signe constant en s'annulant éventuellement en un nombre fini de points. La fonction Q est donc strictement monotone sur $]u_k, u_{k+1}[$ et donc sur $[u_k, u_{k+1}]$ par continuité.
   b) La fonction Q établit donc un homéomorphisme de $[u_k, u_{k+1}]$ sur son image (l'intervalle est ouvert à gauche si $k = 0$ et à droite si $k = p-1$). Il en résulte que pour tout k, $E_Q \cap [u_k, u_{k+1}]$ est un segment ou l'ensemble vide. En réunissant éventuellement les segments qui se "touchent" en un point u_k, on peut donc écrire E_Q comme une réunion finie de segments deux à deux disjoints.
   c) On a évidemment $-2 \leqslant Q(a_k) \leqslant 2$. Par continuité de Q en a_k on ne peut pas avoir $-2 < Q(a_k) < 2$, car on pourrait trouver $\eta > 0$ tel que $[a_k - \eta, a_k] \subset E_Q$, ce qui est absurde vu la définition des intervalles I_k. Donc $Q(a_k) \in \{-2, 2\}$. C'est pareil pour b_k.
   Supposons par l'absurde que par exemple $Q(b_k) = 2$ et $Q(a_{k+1}) = -2$ pour un certain k. Par le théorème des valeurs intermédiaires, Q s'annule sur $]b_k, a_{k+1}[$ ce qui est impossible car un zéro de Q est

forcément dans E_Q ! On a donc pour tout $k \in [1, s-1]$, $Q(b_k) = Q(a_{k+1})$.

Observons que E_Q admet un plus grand élément b_s et un plus petit élément a_1. Comme $Q(x)$ tend vers $+\infty$ lorsque $x \to +\infty$, on a $Q(b_s) = 2$. De même, $Q(a_1) = -2$ si n est impair et $Q(a_1) = 2$ si n est pair.

3. a) Le polynôme R admet les y_i comme racine à l'ordre $\alpha_i - 1$ (éventuellement nul). Cela fait déjà $\sum_{i=1}^{p}(\alpha_i - 1) = \sum_{i=1}^{p} \alpha_i - p = n - p$ racines avec multiplicité $(\alpha_1 + \cdots + \alpha_p = n$ car P est scindé). En appliquant le théorème de Rolle sur chaque intervalle $[y_i, y_{i+1}]$ on obtient $p - 1$ nouvelles racines. Donc R' est scindé et les racines des intervalles $]y_i, y_{i+1}[$ sont toutes simples !

   b) C'est immédiat avec la question précédente.

   c) On a, par dérivation logarithmique, $\dfrac{R'}{R} = \sum_{i=1}^{p} \dfrac{\alpha_i}{X - y_i}$.

   d) L'inégalité est vraie pour une racine de R. Si $R(x) \neq 0$ on a, après dérivation de la relation précédente

$$\frac{R''(x)R(x) - R'(x)^2}{R(x)^2} = -\sum_{i=1}^{p} \frac{\alpha_i}{(x - y_i)^2} < 0$$

et donc $R(x)R''(x) \leqslant R'(x)^2$.

PARTIE III. *Où l'on se ramène à un seul intervalle.*

1. a) Si $Q(a_k) = -Q(b_k)$ il suffit pour conclure d'invoquer le théorème des valeurs intermédiaires.

   b) Comme Q est continue sur le segment I_k, il existe $\alpha \in [a_k, b_k]$ tel que $Q(\alpha) = \inf_{x \in I_k} Q(x)$.

   Supposons $a_k < b_k$ (i.e. que I_k n'est pas réduit à un singleton). Comme Q admet en α un minimum local (car Q ne peut pas être constant égale à 2 sur I_k), $Q'(\alpha) = 0$ et nécessairement $Q''(\alpha) \geqslant 0$, car par la formule de Taylor-Young en α on a

$$Q(x) - Q(\alpha) = \frac{Q''(\alpha)}{2}(x - \alpha)^2 + o(x - \alpha)^2$$

   Si $a_k = b_k = \alpha$, ces résultats restent valides car Q admet toujours en α un minimum local.

   c) Si $Q''(\alpha) = 0$, alors α est racine au moins double de Q' donc racine de Q par II.3. Et si $Q''(\alpha) > 0$ on a forcément $Q(\alpha) \leqslant 0$ puisque $Q(\alpha)Q''(\alpha) \leqslant Q'(\alpha)^2 = 0$. Le théorème des valeurs intermédiaires donne alors l'existence d'un zéro de Q dans I_k.

2. a) Le polynôme $A(X+d)$ est unitaire de même degré que A et scindé sur $\mathbb{R}$. Par ailleurs B est aussi unitaire et scindé sur $\mathbb{R}$. Comme $\deg A + \deg B = n$, on a $\deg Q_1 = n$ et Q_1 est unitaire et scindé sur $\mathbb{R}$.

   b) Soit $x \in I_k$ avec $k \leqslant s - 1$. Comme pour tout i,

   $$|x + d - t_i| = t_i - d - x \leqslant t_i - x = |x - t_i|,$$

   on a $|A(x+d)| \leqslant |A(x)|$ et donc $|Q_1(x)| \leqslant |Q(x)| \leqslant 2$. Ainsi $I_1 \cup I_2 \cup \ldots I_{s-1} \subset E_{Q_1}$.

   Soit maintenant $x \in I_s - d = [a_s - d, b_s - d] = [b_{s-1}, b_s - d]$. Posons $y = x + d \in I_s$. Comme avant, on vérifie que $|B(x)| \leqslant |B(y)|$. Il en résulte que $|Q_1(x)| = |A(y)||B(x)| \leqslant |A(y)B(y)| = |Q(y)| \leqslant 2$. Donc $I_s - d = [a_s - d, b_s - d] = [b_{s-1}, b_s - d] \subset E_{Q_1}$.

   c) La question précédente montre que $\mu(Q_1) \geqslant \mu(Q)$. De plus, l'intervalle le plus à droite de E_{Q_1} contient nécessairement $[a_{s-1}, b_s - d]$ car il doit contenir la plus grande racine de Q_1 (mais attention, il peut être plus grand que cet intervalle). Comptées avec multiplicité, Q_1 admet au moins $m + 1$ racines dans $[a_{s-1}, b_s - d]$.

3. Si E_{Q_1} n'est pas réduit à un seul segment on lui applique la question précédente et on continue jusqu'à obtenir un polynôme $\tilde{Q} \in \mathbb{R}[X]$ unitaire de degré n scindé sur $\mathbb{R}$, tel que $\mu(\tilde{Q}) \geqslant \mu(Q)$ et pour lequel $E_{\tilde{Q}}$ est réduit à un unique segment.

PARTIE IV. *Où l'on conclut à l'aide d'un résultat de Tchebychev.*

1. a) On montre par une récurrence sur deux termes que le degré de T_n est n et que son coefficient dominant est 2^{n-1} pour $n \geqslant 1$ (et 1 pour $n = 0$). Cela est vérifié pour $n = 0$ et $n = 1$. Supposons le résultat vrai aux rangs n et $n + 1$. On a $T_{n+2} = 2XT_{n+1} - T_n$. Comme $\deg T_n = n$ et $\deg(2XT_{n+1}) = n + 2$, le polynôme T_{n+2} est de degré $n + 2$ et son coefficient dominant est le double de celui de T_{n+1} c'est-à-dire 2^{n+1}.

   b) On procède encore par récurrence sur deux termes. Le résultat est vrai aux rangs $n = 0$ et $n = 1$ et le passage des rang n et $n + 1$ au rang $n + 2$ provient simplement de la formule trigonométrique

   $$\cos(n + 2)\theta = 2\cos\theta\cos(n + 1)\theta - \cos n\theta.$$

   c) Soit $x \in [-1, 1]$. Il existe un unique réel $\theta \in [0, \pi]$ tel que $\cos\theta = x$ (en fait $\theta = \arccos x$). Alors, $|T_n(x)| = |\cos(n\theta)| \leqslant 1$ et $|T_n(x)| = 1$ si et seulement si x est de la forme $z_{k,n} = \cos\left(\dfrac{k\pi}{n}\right)$, $0 \leqslant k \leqslant n$.

   Plus précisément, $T_n(z_{k,n}) = 1$ si k est pair et $T_n(z_{k,n}) = -1$ si k est impair.

2. Soit R un polynôme réel unitaire de degré $n \geqslant 1$. Supposons par l'absurde que $\displaystyle\sup_{x \in [-1,1]} |R(x)| < \dfrac{1}{2^{n-1}}$. Posons $S = R - \dfrac{T_n}{2^{n-1}}$. On a $\deg S \leqslant n - 1$ car

$\dfrac{T_n}{2^{n-1}}$ et R sont tous les deux unitaires de degré n. L'idée est de regarder les valeurs prises par S aux points $z_{k,n}$ de la question précédente. On a

$S(z_{0,n}) = R(z_{0,n}) - 2^{1-n} < 0$ car $\displaystyle\sup_{x\in[-1,1]} |R(x)| < \dfrac{1}{2^{n-1}}$. De même on voit

que $S(z_{1,n}) > 0$, $S(z_{2,n}) < 0$,... Il résulte alors du théorème des valeurs intermédiaires que S s'annule au moins une fois dans chaque intervalle $]z_{k+1,n}, z_{k,n}[$ pour $0 \leqslant k \leqslant n$. Ce qui donne n racines distinctes de S. Comme $\deg S \leqslant n - 1$, S est nul ce qui est absurde.

3. Soit $R \in \mathbb{R}[X]$ unitaire de degré n qui vérifie $|R(x)| \leqslant 2$ pour tout x dans $[a, b]$. L'idée est de faire un changement de variable pour se ramener au segment $[-1, 1]$. On utilise la similitude $\theta : t \longmapsto \dfrac{b-a}{2}t + \dfrac{a+b}{2}$ qui envoie $[-1, 1]$ sur $[a, b]$. Posons $S(t) = \dfrac{2^n}{(b-a)^n}R(\theta(t))$. Le polynôme S est unitaire de degré n et

$$\sup_{t\in[-1,1]} |S(t)| \leqslant \dfrac{2^{n+1}}{(b-a)^n}$$

D'après la question précédente, on a $\dfrac{1}{2^{n-1}} \leqslant \dfrac{2^{n+1}}{(b-a)^n}$ soit $(b-a)^n \leqslant 4^n$ et donc $b - a \leqslant 4$.

4. On applique cette inégalité au polynôme $\tilde{Q}$ obtenu en III.3. On a $\mu(\tilde{Q}) \leqslant 4$ et donc $\mu(Q) \leqslant 4$. Comme E_Q recouvre $\mathcal{R}_P$ on a établi le résultat de Polya.

Commentaires. *On peut remplacer l'axe réel par n'importe quelle droite du plan complexe : la projection orthogonale de Ω_P sur une telle droite est de longueur majorée par 4. Par ailleurs, l'exemple de la question I.3 montre que la constante 4 est optimale. Enfin il n'est pas difficile de montrer que la projection de Ω_P sur une droite est une réunion finie de segments.*

Les polynômes de Tchebychev de la partie IV interviennent dans beaucoup de questions (cf. par exemple le problème 17 sur le théorème de Block et Thielmann). La question 2 de la partie IV en établit implicitement une propriété d'extrémalité très classique : si P est un polynôme unitaire de degré $n \geqslant 1$, on a $\displaystyle\max_{x\in[-1,1]} |P(x)| \geqslant \dfrac{1}{2^{n-1}}$ et il y a égalité si et seulement si $P_n = \dfrac{T_n}{2^{n-1}}$. Le lecteur est invité à prouver complètement cette assertion. Quant à la question IV.3, elle implique immédiatement que si $b - a > 4$, l'ensemble des polynômes à coefficients entiers est discret dans l'espace des fonctions continues sur $[a, b]$ muni de la norme de la convergence uniforme; ceci est un cas particulier trivial du "problème d'approximation de Fekete" (1923) traité dans le paragraphe 2.4 de l'ouvrage de G. Lorentz, M.V. Golitschek, Y. Makorov, "Constructive approximation, advanced problems" (Springer-Verlag). Pour beaucoup d'autres résultats concernant les polynômes de Tchebychev, le lecteur pourra consulter le livre de T.J. Rivlin, "Chebyshev Polynomials" publié par John Wiley.

Solution du problème 20
Géométrie des racines d'un polynôme à coefficients complexes

PARTIE I. *Enveloppe convexe d'une partie de* $\mathbb{C}$.

1. Soit (z, z') deux points de $\bigcap_{i \in I} A_i$ et $t \in [0, 1]$. Soit $i \in I$. Comme A_i est convexe, $(1 - t)z + tz' \in A_i$. Donc $(1 - t)z + tz' \in \bigcap_{i \in I} A_i$. Cela prouve que $\bigcap_{i \in I} A_i$ est convexe.

2. L'ensemble E n'est pas vide car $\mathbb{C} \in E$. D'après la question 1, $C(A)$ est convexe, contient évidemment A et est inclus, par définition, dans tout convexe K qui contient A. Donc $C(A)$ est la plus petite partie convexe, au sens de l'inclusion, qui contient A.

3. Il est clair que $A \subset B(A)$. Comme $C(A)$ est convexe, il est aisé de montrer par récurrence sur p, que tout élément de la forme $t_1 a_1 + \cdots + t_p a_p$, avec $a_i \in A$, $t_i \geq 0$, $t_1 + \cdots + t_p = 1$, est dans $C(A)$ (pour $p = 2$ c'est la définition de la convexité). Donc $B(A) \subset C(A)$.

   Or, il est aisé de vérifier que $B(A)$ est convexe. Comme $B(A)$ contient A on a $C(A) \subset B(A)$, d'où l'égalité.

PARTIE II. *Le théorème de Gauss-Lucas (1874).*

1. On a $P = \prod_{i=1}^{p}(X - z_i)^{\alpha_i}$. En utilisant la dérivation d'un produit de p termes, il vient

$$P' = \sum_{i=1}^{p} \alpha_i (X - z_i)^{\alpha_i - 1} \prod_{j \neq i}(X - z_j)^{\alpha_j}$$

soit finalement

$$\frac{P'(X)}{P(X)} = \sum_{i=1}^{p} \frac{\alpha_i}{X - z_i}.$$

Par unicité, il s'agit de la décomposition en éléments simples de la fraction $\dfrac{P'(X)}{P(X)}$. Remarquons que la fraction $\dfrac{P'}{P}$ est la dérivée logarithmique de P. L'égalité ci-dessus s'obtient directement si l'on sait que la dérivée logarithmique d'un produit est la somme des dérivées logarithmiques.

2. Soit z une racine de P' n'appartenant pas à $Z(P)$. On a alors

$$\frac{P'(z)}{P(z)} = \sum_{i=1}^{p} \frac{\alpha_i}{z - z_i} = 0$$

En multipliant chaque fraction de la somme par le conjugué du dénominateur, il vient

$$\sum_{i=1}^{p} \frac{\alpha_i(\bar{z} - \bar{z_i})}{|z - z_i|^2} = 0$$

Si cette somme est nulle, sa conjuguée aussi. D'où $\displaystyle\sum_{i=1}^{p} \frac{\alpha_i(z - z_i)}{|z - z_i|^2} = 0$.

Cela s'écrit encore

$$z = \frac{\displaystyle\sum_{i=1}^{p} \frac{\alpha_i z_i}{|z - z_i|^2}}{\displaystyle\sum_{i=1}^{p} \frac{\alpha_i}{|z - z_i|^2}},$$

expression qui montre que z est barycentre de $z_1, \ldots, z_p$ affectés des coefficients respectifs $\dfrac{\alpha_i}{|z - z_i|^2} > 0$.

3. Soit $z \in Z(P')$. Si z est une racine de P, on a $z \in Z(P)$ et a fortiori $z \in C(Z(P))$. Supposons que z n'est pas racine de P. D'après la question précédente et la question I.3, z appartient à $C(Z(P))$. On a donc

$$Z(P') \subset C(Z(P))$$

Si D est un disque fermé de $\mathbb{C}$ qui contient $Z(P)$, comme D est convexe, il contient $C(Z(P))$, donc contient $Z(P')$.

4. Soit $P = X^3 - iX^2 - X + i$. On a aisément $P = (X - 1)(X + 1)(X - i)$ soit $Z(P) = \{-1, 1, i\}$. L'enveloppe convexe de $Z(P)$ est le triangle plein de sommet $-1, 1$ et i. On a $P' = 3X^2 - 2iX - 1$. Les racines de P' sont $\dfrac{1}{3}(i \pm \sqrt{2})$. Comme $1 + \sqrt{2} < 3$ on vérifie facilement qu'elles sont dans le triangle précédent.

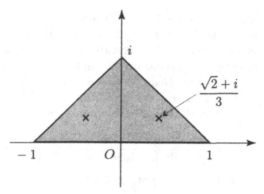

FIG. 2. *Enveloppe convexe des zéros de P.*

PARTIE III. *Dérivée polaire par rapport à un point.*

1. La linéarité de $A_{\xi,n}$ résulte directement de la linéarité de la dérivation. On a pour tout k,

$$A_{\xi,n}(X^k) = (\xi - X)kX^{k-1} + nX^k = (n - k)X^k + k\xi X^{k-1}.$$

Il en résulte que $A_{\xi,n}(X^k)$ est de degré k, sauf pour $k = n$ où il est de degré $n - 1$ si ξ est non nul (et nul si $\xi = 0$). On en déduit que $A_{\xi,n}$ est à valeurs dans $\mathbb{C}_{n-1}[X]$.

2. Il découle du calcul ci-dessus, que si $P = a_0 + a_1X + \cdots + a_nX^n$ alors, par linéarité,

$$A_{\xi,n}(P) = \sum_{k=0}^{n-1}[(n - k)a_k + (k + 1)\xi a_{k+1}]X^k.$$

3. Avec les notations de la question 2 on a $a_k = C_n^k\alpha_k$. Et alors

$$\begin{aligned}
(n - k)a_k + (k + 1)\xi a_{k+1} &= (n - k)C_n^{n-k}\alpha_k + (k + 1)\xi C_n^{k+1}\alpha_{k+1} \\
&= n[\alpha_k C_{n-1}^k + C_{n-1}^k\xi\alpha_{k+1}].
\end{aligned}$$

Il en résulte que $b_k = n(\alpha_k + \xi\alpha_{k+1})$.

4. Soit $P \in \text{Ker}\, A_{\xi,n}$. Avec les notations qui précèdent, on a $\alpha_k + \xi\alpha_{k+1} = 0$ pour tout $k \in [\![0, n - 1]\!]$. Il vient $\alpha_k = \alpha_n(-1)^{n-k}\xi^{n-k}$ et finalement $P = \alpha_n(X - \xi)^n$. Le noyau est donc la droite vectorielle engendrée par $(X - \xi)^n$. On en déduit en particulier que $A_{\xi,n}$ établit une surjection de $\mathbb{C}_n[X]$ sur $\mathbb{C}_{n-1}[X]$ (par le théorème du rang).

PARTIE IV. *Théorème de Laguerre.*

1. Notons ψ l'application $z \longmapsto \dfrac{1}{z - \xi}$. Il s'agit d'une homographie, qui établit une bijection de $\mathbb{C}\backslash\{\xi\}$ sur $\mathbb{C}^*$. On observe que ψ est la composée

de la translation $t : z \longmapsto z - \xi$ et de l'inversion $g : z \longmapsto 1/z$. Il est clair que si D est le disque de centre w et de rayon R, $t(D)$ est le disque de centre $w - \xi$ et de rayon R. Ce nouveau disque ne contient pas 0. Bref, il suffit de montrer que l'image d'un disque fermé ne contenant pas 0 par g est un disque fermé. Soit $D(w, R)$ un tel disque. Pour tout $z \neq 0$, on a $z \in D \Longleftrightarrow |z - w|^2 \leqslant R^2$ ce qui est équivalent à : $z\bar{z} - \bar{w}z - w\bar{z} \leqslant R^2 - |w|^2$. On a $R^2 - |w|^2 < 0$ car $0 \notin D(w, R)$. En divisant par $|z|^2 > 0$ cela équivaut encore à

$$Z\bar{Z} - \frac{w}{|w|^2 - R^2}Z - \frac{\bar{w}}{|w|^2 - R^2}\bar{Z} \leqslant \frac{1}{R^2 - |w|^2}$$

où l'on a posé $Z = 1/z$. Ainsi, pour $z \in \mathbb{C}^*$,

$$|z - w| \leqslant R \Longleftrightarrow \left| Z - \frac{\bar{w}}{|w|^2 - R^2} \right| \leqslant \frac{R}{|w|^2 - R^2}.$$

D'où le résultat.

2. Soit $R(X) = \dfrac{P(X)}{(X - \xi)^n}$. On a $R'(X) = -\dfrac{A_{\xi,n}(P)}{(X - \xi)^{n+1}}$. Si on écrit la formule de Taylor pour P au point ξ, on a

$$P(X) = P(\xi) + P'(\xi)(X - \xi) + \cdots + \frac{P^{(n)}(\xi)}{n!}(X - \xi)^n$$

ce qui donne en divisant par $(X - \xi)^n$,

$$R(X) = Q\left(\frac{1}{X - \xi}\right)$$

avec $Q(X) = \displaystyle\sum_{k=0}^{n} \frac{P^{(n-k)}(\xi)}{(n-k)!}X^k$ qui est bien de degré n, car ξ n'est pas racine de P. L'unicité de Q est claire car ses valeurs sont imposées sur $\mathbb{C}^*$ qui est un ensemble infini.

3. Si t est une racine complexe de Q, t n'est pas nulle (car comme P est de degré n, $P^{(n)}(\xi) \neq 0$) et $z = \psi^{-1}(t)$ est alors racine de P. Donc $z \in D$ et $t \in D'$. D'après le théorème de Gauss-Lucas (cf. II.3) les racines de Q' sont aussi dans D'.

4. Dérivons la relation $R(X) = Q\left(\dfrac{1}{X - \xi}\right)$. Il vient

$$-R'(X) = \frac{A_{\xi,n}(P)}{(X - \xi)^{n+1}} = Q'\left(\frac{1}{X - \xi}\right)\frac{1}{(X - \xi)^2}$$

Soit z une racine de $A_{\xi,n}(P)$. On sait que $z \neq \xi$ car ξ n'est pas racine de P. On peut donc évaluer l'expression ci-dessus en z. Il en résulte que $Q'(\psi(z)) = 0$. Donc $\psi(z) \in D'$ et donc $z \in D$.

PARTIE V. *Théorème de Grace (1902).*

1. On utilise de manière répétée le résultat de III.3. Pour conjecturer le résultat regardons les premiers polynômes. On a

$$P_1 = \sum_{k=0}^{n-1} C_{n-1}^k n[a_k + \xi_1 a_{k+1}]X^k$$

puis,

$$P_2 = \sum_{k=0}^{n-2} C_{n-2}^k n(n-1)[a_k + a_{k+1}(\xi_1 + \xi_2) + a_{k+2}\xi_1\xi_2]X^k$$

et on devine alors ce qui se passe. On montre par une récurrence finie, que pour $j \in [1, n]$,

$$P_j = \sum_{k=0}^{n-j} C_{n-j}^k \frac{n!}{j!}[a_k + a_{k+1}\sigma_1(\xi_1, \ldots, \xi_j) + \cdots + a_{k+j}\sigma_j(\xi_1, \ldots, \xi_j)]X^k$$

où $\sigma_i(\xi_1, \ldots, \xi_j)$ est la i-ième fonction symétrique élémentaire des complexes $\xi_1, \ldots, \xi_j$. En particulier, P_n est le polynôme constant égal à

$$n![a_0 + a_1\sigma_1 + a_2\sigma_2 + \cdots + a_n\sigma_n]$$

où les σ_i sont les fonctions symétriques élémentaires des ξ_k. On les exprime à l'aide des b_k :

$$P_n = \frac{n!}{b_n} \sum_{k=0}^{n} C_n^k(-1)^k a_k b_{n-k}$$

2. Par récurrence finie sur i, on montre en utilisant le théorème de Laguerre que pour tout $i \in [1, n]$, $Z(P_i) \subset D$.
3. Si P et Q sont apolaires la conclusion ci-dessus est absurde car P_n est nul. C'est donc qu'il existe au moins une racine ξ_i de Q dans le disque D.
4. Soit $P = a_n X^n - X + 1$, $a_n \neq 0$. Les racines de $Q = (1 - X)^n - 1$ sont toutes sur le cercle de centre 1 et de rayon 1. Montrons que P et Q sont apolaires. On a $Q = \sum_{k=1}^{n} C_n^k(-1)^k X^k = \sum_{k=0}^{n} C_n^k b_k X^k$ où $b_k = (-1)^k$ sauf pour $k = 0$ où $b_0 = 0$. De même $P = \sum_{k=0}^{n} C_n^k a_k X^k$ où tous les a_k sont nuls sauf a_n, $a_1 = -\frac{1}{n}$ et $a_0 = 1$. La condition d'apolarité s'écrit donc

$$(-1)^n a_n b_0 - C_n^1 a_1 b_{n-1} + a_0 b_n = 0$$

ce qui est vérifié. Il résulte de la question 3 que P admet toujours une racine dans le disque $D = \{z \in \mathbb{C}, |z - 1| \leqslant 1\}$.

PARTIE VI. *Théorème de Grace-Heawood (1907).*

1. On a

$$Q(X) = (X-1)^n - (X+1)^n = \sum_{k=0}^{n-1} C_{n-1}^k \frac{n}{n-k}[(-1)^{n-k} - 1]X^k.$$

Posons $P'(X) = \displaystyle\sum_{k=0}^{n-1} C_{n-1}^k a_k X^k$. Un calcul direct conduit au résultat mais il est plus rapide de noter que

$$\int_{-1}^{1} P'(t) = P(1) - P(-1) = 0 = \sum_{k=0}^{n-1} C_{n-1}^k \frac{a_k}{k+1}[1 - (-1)^{k+1}]$$

et on reconnait, au facteur n près, la condition d'apolarité entre P' et Q.

2. On va chercher les racines de Q. Comme 1 n'est pas racine de Q, $Q(z) = 0$ équivaut à $\left(\dfrac{z+1}{z-1}\right)^n = 1$. On sait que les racines n-ième de l'unité sont les nombres complexes $e^{\frac{2ik\pi}{n}}$ pour $0 \leqslant k \leqslant n-1$. La quantité $\dfrac{z+1}{z-1}$ ne peut pas valoir 1 donc k ne peut être nul. Pour $k \in [\![1, n-1]\!]$, la relation $\dfrac{z+1}{z-1} = e^{\frac{2ik\pi}{n}}$ conduit à $z = i\cotan\dfrac{k\pi}{n}$. Les racines de Q (qui est de degré $n-1$) sont donc les imaginaires purs $\left(i\cotan\dfrac{k\pi}{n}\right)_{1\leqslant k\leqslant n-1}$. Elles sont toutes dans le disque fermé de centre 0 et de rayon $\cotan\dfrac{\pi}{n}$. D'après le théorème de Grace, ce disque contient un zéro de P'.

3. Soit $z_1 \neq z_2$ deux racines de P. Posons $a = \dfrac{z_2 - z_1}{2}$ et $b = \dfrac{z_1 + z_2}{2}$. La similitude $f : z \longmapsto az + b$ envoie -1 sur z_1 et 1 sur z_2. Posons alors $P_1(X) = P(aX + b)$. On a $P_1(1) = P_1(-1) = 0$ et $\deg(P_1) = \deg P = n$. Donc, d'après la question 2, $P_1'(X) = aP'(aX + b)$ admet une racine dans le disque fermé de centre 0 et de rayon $\cotan\dfrac{\pi}{n}$. L'image de cette racine par f est une racine de P' qui se trouve dans $f(D)$ et $f(D)$ est le disque de centre $\dfrac{z_1 + z_2}{2}$ (une similitude conserve les milieux) et de rayon $|a|\cotan\dfrac{\pi}{n}$. Et comme le rapport de la similitude f est $|a| = \dfrac{|z_2 - z_1|}{2}$, c'est gagné.

4. Quitte à effectuer une translation, on peut supposer que le disque est centré en 0: on le note $D(0, R)$. Notons z_1 et z_2 les deux racines de P qui sont dans ce disque et D le disque de centre $\dfrac{z_1 + z_2}{2}$ et de rayon $\dfrac{|z_2 - z_1|}{2}\cotan\dfrac{\pi}{n}$. Comme P' admet une racine dans D d'après la question

précédente, il suffit de montrer que $D \subset D\left(0, \dfrac{R}{\sin \pi/n}\right)$, et ce quel que soit l'emplacement des points z_1 et z_2 dans $D(0, R)$. Nous laissons au lecteur le soin de vérifier qu'il suffit de le prouver lorque z_1 et z_2 sont sur le cercle de centre 0 et de rayon R. A rotation près, on peut supposer que $z_1 = Re^{i\theta}$ et $z_2 = Re^{-i\theta}$ avec $0 < \theta \leqslant \pi/2$. Le point de module maximal dans D est alors $\dfrac{z_1 + z_2}{2} + \dfrac{|z_2 - z_1|}{2} \cotan \pi/n$ et son module vaut

$$R\cos\frac{\theta}{2} + R\sin\frac{\theta}{2}\cotan\frac{\pi}{n} = R\frac{\sin(\pi/n + \theta/2)}{\sin\pi/n}$$

Le résultat en découle alors en majorant le sinus du numérateur par 1.

Commentaires. *Le très classique théorème de Gauss-Lucas de II est le point de départ de la "Géométrie des Polynômes". La première preuve de ce résultat a été publiée par F. Lucas en 1874, mais le théorème était déjà connu de Gauss. Le ressort essentiel de la démonstration est le recours à la décomposition en éléments simples de la dérivée logarithmique P'/P. On observera qu'il implique le fait non moins classique suivant: si P est un polynôme réel scindé sur $\mathbb{R}$, P' est lui aussi scindé sur $\mathbb{R}$. Bien sûr, cet énoncé se prouve de façon plus naturelle à l'aide du théorème de Rolle et d'un petit décompte de multiplicité des racines.*

La notion de dérivée polaire de la partie III et le théorème de la partie IV se trouvent dans les oeuvres de Laguerre, publiées en 1898. Le lecteur observera que ces deux parties III et IV reposent sur la seule idée suivante: on fixe un disque fermé D de $\mathbb{C}$, un point ξ dans $\mathbb{C} \setminus D$ et on transforme par l'homographie $z \longmapsto \dfrac{1}{z - \xi}$ l'énoncé du théorème de Gauss-Lucas relatif à D. La dérivée polaire et le théorème de Laguerre apparaissent alors naturellement.

En itérant le théorème de Laguerre, on est conduit simplement à la notion d'apolarité et au théorème de Grace de la partie V. Malgré son caractère technique, ce dernier résultat est extrêmement puissant, comme l'illustrent les applications de VI. Le lecteur pourra trouver d'autres applications dans les références suivantes:

- *Marden,* The geometry of the zeros of a polynomial in a complex variable, *AMS, 1949*
- *Borwein, Erdelyi,* Polynomials and Polynomials Inequalities, *Springer-Verlag, GTM 161*
- *Mignotte, Stefanescu,* Polynomials an algorithmic approach, *Springer-Verlag.*

Chapitre 6
Algèbre linéaire

Vrai ou faux ?

Dans les questions qui suivent E est un espace vectoriel de dimension finie sur un corps $\mathbb{K}$.

1. Si $e_1, e_2, \ldots, e_n$ sont des vecteurs de E deux à deux non colinéaires, alors la famille $(e_1, e_2, \ldots, e_n)$ est libre.
2. La famille de fonctions $(x \longmapsto \cos^n x)_{n \geqslant 0}$ est libre dans l'espace $\mathcal{C}^0(\mathbb{R}, \mathbb{R})$.
3. Soient F, G et H trois sous-espaces vectoriels de E. Si $F + H = G + H$, alors $F = G$.
4. Si F et G sont deux sous-espaces de E, distincts de E, alors $F \cup G \neq E$.
5. Si $u \in \mathcal{L}(E)$ est tel que $E = \operatorname{Ker} u \oplus \operatorname{Im} u$, alors u est un projecteur.
6. Soient u et v deux endomorphismes de E. Alors $\operatorname{Im}(u + v) = \operatorname{Im} u + \operatorname{Im} v$.
7. Si $u \in \mathcal{L}(E)$ et si G, H sont deux sous-espaces vectoriels de E, alors on a $u(G + H) = u(G) + u(H)$.
8. Soient u et v deux endomorphismes de E. Alors $u \circ v = 0$ si et seulement si $\operatorname{Im} v \subset \operatorname{Ker} u$.
9. Soit u une application linéaire de E dans F, avec $\dim E > \dim F$. Alors u ne peut pas être injective.
10. Soit u une application linéaire de E dans F, avec $\dim E > \dim F$. Alors u est surjective.
11. Si u et v sont deux endomorphismes de E, alors le rang de $u \circ v$ est inférieur au rang de u et au rang de v.
12. Soit F un sous-espace vectoriel de E, et $u \in \mathcal{L}(F, E)$. L'application v définie par $v(x) = u(x)$ si $x \in F$, et $v(x) = 0$ si $x \notin F$ est un endomorphisme de E.
13. Soit F un sous-espace de E et $u \in \mathcal{L}(F, E)$. Il existe un endomorphisme v de E dont la restriction à F est égale à u.
14. L'ensemble des matrices non inversibles de $\mathcal{M}_n(\mathbb{K})$ est un sous-espace vectoriel de $\mathcal{M}_n(\mathbb{K})$.
15. Soient A, B, et $C \in \mathcal{M}_n(\mathbb{K})$. La matrice $M = \begin{pmatrix} A & C \\ 0 & B \end{pmatrix} \in \mathcal{M}_{2n}(\mathbb{K})$ est inversible si et seulement A et B sont inversibles.
16. Deux matrices de $\mathcal{M}_n(\mathbb{C})$ ayant même rang sont semblables.
17. Si A, B sont deux matrices de $\mathcal{M}_n(\mathbb{C})$, $\operatorname{rg}(AB) = \operatorname{rg}(BA)$.
18. L'application déterminant est une surjection de $\mathcal{M}_n(\mathbb{K})$ sur $\mathbb{K}$.
19. Si $A \in \mathcal{M}_n(\mathbb{C})$ il existe $\lambda \in \mathbb{C}$ tel que $A - \lambda I_n$ ne soit pas inversible.
20. Soient A, B dans $\mathcal{M}_n(\mathbb{C})$ vérifiant $AB = BA = (\det A)I_n$. Alors B est la transposée de la comatrice de A.

Pour la solution, voir page 199.

Problème 21
Sous-algèbres de $\mathcal{L}(E)$ où E est un plan vectoriel

Prérequis. *Algèbre linéaire et matrices.*

Définitions et notations.

- Dans ce problème, E est un K-espace vectoriel de dimension 2.
- On rappelle qu'une sous-algèbre de $\mathcal{L}(E)$ est un sous-espace vectoriel de $\mathcal{L}(E)$ contenant l'identité de E et stable pour la composition.

Introduction. *Le but de ce texte est de décrire toutes les sous-algèbres de l'algèbre des endomorphismes d'un plan vectoriel.*

PARTIE I. *Dimension du commutant d'un endomorphisme.*

Soit f dans $\mathcal{L}(E)$.

1. On suppose que f n'est pas une homothétie. Montrer qu'il existe x dans E tel que $(x, f(x))$ soit une base de E. Quelle est la forme de la matrice de f dans cette base ?
2. Soit $C(f) = \{g \in \mathcal{L}(E), g \circ f = f \circ g\}$. Vérifier que $C(f)$ est une sous-algèbre de $\mathcal{L}(E)$ contenant f.
3. Déterminer $C(f)$ et calculer sa dimension. On raisonnera matriciellement dans le cas où f n'est pas une homothétie.
4. Montrer que $(\mathrm{Id}_E, f, f^2 = f \circ f)$ est une famille liée dans $\mathcal{L}(E)$.

PARTIE II. *Sous-algèbres de $\mathcal{L}(E)$.*

Dans cette partie A désigne une sous-algèbre de dimension 3 de $\mathcal{L}(E)$.

1. Montrer que A admet une base de la forme $(\mathrm{Id}_E, \varphi, \psi)$ avec $\varphi \circ \psi \neq \psi \circ \varphi$. On pourra utiliser les résultats de la question I.3.
2. a) Montrer qu'il existe λ, μ, ν dans K tels que $\varphi \circ \psi = \lambda \varphi + \mu \psi + \nu \, \mathrm{Id}_E$.
   b) Montrer que $(\varphi - \mu \, \mathrm{Id}_E) \circ (\psi - \lambda \, \mathrm{Id}_E)$ est nul. On pourra raisonner par l'absurde et se rappeler qu'un automorphisme commute avec son inverse.
3. a) Montrer que A admet une base $(\mathrm{Id}_E, \varphi_1, \psi_1)$ avec $\varphi_1 \circ \psi_1 = 0$.
   b) Calculer les rangs de φ_1 et ψ_1.
   c) Montrer qu'il existe un vecteur non nul x de E tel que $\varphi_1(x)$ et $\psi_1(x)$ soient tous les deux colinéaires à x.
4. Montrer qu'il existe une base de E dans laquelle tous les éléments de A ont une matrice triangulaire supérieure.
5. Décrire toutes les sous-algèbres de $\mathcal{L}(E)$.

Pour la solution, voir page 202.

Problème 22

Dimension maximale d'un sous-espace de $\mathcal{M}_n(\mathbb{R})$ formé de matrices de rang au plus r.

Prérequis. *Algèbre linéaire et matrices.*

Définitions et notations. Dans tout le problème, n représente un entier au moins égal à 2, et r un entier dans $[\![1, n-1]\!]$. On identifiera librement une matrice avec l'application linéaire qui lui est canoniquement associée.

Introduction. *Le but de ce problème est de calculer la dimension maximale d'un sous-espace vectoriel de $\mathcal{M}_n(\mathbb{R})$ ne contenant que des matrices de rang majoré par r.*

PARTIE I. *Résultats préliminaires.*

1. a) Soit $X = \begin{pmatrix} x_1 \\ \vdots \\ x_n \end{pmatrix}$ dans $\mathcal{M}_{n,1}(\mathbb{R})$. On suppose que ${}^t X X = 0$. Montrer que $X = 0$.

   b) Soit M dans $\mathcal{M}_n(\mathbb{R})$. Montrer que $\mathrm{Ker}(M) = \mathrm{Ker}({}^t M M)$.

2. Soient A dans $\mathrm{GL}_r(\mathbb{R})$, B dans $\mathcal{M}_{r,n-r}(\mathbb{R})$, C dans $\mathcal{M}_{n-r,r}(\mathbb{R})$, D dans $\mathcal{M}_{n-r}(\mathbb{R})$, et M la matrice de $\mathcal{M}_n(\mathbb{R})$ définie par $M = \begin{pmatrix} A & B \\ C & D \end{pmatrix}$.

   a) Soient X dans $\mathcal{M}_{r,1}(\mathbb{R})$, Y dans $\mathcal{M}_{n-r,1}(\mathbb{R})$, et $Z = \begin{pmatrix} X \\ Y \end{pmatrix}$. Ecrire les relations entre A, B, C, D, X, Y traduisant l'appartenance de Z à $\mathrm{Ker}(M)$.

   b) Montrer que $\mathrm{rg}(M) \geqslant r$, puis que $\mathrm{rg}(M) = r$ si et seulement si on a la relation $D = C A^{-1} B$.

3. Soit $W_r = \left\{ \begin{pmatrix} 0 & B \\ {}^t B & A \end{pmatrix}, \ A \in \mathcal{M}_{n-r}(\mathbb{R}), B \in \mathcal{M}_{r,n-r}(\mathbb{R}) \right\}$. Vérifier que W_r est un sous-espace vectoriel de $\mathcal{M}_n(\mathbb{R})$. En préciser la dimension.

PARTIE II. *Dimension maximale.*

Dans cette partie, V est un sous-espace de $\mathcal{M}_n(\mathbb{R})$ tel que pour toute matrice $M \in V$, $\mathrm{rg}(M) \leqslant r$.

1. On suppose de plus, dans cette question, que $\begin{pmatrix} I_r & 0 \\ 0 & 0 \end{pmatrix}$ est dans V.

   a) Soient A dans $\mathcal{M}_{n-r}(\mathbb{R})$, B dans $\mathcal{M}_{r,n-r}(\mathbb{R})$, telles que $\begin{pmatrix} 0 & B \\ {}^tB & A \end{pmatrix}$ soit dans V. Montrer, en utilisant les questions I.1 et I.2, que l'on a $A = {}^tBB = 0$, puis que $B = 0$.

   b) Prouver que $\dim V \leqslant nr$.

2. a) Montrer que l'inégalité $\dim(V) \leqslant nr$ subsiste si on ne fait plus l'hypothèse indiquée au début de la question précédente.

   b) Indiquer un sous-espace de $\mathcal{M}_n(\mathbb{R})$ de dimension nr ne contenant que des matrices de rang au plus r (on montre ainsi l'optimalité du résultat obtenu).

Pour la solution, voir page 205.

Problème 23
Déterminant de Casorati

Prérequis. *Déterminant.*

Définitions et notations. Dans tout le problème, $\mathbb{K}$ désigne un corps commutatif.

Introduction. *Pour savoir si une famille de vecteurs en dimension finie est libre ou liée, l'étude de certains déterminants permet de répondre à la question. Dans le cas d'une famille de fonctions, le problème est plus difficile, car les fonctions vivent dans un espace vectoriel de dimension infinie. Le déterminant de Casorati apporte une réponse dans ce dernier cas.*

PARTIE I. *Déterminant de Casorati de n fonctions.*

Soit X un ensemble non vide, et $f_1, f_2, \ldots, f_n$ des applications de X dans $\mathbb{K}$. On appelle *déterminant de Casorati* de $f_1, f_2, \ldots, f_n$ l'application

$$C_{(f_1, f_2, \ldots, f_n)} : X^n \to \mathbb{K}$$

définie par :

$$C_{(f_1, f_2, \ldots, f_n)}(x_1, x_2, \ldots, x_n) = \begin{vmatrix} f_1(x_1) & f_1(x_2) & \ldots & f_1(x_n) \\ f_2(x_1) & f_2(x_2) & \ldots & f_2(x_n) \\ \vdots & & \ddots & \vdots \\ f_n(x_1) & f_n(x_2) & \ldots & f_n(x_n) \end{vmatrix}$$

S'il n'y a pas de risque d'ambiguïté, on notera $C_n = C_{(f_1, f_2, \ldots, f_n)}$.

1. Dans cette question seulement, on pose $f_1(x) = \cos x$, $f_2(x) = \sin x$ et $f_3(x) = \cos(x + \pi/4)$. Calculer $C_2(x, y)$ et $C_3(x, y, z)$.

2. On suppose la famille $(f_1, f_2, \ldots, f_n)$ liée (dans le $\mathbb{K}$-espace vectoriel des applications de X dans $\mathbb{K}$). Montrer que C_n est la fonction nulle.

3. On suppose réciproquement que $C_n = 0$. Etablir que $(f_1, f_2, \ldots, f_n)$ est liée. Pour cela, on pourra supposer d'abord $C_{n-1} \neq 0$ et étudier la fonction

$$x \longmapsto C_n(u_1, u_2, \ldots, u_{n-1}, x),$$

où $(u_1, u_2, \ldots, u_{n-1}) \in X^{n-1}$ est tel que $C_{n-1}(u_1, u_2, \ldots, u_{n-1}) \neq 0$.

4. On suppose maintenant la famille $(f_1, f_2, \ldots, f_n)$ linéairement indépendante. D'après ce qui précède, il existe $(u_1, u_2, \ldots, u_n) \in X^n$ tel que $C_n(u_1, u_2, \ldots, u_n) \neq 0$. Notons, pour $i \in [\![1, n]\!]$, $F_i : X \to \mathbb{K}$ la i-ième application partielle de C_n en $(u_1, u_2, \ldots, u_n)$:

$$F_i(x) = C_n(u_1, u_2, \ldots, u_{i-1}, x, u_{i+1}, \ldots, u_n).$$

a) Montrer qu'il existe des $\alpha_{i,j} \in \mathbb{K}$ tels que

$$\forall x \in X, \ F_i(x) = \sum_{j=1}^{n} \alpha_{i,j} f_j(x).$$

b) Montrer que la matrice $(\alpha_{i,j})_{1 \leqslant i,j \leqslant n}$ est inversible et en déduire que

$$\text{Vect}(f_1, f_2, \ldots, f_n) = \text{Vect}(F_1, F_2, \ldots, F_n).$$

c) Soient $g_1, \ldots, g_n$ des applications de X dans $\mathbb{K}$, et $D_n = C_{(g_1, g_2, \ldots, g_n)}$.
   Montrer que les énoncés suivants sont équivalents :
   (i) il existe $\beta \in \mathbb{K}^*$ tel que $D_n = \beta C_n$
   (ii) $\text{Vect}(g_1, g_2, \ldots, g_n) = \text{Vect}(f_1, f_2, \ldots, f_n)$.

PARTIE II. *Décomposition d'une fonction de deux variables.*

Soient X, Y deux ensembles non vides, $n \in \mathbb{N}^*$, et $h : X \times Y \to \mathbb{K}$ une application. On se pose le problème de savoir s'il existe des fonctions $f_1, \ldots, f_n$ et $g_1, \ldots, g_n$ de X dans $\mathbb{K}$ telles que pour tout couple $(x, y) \in X \times Y$,

$$h(x, y) = f_1(x)g_1(y) + f_2(x)g_2(y) + \cdots + f_n(x)g_n(y).$$

On désignera par *déterminant de Casorati d'ordre n* de h la fonction V_n définie sur $X^n \times Y^n$ par

$$V_n(x_1, x_2, \ldots, x_n, y_1, y_2, \ldots, y_n) = \begin{vmatrix} h(x_1, y_1) & h(x_2, y_1) & \ldots & h(x_n, y_1) \\ h(x_1, y_2) & h(x_2, y_2) & \ldots & h(x_n, y_2) \\ \vdots & & \ddots & \vdots \\ h(x_1, y_n) & h(x_2, y_n) & \ldots & h(x_n, y_n) \end{vmatrix}$$

1. On suppose que la décomposition de h existe. Montrer que V_{n+1} est la fonction nulle. *On pourra appliquer I.2 aux fonctions $H_k(x) = h(x, y_k)$.*

2. On suppose réciproquement que V_{n+1} est la fonction nulle. Etablir l'existence d'une décomposition de h de la forme :

$$h(x, y) = f_1(x)g_1(y) + f_2(x)g_2(y) + \cdots + f_n(x)g_n(y).$$

Pour cela, on pourra supposer d'abord $V_n \neq 0$ et développer

$$(x, y) \mapsto V_{n+1}(u_1, u_2, \ldots, u_n, x, v_1, v_2, \ldots, v_n, y)$$

où $u_1, u_2, \ldots, u_n$ et $v_1, v_2, \ldots, v_n$ seront choisis judicieusement, respectivement dans X et dans Y.

3. On suppose X et Y finis, de cardinaux respectifs p et q. Montrer l'existence d'un entier n tel que toute fonction $h : X \times Y \to \mathbb{K}$ puisse s'écrire

$$h(x, y) = f_1(x)g_1(y) + f_2(x)g_2(y) + \cdots + f_n(x)g_n(y).$$

Quel est le plus petit entier n vérifiant ceci ?

Pour la solution, voir page 207.

Problème 24
Commutateurs de $GL_n(\mathbb{K})$

Prérequis. *Algèbre linéaire et matrices, déterminants.*

Définitions et notations.

- Dans tout le problème, $\mathbb{K}$ est un corps infini, n un élément de $\mathbb{N}^*$.
- On pose $\mathcal{E}_n(\mathbb{K}) = \{ABA^{-1}B^{-1}, \ (A,B) \in GL_n(\mathbb{K})^2\}$.

Introduction. *Le but du problème est de démontrer que $\mathcal{E}_n(\mathbb{K}) = SL_n(\mathbb{K})$.*

PARTIE I. *Préliminaires.*

Cette partie regroupe trois questions indépendantes utiles dans la suite. On considère un $\mathbb{K}$-espace vectoriel E de dimension n, et un endomorphisme f de E.

1. On suppose que $n \geqslant 2$, et que f n'est pas une homothétie.
   a) Montrer qu'il existe $x \in E$ tel que $(x, f(x))$ soit libre.
   b) En déduire qu'il existe une base de E dans laquelle la matrice de f a pour première colonne

$$C = \begin{pmatrix} 0 \\ \vdots \\ 0 \\ 1 \end{pmatrix}.$$

   c) Si $M \in \mathcal{M}_n(\mathbb{K}) \setminus \mathbb{K}I_n$, montrer qu'il existe $P \in GL_n(\mathbb{K})$ telle que PMP^{-1} ait pour première colonne C.

2. Ici, $n \geqslant 2$ et $f \in GL(E)$. On suppose que E est somme directe d'une droite D et d'un sous-espace H. Soit $p : E \to H$ la projection de E sur H parallèlement à D.
   a) Calculer $\dim(\mathrm{Ker}(p \circ f))$.
   b) Soit $g = p \circ f_{|H}$. C'est un élément de $\mathcal{L}(H)$. Vérifier que $\mathrm{rg}(g) \geqslant n-2$.
   c) Soit $A \in GL_n(\mathbb{K})$ que l'on décompose par blocs :

$$A = \begin{pmatrix} A_{11} & A_{12} \\ A_{21} & A_{22} \end{pmatrix} \begin{matrix} \}n-1 \\ \}1 \end{matrix}$$
$$\underbrace{\phantom{A_{11}}}_{n-1} \ \underbrace{\phantom{A_{12}}}_{1}$$

Etablir que $\mathrm{rg}(A_{11}) \geqslant n - 2$.

d) Les notations sont celles de la question précédente. Donner un exemple de matrice $A \in \mathrm{GL}_n(\mathbb{K})$ telle que $\mathrm{rg}(A_{11}) = n - 1$, puis un exemple pour lequel $\mathrm{rg}(A_{11}) = n - 2$

3. Soient α_1, α_2, ..., α_n des éléments de $\mathbb{K}$ deux à deux distincts. On pose

$$\Delta = \begin{pmatrix} \alpha_1 & & 0 \\ & \ddots & \\ 0 & & \alpha_n \end{pmatrix} \in \mathcal{M}_n(\mathbb{K}).$$

a) On suppose que $\alpha_1, ..., \alpha_n$ sont des valeurs propres de f. Soit, pour $i \in [\![1, n]\!]$, e_i un vecteur propre de f associé à α_i, c'est-à-dire tel que $f(e_i) = \alpha_i e_i$ et $e_i \neq 0$. Montrer que $(e_1, e_2, ..., e_n)$ est une base de E (on pourra appliquer plusieurs fois f à une relation $\sum\limits_{i=1}^{n} \lambda_i e_i = 0$ et combiner judicieusement les relations ainsi obtenues). Quelle est la matrice de f dans cette base?

b) Soit $M \in \mathcal{M}_n(\mathbb{K})$ une matrice triangulaire supérieure de diagonale $(\alpha_1, \alpha_2, \ldots, \alpha_n)$. Montrer que M est semblable à Δ (on pourra appliquer la question 3.a) à l'endomorphisme de $\mathbb{K}^n$ canoniquement associé à M).

PARTIE II. *La factorisation LU.*

1. Soient $n \geqslant 2$, $k \in [\![1, n - 1]\!]$, ainsi que

$$A = \begin{pmatrix} A_{11} & 0 \\ A_{21} & A_{22} \end{pmatrix} \begin{matrix} \}k \\ \}n - k \end{matrix} \quad \text{et} \quad B = \begin{pmatrix} B_{11} & B_{12} \\ 0 & B_{22} \end{pmatrix} \begin{matrix} \}k \\ \}n - k \end{matrix}$$
$$\underbrace{\qquad}_{k} \underbrace{\qquad}_{n-k} \qquad\qquad \underbrace{\qquad}_{k} \underbrace{\qquad}_{n-k}$$

On pose ensuite $C = AB$ et $C = \begin{pmatrix} C_{11} & C_{12} \\ C_{21} & C_{22} \end{pmatrix}$. Calculer $\det(C_{11})$ en fonction de $\det(A_{11})$ et $\det(B_{11})$.

On note $\mathcal{L}_n(\mathbb{K})$ (respectivement $\mathcal{U}_n(\mathbb{K})$) l'ensemble des matrices triangulaires inférieures (resp. supérieures) à termes diagonaux égaux à 1 (resp. non nuls).

2. a) Vérifier que $\mathcal{L}_n(\mathbb{K})$ et $\mathcal{U}_n(\mathbb{K})$ sont deux sous-groupes de $\mathrm{GL}_n(\mathbb{K})$.
   b) Déterminer $\mathcal{L}_n(\mathbb{K}) \cap \mathcal{U}_n(\mathbb{K})$.

3. Soit $M \in \mathcal{M}_n(\mathbb{K})$. On suppose $M = LU = L'U'$, où L, L' sont dans $\mathcal{L}_n(\mathbb{K})$, et U, U' dans $\mathcal{U}_n(\mathbb{K})$. Prouver que $L = L'$ et $U = U'$.

4. Soit $M \in \mathcal{M}_n(\mathbb{K})$. On suppose $M = LU$, où $L \in \mathcal{L}_n(\mathbb{K})$, $U \in \mathcal{U}_n(\mathbb{K})$. On écrit :

$$U = \begin{pmatrix} u_1 & & * \\ & \ddots & \\ 0 & & u_n \end{pmatrix} \in \mathcal{M}_n(\mathbb{K}).$$

Calculer les mineurs principaux de M en fonction des u_i.

5. Soit $M \in \mathcal{M}_n(\mathbb{K})$. Montrer que les assertions suivantes sont équivalentes :
   (i) Il existe un couple (L, U) de $\mathcal{L}_n(\mathbb{K}) \times \mathcal{U}_n(\mathbb{K})$ tel que $M = LU$.
   (ii) Tous les mineurs principaux de M sont non nuls.

6. Soit $(\alpha_1, \alpha_2, \cdots, \alpha_n)$ dans $(\mathbb{K}^*)^n$. Si $M \in \mathrm{SL}_n(\mathbb{K})$ a tous ses mineurs principaux égaux à 1, montrer que l'on peut écrire $M = AB$, où A et B sont de la forme

$$A = \begin{pmatrix} \alpha_1 & & 0 \\ & \ddots & \\ * & & \alpha_n \end{pmatrix}, \quad B = \begin{pmatrix} \dfrac{1}{\alpha_1} & & * \\ & \ddots & \\ 0 & & \dfrac{1}{\alpha_n} \end{pmatrix}.$$

PARTIE III. *Conjugaison de $M \in \mathrm{SL}_n(\mathbb{K})$ à une matrice dont tous les mineurs principaux valent 1.*

1. Si $U \in \mathcal{M}_{n-1,1}(\mathbb{K})$, avec $n \geqslant 2$, on pose

$$P_U = \begin{pmatrix} I_{n-1} & U \\ 0 & 1 \end{pmatrix} \begin{matrix} \}n-1 \\ \}1 \end{matrix}$$
$$\underbrace{\phantom{I_{n-1}}}_{n-1} \underbrace{}_{1}$$

Vérifier que P_U est dans $\mathrm{GL}_n(\mathbb{K})$. Calculer P_U^{-1}.

2. a) Soit $M \in \mathrm{SL}_2(\mathbb{K})$ de première colonne $\begin{pmatrix} 0 \\ 1 \end{pmatrix}$. Montrer que M est semblable à une matrice de la forme $\begin{pmatrix} 1 & * \\ * & * \end{pmatrix}$.

   b) Soit $M \in \mathrm{SL}_2(\mathbb{K}) \setminus \mathbb{K}I_2$. Montrer que M est semblable à une matrice de la forme $\begin{pmatrix} 1 & * \\ * & * \end{pmatrix}$.

3. On suppose $n \geqslant 3$. Soient $M \in \mathrm{SL}_n(\mathbb{K})$, et $M' = P_U M P_U^{-1}$, où U est dans $\mathcal{M}_{n-1,1}(\mathbb{K})$. On suppose que la première colonne de M est

$$C = \begin{pmatrix} 0 \\ \vdots \\ 0 \\ 1 \end{pmatrix},$$

et l'on pose

$$M = \begin{pmatrix} M_{11} & M_{12} \\ M_{21} & M_{22} \end{pmatrix} \begin{matrix} \}n-1 \\ \}1 \end{matrix} \quad , \quad M' = \begin{pmatrix} M'_{11} & M'_{12} \\ M'_{21} & M'_{22} \end{pmatrix} \begin{matrix} \}n-1 \\ \}1 \end{matrix}$$
$$\underbrace{\phantom{M_{11}}}_{n-1} \underbrace{\phantom{M_{12}}}_{1} \qquad\qquad \underbrace{\phantom{M'_{11}}}_{n-1} \underbrace{\phantom{M'_{12}}}_{1}$$

Démontrer que l'on peut choisir U de sorte que l'on ait

$$M'_{11} \in \mathrm{SL}_{n-1}(\mathbb{K}) \setminus \mathbb{K}I_n.$$

4. Montrer que toute matrice $M \in \mathrm{SL}_n(\mathbb{K}) \setminus \mathbb{K}I_n$ est semblable à une matrice dont tous les mineurs principaux valent 1.

PARTIE IV. *Les commutateurs de* $\mathrm{GL}_n(\mathbb{K})$.

1. a) Vérifier $\mathcal{E}_n(\mathbb{K}) \subset \mathrm{SL}_n(\mathbb{K})$.
   b) Montrer que $M \in \mathcal{M}_n(\mathbb{K})$ appartient à $\mathcal{E}_n(\mathbb{K})$ si et seulement si on peut trouver R et S dans $\mathrm{GL}_n(\mathbb{K})$ telles que :
   - $M = RS$
   - S est semblable à R^{-1}.
2. a) En utilisant III.4, II.6, et I.3, montrer $\mathrm{SL}_n(\mathbb{K}) \setminus \mathbb{K}I_n \subset \mathcal{E}_n(\mathbb{K})$.
   b) Démontrer finalement que $\mathrm{SL}_n(\mathbb{K}) = \mathcal{E}_n(\mathbb{K})$.
3. Soient A et B dans $\mathrm{GL}_n(\mathbb{K})$. En utilisant la question 2, montrer que les deux conditions suivantes sont équivalentes :
   (i) Il existe X_1, X_2, X_3 dans $\mathrm{GL}_n(\mathbb{K})$ telles que l'on ait $A = X_1 X_2 X_3$ et $B = X_2 X_1 X_3$.
   (ii) Les déterminants de A et de B sont égaux.

Pour la solution, voir page 211.

Problème 25
Produits d'endomorphismes nilpotents

Prérequis. *Algèbre linéaire et matrices.*

Définitions et notations.

- Dans tout le problème, n est un entier $\geqslant 2$, E un $\mathbb{K}$-espace vectoriel de dimension n.
- Un endomorphisme u de E est dit *nilpotent* s'il existe $k \geqslant 1$ tel que $u^k = 0$. On note $\mathcal{N}(E)$ l'ensemble des endomorphismes nilpotents de E.
- On note $\mathcal{F}(E)$ l'ensemble des endomorphismes u de E non inversibles tels que $\operatorname{Im} u \oplus \operatorname{Ker} u = E$.
- On note J_n la matrice

$$
\begin{pmatrix}
0 & \cdots & \cdots & \cdots & 0 \\
1 & 0 & & & \vdots \\
0 & 1 & \ddots & & \vdots \\
\vdots & & \ddots & \ddots & \\
0 & \cdots & 0 & 1 & 0
\end{pmatrix} \in \mathcal{M}_n(\mathbb{K})
$$

- On désigne par $\mathcal{T}_n^+(\mathbb{K})$ (resp. $\mathcal{T}_n^-(\mathbb{K})$) l'espace des matrices triangulaires supérieures (resp. inférieures) de $\mathcal{M}_n(\mathbb{K})$.

Introduction. *L'objectif du problème est de déterminer les endomorphismes de E qui peuvent s'écrire comme un produit d'endomorphismes nilpotents.*

PARTIE I. *Généralités.*

Les questions de cette partie sont deux à deux indépendantes.

1. Soient $u_1, u_2, \ldots, u_p$ dans $\mathcal{N}(E)$. Justifier que $u_p \circ \cdots \circ u_1$ n'est pas inversible.
2. Soit M dans $\mathcal{T}_n^+(\mathbb{K})$. A quelle condition M est-elle nilpotente ?
3. Soit F un sous-espace de E de dimension $p \in [\![1, n]\!]$. Montrer qu'il existe f dans $\mathcal{N}(E)$ tel que $\operatorname{Ker} f = F$.
4. a) Soient F et G deux sous-espaces stricts de E. Montrer que $F \cup G \neq E$.
   b) Soient E_1 et E_2 deux sous-espaces de E de même dimension. Etablir que E_1 et E_2 ont un supplémentaire commun.

PARTIE II. *Lemme de factorisation.*

1. Soient a et c dans $\mathcal{L}(E)$, et S un supplémentaire de $\operatorname{Im} c$. Montrer que les trois assertions suivantes sont équivalentes :
   - (i) il existe $b \in (E)$ tel que $a = b \circ c$
   - (ii) $\operatorname{Ker} c \subset \operatorname{Ker} a$
   - (iii) il existe un unique b de $\mathcal{L}(E)$ tel que $a = b \circ c$ et $b_{|S} = 0$.
2. Dans cette question, $u \in \mathcal{L}(E)$ est un endomorphisme non inversible.
   - a) Montrer qu'il existe $v \in \mathcal{N}(E)$ tel que $\operatorname{Ker} u = \operatorname{Ker} v$.
   - b) Prouver qu'il existe un supplémentaire commun à $\operatorname{Im} u$ et $\operatorname{Im} v$. Dans la suite, on choisit T un tel supplémentaire.
   - c) Prouver qu'il existe un unique $w \in \mathcal{L}(E)$ tel que $u = w \circ v$ et $w_{|T} = 0$.
   - d) Montrer que w est dans $\mathcal{F}(E)$.

PARTIE III. *Génération du groupe linéaire.*

Soit $p \in \mathbb{N}^*$. Si r et s sont dans $[\![1, p]\!]$ avec $r \neq s$, et si $\lambda \in \mathbb{K}$, on note $T_{r,s}^{(p)}(\lambda)$ la matrice de $\mathcal{M}_p(\mathbb{K})$ dont tous les coefficients diagonaux valent 1, le coefficient (r, s) vaut λ et les autres coefficients sont nuls. On note G_p l'ensemble des matrices de $\mathcal{M}_p(\mathbb{K})$ qui s'écrivent comme produits de matrices $T_{r,s}^{(p)}(\lambda)$. Enfin, si $\mu \in \mathbb{K}^*$, $D_\mu^{(p)}$ désigne la matrice diagonale

$$
\begin{pmatrix}
1 & 0 & \cdots & 0 \\
0 & \ddots & & \vdots \\
\vdots & & 1 & 0 \\
0 & & & \mu
\end{pmatrix}
$$

1. a) Calculer $T_{r,s}^{(p)}(\lambda) T_{r,s}^{(p)}(\lambda')$. Quel est l'inverse de $T_{r,s}^{(p)}(\lambda)$?
   b) Vérifier qu'un élément de G_p est inversible et que son inverse est dans G_p.
2. Soit $M \in \mathcal{M}_p(\mathbb{K})$. On suppose ici $p \geqslant 2$.
   a) Expliquer, en termes d'opération sur les lignes et les colonnes, comment s'obtiennent à partir de M les matrices $T_{r,s}^{(p)}(\lambda) M$ et $M T_{r,s}^{(p)}(\lambda)$.
   b) Montrer que si $M \in \operatorname{GL}_p(\mathbb{K})$, on peut trouver A et B dans G_p telles que $M' = AMB$ vérifie $m'_{11} = 1$.
   c) Montrer que si $M \in \operatorname{GL}_p(\mathbb{K})$, on peut trouver C et D dans G_p telles que CMD soit de la forme

$$
\begin{pmatrix}
1 & 0 & \cdots & 0 \\
0 & & & \\
\vdots & & \tilde{M} & \\
0 & & &
\end{pmatrix}
$$

où $\tilde{M} \in \mathcal{M}_{p-1}(\mathbb{K})$.

3. a) Si $p \geqslant 2$ et si $P \in G_{p-1}$, montrer que la matrice

$$\begin{pmatrix} 1 & 0 & \cdots & 0 \\ 0 & & & \\ \vdots & & P & \\ 0 & & & \end{pmatrix}$$

est dans G_p.

b) Prouver par récurrence sur p que toute matrice M de $\mathrm{GL}_p(\mathbb{K})$ est de la forme $RD_\mu^{(p)}S$ où R et S sont dans G_p et μ dans $\mathbb{K}^*$.

PARTIE IV. *Le résultat.*

Soit $d \in [\![1, n-1]\!]$.

1. Si $g \in \mathcal{L}(E)$, établir l'équivalence entre :
    (i) $g \in \mathcal{F}(E)$ et $\operatorname{rg} g = d$
    (ii) il existe une base e de E et P dans $\mathrm{GL}_d(\mathbb{K})$ telles que

$$Mat_e(g) = \begin{pmatrix} P & 0 \\ 0 & 0 \end{pmatrix}.$$

2. Montrer que toute matrice de $\mathrm{GL}_d(\mathbb{K})$ s'écrit comme produit de matrices de $\mathcal{T}_d^+(\mathbb{K}) \cup \mathcal{T}_d^-(\mathbb{K})$.

3. Montrer, si $Q \in \mathrm{GL}_d(\mathbb{K})$, que $\begin{pmatrix} Q & 0 \\ 0 & 0 \end{pmatrix} \in \mathcal{M}_n(\mathbb{K})$ est un produit de matrices de $\mathcal{T}_n^+(\mathbb{K}) \cup \mathcal{T}_n^-(\mathbb{K})$ ayant toutes leur dernière ligne et leur dernière colonne nulles.

4. Soit $M \in \mathcal{T}_n^+(\mathbb{K})$ ayant sa dernière colonne nulle. Montrer qu'il existe $N \in \mathcal{M}_n(\mathbb{K})$ nilpotente telle que $M = NJ_n$.

5. Quels sont les endomorphismes de E qui peuvent s'écrire sous la forme $u_p \circ \cdots \circ u_1$ où $u_1, u_2, \ldots, u_p$ sont dans $\mathcal{N}(E)$?

Pour la solution, voir page 218.

Solutions des problèmes du chapitre 6

Solution du vrai ou faux

1. *Si $e_1, e_2, \ldots, e_n$ sont des vecteurs de E deux à deux non colinéaires, alors la famille $(e_1, e_2, \ldots, e_n)$ est libre.*

   Faux. Par exemple, les trois vecteurs $e_1 = (1,0)$, $e_2 = (0,1)$ et $e_3 = (1,1)$ du plan $\mathbb{R}^2$ sont deux à deux non colinéaires, mais la famille (e_1, e_2, e_3) est liée, car elle est de cardinal 3 dans un espace de dimension 2.

2. *La famille de fonctions $(x \longmapsto \cos^n x)_{n \geqslant 0}$ est libre dans $C^0(\mathbb{R}, \mathbb{R})$.*

   Vrai. Supposons que $\lambda_0, \lambda_1, \ldots, \lambda_n$ sont des réels tels que l'on ait la relation $\lambda_0 + \lambda_1 \cos x + \cdots + \lambda_n \cos^n x = 0$ pour tout $x \in \mathbb{R}$. Alors le polynôme $P(X) = \lambda_0 + \lambda_1 X + \cdots + \lambda_n X^n$ admet pour racines tous les réels de $[-1, 1]$. Il est donc nul et tous les λ_k sont nuls.

3. *Soient F, G et H trois sous-espaces vectoriels de E. Si $F + H = G + H$, alors $F = G$.*

   Faux. Par exemple si F et G sont deux sous-espaces différents de H, on a $F + H = G + H = H$.

4. *Si F et G sont deux sous-espaces de E, distincts de E, alors $F \cup G \neq E$.*

   Vrai. Supposons par l'absurde que $F \cup G = E$. Comme F est distinct de E, on peut trouver un vecteur x de E tel que $x \notin F$. On a alors forcément $x \in G$. De même il existe $y \in F$ tel que $y \notin G$. Mais alors le vecteur $x + y$ ne peut appartenir ni à F (car alors $x = (x + y) - y \in F$), ni à G, ce qui contredit l'hypothèse.

5. *Si $u \in \mathcal{L}(E)$ est tel que $E = \operatorname{Ker} u \oplus \operatorname{Im} u$, alors u est un projecteur.*

   Faux. Il faut qu'en plus la restriction de u à $\operatorname{Im} u$ soit égale à l'identité.

6. *Soient u et v deux endomorphismes de E. Alors $\operatorname{Im}(u + v) = \operatorname{Im} u + \operatorname{Im} v$.*

   Faux. On a l'inclusion $\operatorname{Im}(u + v) \subset \operatorname{Im} u + \operatorname{Im} v$ mais il n'y a pas forcément égalité. Comme contre-exemple, il suffit de prendre $v = -u$ avec $u \neq 0$.

7. *Si $u \in \mathcal{L}(E)$ et si G, H sont deux sous-espaces vectoriels de E, alors on a $u(G + H) = u(G) + u(H)$.*

   Vrai. Si $y \in u(G + H)$, on écrit $y = u(x)$ où $x \in G + H$. On peut alors décomposer $x = x_H + x_G$ avec $x_H \in H$ et $x_G \in G$; par linéarité, $y = u(x_H) + u(x_G)$ est dans $u(H) + u(G)$. L'autre inclusion se démontre de la même façon.

8. *Soient u et v deux endomorphismes de E. Alors $u \circ v = 0$ si et seulement si $\operatorname{Im} v \subset \operatorname{Ker} u$.*

Vrai. On a $u \circ v = 0$ si et seulement si pour tout x, $u(v(x)) = 0$, c'est-à-dire si $\operatorname{Im} v \subset \operatorname{Ker} u$.

9. *Soit u une application linéaire de E dans F, avec $\dim E > \dim F$. Alors u ne peut pas être injective.*

Vrai. Si u est injective, on a $\dim \operatorname{Im} u = \dim E$ et il n'y a pas de sous-espace de F qui soit de dimension $\dim E$. Ou bien on utilise le théorème du rang, qui prouve que $\dim \operatorname{Ker} u > 0$, et donc que $\operatorname{Ker} u$ n'est pas réduit à l'espace nul, et ainsi que u est non injective.

10. *Soit u une application linéaire de E dans F, avec $\dim E > \dim F$. Alors u est surjective.*

Faux. Il suffit de prendre l'application nulle, qui n'est pas surjective si F n'est pas l'espace nul.

11. *Si u et v sont deux endomorphismes de E, alors le rang de $u \circ v$ est inférieur au rang de u et au rang de v.*

Vrai. On a $\operatorname{Im}(u \circ v) = u(v(E)) \subset \operatorname{Im} u$, donc $\operatorname{rg}(u \circ v) \leqslant \operatorname{rg} u$. Par ailleurs $\operatorname{rg}(u \circ v) \leqslant \dim v(E) = \operatorname{rg} v$ car l'image d'un espace vectoriel par une application linéaire n'augmente pas sa dimension.

12. *Soit F un sous-espace vectoriel de E, et $u \in \mathcal{L}(F, E)$. L'application v définie par $v(x) = u(x)$ si $x \in F$, et $v(x) = 0$ si $x \notin F$ est un endomorphisme de E.*

Faux. En général v n'est pas linéaire. Si u n'est pas nulle et si F est strictement inclus dans E, on peut choisir $x \in F$ tel que $u(x) \neq 0$ et prendre aussi $y \in E \setminus F$. Alors $x + y$ et $-y$ ne sont pas dans F. On a donc par construction $v(x + y) = v(-y) = 0$, mais en contrepartie $v(x + y - y) = v(x) = u(x) \neq 0$.

13. *Soit F un sous-espace de E et $u \in \mathcal{L}(F, E)$. Il existe un endomorphisme v de E dont la restriction à F est égale à u.*

Vrai. On considère un supplémentaire G de F. Tout élément x de E s'écrit de manière unique $x = x_F + x_G$ où $x_F \in F$ et $x_G \in G$. On pose alors $v(x) = u(x_F)$. Il est aisé de vérifier que l'application v ainsi définie est linéaire et que $v_{|F} = u$. On a en effet $v = u \circ p$ où p est la projection (forcément linéaire!) sur F parallèlement à G.

14. *L'ensemble des matrices non inversibles de $\mathcal{M}_n(\mathbb{K})$ est un sous-espace vectoriel de $\mathcal{M}_n(\mathbb{K})$.*

Faux. La somme de deux matrices non inversibles peut être inversible. Par exemple, pour $n = 2$,

$$\begin{pmatrix} 1 & 0 \\ 0 & 0 \end{pmatrix} + \begin{pmatrix} 0 & 0 \\ 0 & 1 \end{pmatrix} = \begin{pmatrix} 1 & 0 \\ 0 & 1 \end{pmatrix}$$

15. *Soient A, B, et $C \in \mathcal{M}_n(\mathbb{K})$. La matrice $M = \begin{pmatrix} A & C \\ 0 & B \end{pmatrix} \in \mathcal{M}_{2n}(\mathbb{K})$ est inversible si et seulement A et B sont inversibles.*

    Vrai. On a $\det M = \det A \det B$, qui s'annule si et seulement si $\det A$ ou $\det B$ s'annule.

16. *Deux matrices de $\mathcal{M}_n(\mathbb{C})$ ayant même rang sont semblables.*

    Faux. Deux matrices ayant même rang sont dites équivalentes, mais ne sont pas nécessairement semblables. Par exemple $\begin{pmatrix} 1 & 0 \\ 0 & 0 \end{pmatrix}$ et $\begin{pmatrix} 0 & 1 \\ 0 & 0 \end{pmatrix}$ sont de rang 1, mais ne sont pas semblables puisqu'elles n'ont pas la même trace.

    Notons en revanche que deux matrices semblables ont même rang.

17. *Si A, B sont deux matrices de $\mathcal{M}_n(\mathbb{C})$, $\mathrm{rg}(AB) = \mathrm{rg}(BA)$.*

    Faux. On peut par exemple avoir $AB = 0$ et $BA \neq 0$. Voici un exemple avec $n = 2$: $A = \begin{pmatrix} 1 & 0 \\ 0 & 0 \end{pmatrix}$ et $B = \begin{pmatrix} 0 & 0 \\ 1 & 0 \end{pmatrix}$. On a $AB = 0$ et $BA = B \neq 0$.

18. *L'application déterminant est une surjection de $\mathcal{M}_n(\mathbb{K})$ sur $\mathbb{K}$.*

    Vrai. Il suffit de prendre la matrice diagonale dont la diagonale vaut $(\lambda, 1, 1, \ldots, 1)$ pour atteindre le scalaire λ. Attention à ne pas considérer la matrice λI_n dont le déterminant est λ^n et non λ.

19. *Si $A \in \mathcal{M}_n(\mathbb{C})$ il existe $\lambda \in \mathbb{C}$ tel que $A - \lambda I_n$ ne soit pas inversible.*

    Vrai. En effet, $\lambda \longmapsto \det(A - \lambda I_n)$ est un polynôme en λ de degré $n \geqslant 1$. Il admet donc au moins une racine d'après le théorème de d'Alembert-Gauss.

    Un tel nombre complexe λ est appelée une *valeur propre* de A.

20. *Soient A, B dans $\mathcal{M}_n(\mathbb{C})$ vérifiant $AB = BA = (\det A)I_n$. Alors B est la transposée de la comatrice de A.*

    Faux. Si $A = 0$, n'importe quelle matrice B vérifie l'identité. Cependant, le résultat est vrai lorsque A est inversible, par unicité de l'inverse.

Solution du problème 21
Sous-algèbres de $\mathcal{L}(E)$ où E est un plan vectoriel

PARTIE I. *Dimension du commutant d'un endomorphisme.*

1. On va prouver la contraposée. Supposons que pour tout x de E, la famille $(x, f(x))$ est liée et choisissons (e_1, e_2) une base de E. Il existe donc deux scalaires λ_1 et λ_2 tels que $f(e_1) = \lambda_1 e_1$ et $f(e_2) = \lambda_2 e_2$. L'hypothèse appliquée avec le vecteur $e_1 + e_2$ donne l'existence d'un scalaire λ tel que $f(e_1 + e_2) = \lambda(e_1 + e_2)$. Or, $f(e_1 + e_2) = f(e_1) + f(e_2) = \lambda_1 e_1 + \lambda_2 e_2$. Par unicité de l'écriture d'un vecteur dans une base, on en déduit que $\lambda_1 = \lambda_2 = \lambda$. Par linéarité, f est alors l'homothétie de rapport λ.

   En conclusion, si f n'est pas une homothétie, il existe x dans E tel que $(x, f(x))$ soit une base de E. Dans cette base la matrice de f est de la forme $\begin{pmatrix} 0 & a \\ 1 & b \end{pmatrix}$ où a, b sont des scalaires.

Remarquons que le premier résultat reste vrai dans n'importe quel espace vectoriel.

2. Observons tout d'abord que $C(f)$ est le noyau de l'application linéaire $g \longmapsto g \circ f - f \circ g$. A ce titre, c'est un sous-espace vectoriel de $\mathcal{L}(E)$. Il est par ailleurs clair que $C(f)$ contient Id_E. Vérifions enfin que $C(f)$ est stable par composition. Soient g et h dans $C(f)$. On a

$$(g \circ h) \circ f = g \circ (h \circ f) = g \circ (f \circ h) = (g \circ f) \circ h = (f \circ g) \circ h = f \circ (g \circ h)$$

   On a utilisé l'associativité de la composition et l'appartenance de g et h à $C(f)$. De plus on a clairement $f \in C(f)$.

3. Si f est une homothétie, $C(f) = \mathcal{L}(E)$ et $\dim C(f) = 4$. Supposons dans la suite que f n'est pas une homothétie. Soit B une base dans laquelle la matrice M de f est $M = \begin{pmatrix} 0 & a \\ 1 & b \end{pmatrix}$ (cf. question 1). Soit $g \in \mathcal{L}(E)$ dont on écrit la matrice P dans la base B sous la forme, $P = \begin{pmatrix} x & y \\ z & t \end{pmatrix}$. On a alors, en raisonnant par équivalence,

$$
\begin{aligned}
g \in C(f) \iff & \; PM = MP \\
\iff & \begin{pmatrix} y & ax+by \\ t & az+bt \end{pmatrix} = \begin{pmatrix} az & at \\ x+bz & y+bt \end{pmatrix} \\
\iff & \begin{cases} y = az \\ t = x + by \end{cases} \iff P = \begin{pmatrix} x & az \\ z & x+by \end{pmatrix} \\
\iff & \; P = xI + zM \iff g = x\,\mathrm{Id}_E + zf
\end{aligned}
$$

   Il en résulte que $C(f) = K\,\mathrm{Id}_E \oplus Kf$ (la somme est directe car f n'est pas une homothétie). En particulier, $C(f)$ est de dimension 2.

4. Le cas où f est une homothétie est clair. Si f n'est pas une homothétie, il suffit d'observer que $f^2 \in C(f)$ tout comme Id_E et f. L'espace $C(f)$ étant de dimension 2, la famille (Id_E, f, f^2) est liée.

Remarquons que ce résultat découle aussi de l'identité de Cayley-Hamilton en dimension 2 :

$$f^2 - \mathrm{Tr}(f)f + (\det f)\,\mathrm{Id}_E = 0$$

qu'il est aisé de vérifier par un calcul matriciel.

PARTIE II. *Sous-algèbres de $\mathcal{L}(E)$.*

1. Puisque A est une sous-algèbre de $\mathcal{L}(E)$, A contient Id_E. On choisit φ dans $A \backslash K\,\mathrm{Id}_E$. La famille (Id_E, φ) est libre et on peut la compléter en une base $(\mathrm{Id}_E, \varphi, \psi)$ de A. Si φ et ψ commutaient, l'algèbre $C(\varphi)$ contiendrait A et serait donc au moins de dimension 3, ce qui est exclu d'après la question I.3 puisque φ n'est pas une homothétie. Ainsi, $\varphi \circ \psi \neq \psi \circ \varphi$.

2. a) Il suffit de noter que $\varphi \circ \psi$ est dans A et de le décomposer dans la base précédente : il existe donc λ, μ, ν dans K tels que $\varphi \circ \psi = \lambda \varphi + \mu \psi + \nu\,\mathrm{Id}_E$.

   b) On a $(\varphi - \mu\,\mathrm{Id}_E) \circ (\psi - \lambda\,\mathrm{Id}_E) = \varphi \circ \psi - \mu \psi - \lambda \varphi + \mu \lambda\,\mathrm{Id}_E = (\nu + \mu \lambda)\,\mathrm{Id}_E$. Supposons par l'absurde que $\nu + \mu \lambda \neq 0$. Alors $\psi - \lambda\,\mathrm{Id}_E$ est inversible, d'inverse $(\nu + \mu \lambda)^{-1}(\varphi - \mu\,\mathrm{Id}_E)$. Il en résulte que $(\varphi - \mu\,\mathrm{Id}_E)$ et $(\psi - \lambda\,\mathrm{Id}_E)$ commutent. Il est aisé d'en déduire que φ et ψ commutent, ce qui est contradictoire. On a donc $\nu + \mu \lambda = 0$.

3. a) On pose $\varphi_1 = \varphi - \mu\,\mathrm{Id}_E$ et $\psi_1 = \psi - \lambda\,\mathrm{Id}_E$. On a $\varphi_1 \circ \psi_1 = 0$ et il est aisé de vérifier que $(\mathrm{Id}_E, \varphi_1, \psi_1)$ est une famille de A encore libre. C'est donc une base de A.

   b) L'endomorphisme φ_1 (resp. ψ_1) n'est pas inversible car l'égalité $\varphi_1 \circ \psi_1 = 0$ impliquerait $\psi_1 = 0$ (resp. $\varphi_1 = 0$) ce qui n'est pas le cas (un vecteur d'une base ne peut pas être nul). Donc nécessairement $\mathrm{rg}\,\varphi_1 = \mathrm{rg}\,\psi_1 = 1$.

   c) La relation $\varphi_1 \circ \psi_1 = 0$ implique que $\mathrm{Im}\,\psi_1 \subset \mathrm{Ker}\,\varphi_1$. Comme les deux espaces ont la même dimension (ce sont des droites d'après la question précédente), on a égalité. Un vecteur non nul de $\mathrm{Im}\,\psi_1 = \mathrm{Ker}\,\varphi_1$ répond à la question.

4. On choisit f_1 non nul dans $\mathrm{Im}\,\psi_1 = \mathrm{Ker}\,\varphi_1$ et on le complète en une base (f_1, f_2) de E. Dans cette base, φ_1 et ψ_1 ont tous les deux des matrices triangulaires supérieures. Il en résulte que la matrice de tout élément de A dans cette base est triangulaire supérieure.

5. Soit $\mathcal{A}$ une sous-algèbre de $\mathcal{L}(E)$. On va discuter selon la dimension de $\mathcal{A}$.

   • Si $\dim \mathcal{A} = 1$, alors $\mathcal{A} = K\,\mathrm{Id}_E$ car $K\,\mathrm{Id}_E$ est de dimension 1 et inclus dans $\mathcal{A}$. Inversement, $K\,\mathrm{Id}_E$ est bien une sous-algèbre de dimension 1.

   • Si $\dim \mathcal{A} = 2$, soit f dans $A \backslash K\,\mathrm{Id}_E$. L'espace vectoriel $K\,\mathrm{Id}_E \oplus Kf$ est inclus dans $\mathcal{A}$ et de dimension 2 donc égal à $\mathcal{A}$. Inversement, si f n'est pas une homothétie, on a vu que $C(f) = K\,\mathrm{Id}_E \oplus Kf$ est une sous-algèbre de dimension 2.

- Si $\dim \mathcal{A} = 3$, alors on a vu qu'il existe une base e de E telle que pour tout $f \in \mathcal{A}$, la matrice de f dans e est triangulaire supérieure. Par égalité des dimensions, $\mathcal{A}$ est exactement l'ensemble des endomorphismes de E dont la matrice dans e est triangulaire supérieure. Inversement, pour toute base e de E, l'ensemble des endomorphismes dont la matrice dans e est triangulaire supérieure est une sous-algèbre de dimension 3 de $\mathcal{L}(E)$.
- Si $\dim \mathcal{A} = 4$, alors $\mathcal{A} = \mathcal{L}(E)$.

Commentaires. *Il est bien entendu hors de question de décrire exhaustivement toutes les sous-algèbres de $\mathcal{L}(E)$ si E est un K-espace vectoriel de dimension $n \geqslant 1$ quelconque (du reste, toute K-algèbre abstraite A se plonge naturellement dans $\mathcal{L}(A)$). En revanche, on peut expliciter les sous-algèbres strictes de dimension maximale de $\mathcal{L}(E)$. Indiquons les étapes principales de la preuve, que le lecteur pourra compléter à titre d'exercice.*

1. *Si V est un sous-espace de dimension $m \in [\![1, n-1]\!]$ de E, alors l'espace $\mathcal{A}_V = \{f \in \mathcal{L}(E),\ f(V) \subset V\}$ est une sous-algèbre de $\mathcal{L}(E)$ de dimension $m^2 + (n-m)n$.*

2. *Si $m \in [\![1, n-1]\!]$, $m^2 + (n-m)n = m(m-n) + n^2 \geqslant n^2 - n + 1$ et il y a égalité si et seulement si $m \in \{1, n-1\}$.*

3. *Si $u \in \mathcal{L}(E)$, soit $\varphi_u : \mathcal{L}(E) \to K$ l'application qui à f associe $\mathrm{Tr}(f \circ u)$. Alors φ_u est dans le dual de $\mathcal{L}(E)$ et l'application qui à $u \in \mathcal{L}(E)$ associe $\varphi_u \in \mathcal{L}(E)^*$ est un isomorphisme de $\mathcal{L}(E)$ sur $\mathcal{L}(E)^*$.*

4. *Si W est un sous-espace de $\mathcal{L}(E)$ de dimension $n^2 - r$, avec $1 \leqslant r \leqslant n^2 - 1$, il existe une famille libre $(u_1, \ldots, u_r)$ de $\mathcal{L}(E)$ telle que $W = \bigcap_{i=1}^{r} \mathrm{Ker}\, \varphi_{u_i}$.*

5. *Soit désormais $\mathcal{A}$ une sous-algèbre de $\mathcal{L}(E)$ de dimension $n^2 - r$ avec $1 \leqslant r \leqslant n^2 - 1$. Soit $(u_1, \ldots, u_r)$ une famille libre de $\mathcal{L}(E)$ telle que $\mathcal{A} = \bigcap_{i=1}^{r} \mathrm{Ker}\, \varphi_{u_i}$. Alors, si $g \in \mathcal{A}$, et si $j \in [\![1, r]\!]$, on a successivement*
   $$\mathrm{Ker}\, \varphi_{(gu_j)} \subset \bigcap_{i=1}^{r} \mathrm{Ker}\, \varphi_{u_i} \ \text{et}\ gu_j \in \mathrm{Vect}(u_1, \ldots, u_r).$$

6. *En supposant $r \leqslant n - 1$, on choisit $x \in E$ tel que $u_1(x) \neq 0$ et on pose $V = \mathrm{Vect}(u_1(x), \ldots, u_r(x))$. Alors, grâce à 5. on a $\mathcal{A} \subset \mathcal{A}_V$. Le résultat de 2. implique aussitôt que $\dim V \in \{1, n-1\}$ et $\mathcal{A} = \mathcal{A}_V$.*

En résumé, les sous-algèbres strictes de dimension maximale de $\mathcal{L}(E)$ sont celles qui stabilisent une droite ou un hyperplan ; leur dimension est $n^2 - n + 1$. Pour $n = 2$, on retrouve le résultat du problème, droites et hyperplans étant ici confondues.

Solution du problème 22

Dimension maximale d'un sous-espace de $\mathcal{M}_n(\mathbb{R})$ formé de matrices de rang au plus r.

PARTIE I. *Résultats préliminaires.*

1. a) On a ${}^tX = (x_1, x_2, \ldots, x_n)$ et ${}^tXX = x_1^2 + x_2^2 + \cdots + x_n^2$. Donc
${}^tXX = 0 \iff X = 0$.

   b) L'inclusion $\mathrm{Ker}(M) \subset \mathrm{Ker}({}^tMM)$ est évidente. Pour la réciproque, considérons $X \in \mathrm{Ker}({}^tMM)$. On a ${}^tMMX = 0$, d'où

   $${}^t(MX)(MX) = {}^tX{}^tMMX = 0$$

   et, grâce à la question précédente $MX = 0$.

2. a) L'appartenance de Z à $\mathrm{Ker}(M)$ se traduit par le système

   $$\begin{cases} AX + BY = 0 \\ CX + DY = 0 \end{cases} \iff \begin{cases} X = -A^{-1}BY \\ (D - CA^{-1}B)Y = 0 \end{cases}$$

   b) Ainsi

   $$\mathrm{Ker}(M) = \left\{ \begin{pmatrix} -A^{-1}BY \\ Y \end{pmatrix}, \ Y \in \mathrm{Ker}(D - CA^{-1}B) \right\}.$$

   L'espace $\mathrm{Ker}(M)$ est donc l'image de $\mathrm{Ker}(D - CA^{-1}B)$ par l'application linéaire $f : Y \mapsto \begin{pmatrix} -A^{-1}BY \\ Y \end{pmatrix}$, définie de $\mathcal{M}_{n-r,1}(\mathbb{R})$ dans $\mathcal{M}_{n,1}(\mathbb{R})$. Comme f est évidemment injective, les espaces $\mathrm{Ker}(M)$ et $\mathrm{Ker}(D - CA^{-1}B)$ ont même dimension. Or $D - CA^{-1}B$ est dans $\mathcal{M}_{n-r}(\mathbb{R})$, de sorte que $\dim(\mathrm{Ker}(M)) \leqslant n - r$, et qu'ainsi l'égalité $\dim(\mathrm{Ker}(M)) = n - r$ revient à $D - CA^{-1}B = 0$. Il n'y a plus qu'à combiner cela avec l'inégalité $\mathrm{rg}(M) = n - \dim(\mathrm{Ker}(M))$ qui provient du théorème du rang.

3. Soit $g : \mathcal{M}_{n-r}(\mathbb{R}) \times \mathcal{M}_{r,n-r}(\mathbb{R}) \to \mathcal{M}_n(\mathbb{R})$ définie par

   $$g(A, B) = \begin{pmatrix} 0 & B \\ {}^tB & A \end{pmatrix}$$

Il est immédiat que g est linéaire, injective, d'image W_r. Ceci prouve que W_r est un sous-espace de $\mathcal{M}_n(\mathbb{R})$ (image d'une application linéaire) de dimension égale à celle de $\mathcal{M}_{n-r}(\mathbb{R}) \times \mathcal{M}_{r,n-r}(\mathbb{R})$, c'est-à-dire à

$$(n - r)^2 + r(n - r) = n(n - r).$$

PARTIE II. *Dimension maximale.*

1. a) La matrice $M_\lambda = \begin{pmatrix} \lambda I_r & B \\ {}^t B & A \end{pmatrix}$ est dans V en tant que combinaison

   linéaire de $\begin{pmatrix} I_r & 0 \\ 0 & 0 \end{pmatrix}$ et $\begin{pmatrix} 0 & B \\ {}^t B & A \end{pmatrix}$, et ce pour tout $\lambda \in \mathbb{R}$. Si $\lambda \neq 0$,

   λI_r est inversible et on peut appliquer le résultat de la question 2. Pour

   que $\mathrm{rg}(M_\lambda) \leqslant r$, il est donc nécessaire que $A = \dfrac{1}{\lambda}{}^t BB$. Cette relation

   doit être vérifiée pour tout $\lambda \in \mathbb{R}^*$, ce qui implique $A = {}^t BB = 0$.

   Comme ${}^t BB$ et B ont même rang grâce à la question 1, ceci implique

   $B = 0$.

   b) La question a) montre que $V \cap W_r = \{0\}$. Comme V et W_r sont deux

   sous-espaces de $\mathcal{M}_n(\mathbb{R})$, ceci entraîne

   $$\dim(V) + \dim(W_r) \leqslant n^2.$$

   En tenant compte de la question 3, on arrive à $\dim(V) \leqslant nr$.

2. a) Dans le cas général, on note r' le rang maximum d'une matrice de V,

   de sorte que $r' \leqslant r$. On considère M dans V de rang r'. Le cours assure

   l'existence de P et Q dans $\mathrm{GL}_n(\mathbb{R})$ telles que $PMQ = \begin{pmatrix} I_{r'} & 0 \\ 0 & 0 \end{pmatrix}$.

   L'application h de $\mathcal{M}_n(\mathbb{R})$ dans lui-même définie par $h(R) = PRQ$

   est, grâce à l'inversibilité de P et Q, un automorphisme de l'espace

   vectoriel $\mathcal{M}_n(\mathbb{R})$. De plus, puisque la multiplication par une matrice

   inversible ne modifie pas le rang, on a, pour tout $R \in \mathcal{M}_n(\mathbb{R})$,

   $$\mathrm{rg}(h(R)) = \mathrm{rg}(R).$$

   Il en résulte que $h(V)$ est un sous-espace de $\mathcal{M}_n(\mathbb{R})$ ne contenant

   que des matrices de rang majoré par r', et contenant $\begin{pmatrix} I_{r'} & 0 \\ 0 & 0 \end{pmatrix}$. La

   question II.1.b) montre alors que $\dim(h(V)) \leqslant nr' \leqslant nr$. Comme h est

   bijectif, on a $\dim(V) = \dim(h(V))$, ce qui termine la démonstration.

   b) L'espace des matrices de $\mathcal{M}_n(\mathbb{R})$ dont les $(n-r)$ dernières lignes sont

   nulles convient trivialement.

Commentaires. *Le résultat de la question I.2 reste vrai, avec la même démonstration, si on remplace $\mathbb{R}$ par un corps $\mathbb{K}$ quelconque. En revanche, celui
de la question I.1 ne subsiste que si $\mathbb{K}$ est un corps dans lequel -1 n'est pas
une somme de carrés.*

   *Cependant, le résultat final du problème reste exact sur tout corps infini.
Une preuve plus élaborée est nécessaire. Le lecteur pourra en trouver une dans
S. Francinou, H. Gianella, S. Nicolas, "Exercices de Mathématiques, oraux X-
ENS", Cassini, 2001, Exercice 7.9.*

Solution du problème 23
Déterminant de Casorati

PARTIE I. *Déterminant de Casorati de n fonctions.*

1. On a $C_2(x, y) = \begin{vmatrix} \cos x & \cos y \\ \sin x & \sin y \end{vmatrix} = \sin(y - x)$.

   De même, $C_3(x, y, z) = \begin{vmatrix} \cos x & \cos y & \cos z \\ \sin x & \sin y & \sin z \\ \cos x + \dfrac{\pi}{4} & \cos y + \dfrac{\pi}{4} & \cos z + \dfrac{\pi}{4} \end{vmatrix}$. Or pour

   tout réel t, $\cos t + \dfrac{\pi}{4} = \dfrac{\sqrt{2}}{2}(\cos t - \sin t)$. Donc dans le déterminant C_3, la dernière ligne est combinaison linéaire des deux premières, et ainsi $C_3(x, y, z) = 0$.

2. S'il existe $a_1, a_2, \dots, a_n \in \mathbb{K}$ non tous nuls, tels que

   $$a_1 f_1 + a_2 f_2 + \cdots + a_n f_n = 0,$$

   alors les colonnes $(U_1, U_2, \dots, U_n)$ du déterminant C_n sont liées par la relation $a_1 U_1 + a_2 U_2 + \cdots + a_n U_n = 0$. Donc, $C_n = 0$.

3. On suppose $C_{n-1} \neq 0$. Choisissons $(u_1, u_2, \dots, u_{n-1})$ tel que

   $$C_{n-1}(u_1, u_2, \dots, u_{n-1}) \neq 0.$$

   En développant $C_n(u_1, u_2, \dots, u_{n-1}, x)$ par rapport à la dernière colonne, on trouve

   $$\begin{vmatrix} f_1(u_1) & f_1(u_2) & \dots & f_1(x) \\ f_2(u_1) & f_2(u_2) & \dots & f_2(x) \\ \vdots & & \ddots & \vdots \\ f_n(u_1) & f_n(u_2) & \dots & f_n(x) \end{vmatrix} = \sum_{k=1}^{n} (-1)^k \alpha_k(u_1, \dots, u_{n-1}) f_k(x) = 0$$

   où α_k est le mineur d'indice (k, n) (c'est-à-dire le déterminant de la matrice obtenue en supprimant la k-ième ligne et la n-ième colonne). Comme

   $$\alpha_n(u_1, u_2, \dots, u_{n-1}) = C_{n-1}(u_1, u_2, \dots, u_{n-1}) \neq 0,$$

   l'égalité précédente donne bien une relation de dépendance linéaire entre $f_1, \dots, f_n$. Dans le cas général, on pose $r = \min\{k; \ C_k = 0\}$ et on prouve de la même manière que $(f_1, f_2, \dots, f_r)$ est liée.

4. a) Il suffit de développer $C_n(u_1, u_2, \dots, u_{i-1}, x, u_{i+1}, \dots, u_n)$ par rapport à sa i-ième colonne.

b) La matrice des $\alpha_{i,j}$ est tout simplement la comatrice de la matrice dont le déterminant est $C_n(u_1, u_2, \ldots, u_n)$. Elle est donc inversible, en vertu de l'énoncé :

$$\forall A \in \mathcal{M}_n(\mathbb{K}), \ A^t \mathrm{Com}(A) = \det(A)I_n.$$

Il en résulte que le système donnant les F_k en fonction des f_j peut être inversé, et $f_1, f_2, \ldots, f_n$ écrits comme combinaisons linéaires de $F_1, F_2, \ldots, F_n$. On a donc

$$\mathrm{Vect}(f_1, f_2, \ldots, f_n) = \mathrm{Vect}(F_1, F_2, \ldots, F_n).$$

c) Si (ii) est vrai, il existe des scalaires $(\beta_{i,j})_{1 \leqslant i,j \leqslant n}$ tels que pour tout $i \in [\![1, n]\!]$, $g_i = \sum_{j=1}^{n} \beta_{i,j} f_j$. D'où

$$D_n = \det((\beta_{i,j})_{1 \leqslant i,j \leqslant n}) \, C_n.$$

Pour montrer la réciproque, considérons les applications $F_1, \ldots, F_n$ ainsi que leurs pendantes $G_1, \ldots, G_n$ (relatives à $g_1, \ldots, g_n$). Si on a $D_n = \beta C_n$, alors $G_k = \beta F_k$ (pour chaque k) et

$$
\begin{aligned}
\mathrm{Vect}(g_1, g_2, \ldots, g_n) &= \mathrm{Vect}(G_1, G_2, \ldots, G_n) \\
&= \mathrm{Vect}(F_1, F_2, \ldots, F_n) \\
&= \mathrm{Vect}(f_1, f_2, \ldots, f_n).
\end{aligned}
$$

PARTIE II. *Décomposition d'une fonction de deux variables.*

1. On suppose que h s'écrit

$$h(x, y) = f_1(x)g_1(y) + f_2(x)g_2(y) + \cdots + f_n(x)g_n(y).$$

Soient $y_1, y_2, \ldots, y_{n+1} \in Y$. Définissons $n + 1$ fonctions $H_k : X \to \mathbb{K}$ par

$$\forall x \in X, \ H_k(x) = h(x, y_k).$$

Comme pour tout $x \in X$,

$$H_k(x) = f_1(x)g_1(y_k) + f_2(x)g_2(y_k) + \cdots + f_n(x)g_n(y_k),$$

on a $H_k \in \mathrm{Vect}(f_1, f_2, \ldots, f_n)$, ce qui montre que $(H_1, H_2, \ldots, H_{n+1})$ est liée et, en utilisant I.2, que

$$
\begin{aligned}
V_{n+1}&(x_1, x_2, \ldots, x_n, x_{n+1}, y_1, y_2, \ldots, y_n, y_{n+1}) \\
&= C_{(H_1, H_2, \ldots, H_{n+1})}(x_1, x_2, \ldots, x_n, x_{n+1}) \\
&= 0.
\end{aligned}
$$

2. Supposant maintenant $V_n \neq 0$, on peut fixer $u_1, \ldots, u_n, v_1, \ldots, v_n$ tels que

$$\delta = V_n(u_1, u_2, \ldots, u_n, v_1, v_2, \ldots, v_n) \neq 0.$$

En développant ensuite le déterminant

$$V_{n+1}(u_1, u_2, \ldots, u_n, x, v_1, v_2, \ldots, v_n, y)$$

par rapport à sa dernière colonne, on trouve une expression de la forme

$$\alpha_1(y)h(x, v_1) + \alpha_2(y)h(x, v_2) + \cdots + \alpha_n(y)h(x, v_n) + \delta h(x, y) = 0$$

(où les α_k sont des fonctions de y déterminées par la donnée des u_i et des v_j). Et comme $\delta \neq 0$:

$$h(x, y) = -\frac{1}{\delta}\left(\alpha_1(y)h(x, v_1) + \alpha_2(y)h(x, v_2) + \cdots + \alpha_n(y)h(x, v_n)\right)$$

ce qui constitue une décomposition de h de la forme cherchée. Le cas général se traite de la même manière en posant $r = \min\{k;\ V_k = 0\} - 1$. On montre alors que h peut s'écrire

$$h(x, y) = f_1(x)g_1(y) + f_2(x)g_2(y) + \cdots + f_r(x)g_r(y).$$

3. Lorsque $n = \min(p, q)$, une telle décomposition existe pour toute fonction h, car $V_{p+1} = 0$ et $V_{q+1} = 0$ (il y a dans la matrice définissant V_{p+1} deux colonnes identiques et dans la matrice définissant V_{q+1} deux lignes identiques). Mais si $n + 1 \leqslant \min(p, q)$, on fabrique aisément une fonction h pour laquelle $V_{n+1} \neq 0$ en posant

$$\begin{cases} X = \{a_1, a_2, \ldots, a_p\}, \\ Y = \{b_1, b_2, \ldots, b_q\}, \\ h(a_i, b_i) = 1 \\ h(a_i, b_j) = 0 \text{ si } i \neq j. \end{cases}$$

En effet, $V_{n+1}(a_1, \ldots, a_{n+1}, b_1, \ldots, b_{n+1})$ est le déterminant de l'identité (soit 1) et donc la fonction V_{n+1} n'est pas identiquement nulle.

Commentaires. *Le premier résultat établi dans le problème traduit la liberté de la famille finie $(f_i)_{1 \leqslant i \leqslant n}$ de fonctions de X dans $\mathbb{K}$ par la non nullité de la fonction $C_{(f_1, \ldots, f_n)}$, c'est-à-dire par l'existence de $(x_1, \ldots, x_n) \in X^n$ tel que la matrice $(f_i(x_j))_{1 \leqslant i, j \leqslant n}$ soit inversible. On peut établir ce résultat sans recours aux déterminants, en procédant de la façon suivante : on suppose que la matrice $(f_i(x_j))_{1 \leqslant i, j \leqslant n}$ est non inversible quel que soit le choix de $(x_1, \ldots, x_n) \in X^n$. On considère l'application φ de X dans $\mathbb{K}^n$ définie par $\varphi(x) = (f_1(x), \ldots, f_n(x))$. L'hypothèse implique que l'image de φ n'engendre pas $\mathbb{K}^n$ (attention, φ n'est pas linéaire !), et est donc contenue dans un hyperplan de $\mathbb{K}^n$, d'équation $a_1x_1 + \cdots + a_nx_n = 0$ avec $(a_1, \ldots, a_n) \neq (0, \ldots, 0)$.*

En d'autres termes, $a_1 f_1 + \cdots + a_n f_n = 0$ et $(f_i)_{1 \leqslant i \leqslant n}$ est liée. Avec un petit peu plus de dualité, on peut encore raccourcir cet argument.

Malgré sa simplicité, le critère redémontré ci-dessus est très utile. En voici une application. Soient I un intervalle de $\mathbb{R}$, et V un sous-espace de dimension finie de l'espace des fonctions de I dans $\mathbb{R}$. Alors, sur V, la convergence simple d'une suite de fonctions implique sa convergence uniforme. Pour le voir, on prend une base $(f_1, \ldots, f_n)$ de V, $(x_1, \ldots, x_n)$ telle que la matrice $(f_i(x_j))_{1 \leqslant i,j \leqslant n}$ soit inversible, et on observe que $N(f) = \sum_{j=1}^{n} |f(x_j)|$ définit une norme sur V, qui, puisque V est de dimension finie, est équivalente à la norme uniforme. Le lecteur terminera facilement la preuve.

Quant au théorème prouvé dans la seconde partie du problème, il est dû à F. Neuman et ne date, malgré sa simplicité, que de 1980. On en trouvera divers prolongements dans "Finite Sums Decompositions in Mathematical Analysis" de T.M. Rassias et J. Simsa (Wiley). Mais le problème qui consiste à représenter une fonction de plusieurs variables par "superposition" de fonctions d'un nombre inférieur de variables - par exemple $f(x,y,z) = h(g_1(x,y), g_2(x,z))$ - intéresse depuis longtemps les mathématiciens. Et l'un des résultats les plus spectaculaires, obtenu par Kolmogorov et Arnold en 1954 en liaison avec le treizième problème de Hilbert, est le suivant (particularisé ici au cas d'une fonction de trois variables) :

Il existe des fonctions continues $g_{i,j}$ avec $1 \leqslant i \leqslant 3$ et $1 \leqslant j \leqslant 7$ de $[0,1]$ dans $\mathbb{R}$, telles que toute fonction continue f de $[0,1]^3$ dans $\mathbb{R}$ puisse s'écrire sous la forme

$$f(x,y,z) = \sum_{j=1}^{7} h_j(g_{1,j}(x) + g_{2,j}(y) + g_{3,j}(z))$$

où les h_j sont des fonctions continues d'une variable réelle. On trouvera une preuve élégante de ce résultat dans "Constructive Approximation - Advanced Problems" de G.Lorentz et al. (Springer-Verlag).

Solution du problème 24
Commutateurs de $GL_n(\mathbb{K})$

PARTIE I. *Préliminaires.*

1. a) Démontrons la contraposée. Supposons $(x, f(x))$ liée pour tout $x \in E$ et choisissons une base $(e_1, e_2, \ldots, e_n)$ de E. Pour chaque k, la famille $(e_k, f(e_k))$ est liée. Comme $e_k \neq 0$, cela revient à dire qu'il existe $\lambda_k \in \mathbb{K}$ tel que $f(e_k) = \lambda_k e_k$. On a alors

$$f(e_1 + e_2 + \cdots + e_n) = \lambda_1 e_1 + \lambda_2 e_2 + \cdots + \lambda_n e_n$$

Or il existe $\lambda \in \mathbb{K}$ tel que $f(e_1 + e_2 + \cdots + e_n) = \lambda(e_1 + e_2 + \cdots + e_n)$. On a, par unicité de l'écriture dans la base $(e_1, e_2, \ldots, e_n)$,

$$\lambda_1 = \lambda_2 = \cdots = \lambda_n = \lambda.$$

et f est l'homothétie de rapport λ.

   b) La question précédente permet de trouver x tel que $(x, f(x))$ soit une famille libre. Le théorème de la base incomplète permet d'obtenir une base de E de la forme

$$e_1 = x, e_2, \ldots, e_n = f(x).$$

On a alors $f(e_1) = e_n$ et la matrice de f dans cette base est de la forme voulue.

   c) L'endomorphisme f de $\mathbb{K}^n$ canoniquement associé à M n'est pas une homothétie ; on peut donc lui appliquer le résultat de la question b). La matrice M' de f dans cette nouvelle base a pour première colonne C et est semblable à M.

2. a) On a $\operatorname{Ker}(p \circ f) = f^{-1}(\operatorname{Ker} p)$. Puisque f et f^{-1} sont des automorphismes de E et que $\operatorname{Ker}(p) = D$, on a

$$\dim \operatorname{Ker}(p \circ f) = \dim(\operatorname{Ker} p) = 1.$$

   b) On a $\operatorname{Ker} g = H \cap \operatorname{Ker}(p \circ f) \subset \operatorname{Ker}(p \circ f)$, donc $\dim(\operatorname{Ker}(g)) \leqslant 1$. Comme $\dim(H) = n - 1$, le théorème du rang appliqué à g montre que $\operatorname{rg}(g) \geqslant n - 2$.

   c) Soit $e = (e_1, \ldots, e_n)$ la base canonique de $\mathbb{K}^n$, et posons $D = \mathbb{K}e_n$, $H = \operatorname{Vect}(e_1, \ldots, e_{n-1})$, p la projection de $\mathbb{K}^n$ sur H parallèlement à D, et enfin f l'endomorphisme de $\mathbb{K}^n$ canoniquement associé à M. Alors

$$Mat_{(e_1, e_2, \ldots, e_{n-1})} p \circ f|_H = A_{11}.$$

La question précédente s'applique et l'on a $\operatorname{rg}(A_{11}) \geqslant n - 2$.

d) Voici un exemple pour lequel $\mathrm{rg}(A_{11}) = n - 1$:

$$A = \begin{pmatrix} 1 & & 0 \\ & \ddots & \\ 0 & & 1 \end{pmatrix} = I_n.$$

Et un exemple avec $\mathrm{rg}(A_{11}) = n - 2$:

$$A = \begin{pmatrix} 0 & & 1 \\ & I_{n-2} & \\ 1 & & 0 \end{pmatrix}.$$

3. a) Puisque $\dim E = n$, il suffit, pour montrer que $(e_1, e_2, \dots, e_n)$ est une base de E, de vérifier que cette famille est libre. Considérons donc $(\lambda_1, \lambda_2, \dots, \lambda_n) \in \mathbb{K}^n$ tels que $\sum_{i=1}^{n} \lambda_i e_i = 0$. Appliquons f^k à cette relation ($k \in \mathbb{N}$). On obtient $\sum_{i=1}^{n} \lambda_i \alpha_i^k e_i = 0$. En combinant ces relations, il vient, pour tout polynôme $P \in \mathbb{K}[X]$, $\sum_{i=1}^{n} \lambda_i P(\alpha_i) e_i = 0$. Fixons alors $i \in [\![1, n]\!]$, et choisissons P dans $\mathbb{K}[X]$ pour que pour tout $j \in [\![1, n]\!]$ on ait

$$P(\alpha_j) = \begin{cases} 1 \text{ si } j = i \\ 0 \text{ sinon} \end{cases} \quad \left(\text{par exemple } P = \prod_{j \neq i} \frac{X - \alpha_j}{\alpha_i - \alpha_j} \text{ convient}\right).$$

Il vient $\lambda_i e_i = 0$ puis $\lambda_i = 0$. C'est le résultat désiré. La matrice de f dans la base $(e_1, e_2, \dots, e_n)$ est évidemment Δ.

b) Il suffit de montrer que $\alpha_1, \alpha_2, \dots, \alpha_n$ sont des valeurs propres de l'endomorphisme de $\mathbb{K}^n$ canoniquement associé à M, pour conclure avec la question précédente. Or, λ est valeur propre de cet endomorphisme si et seulement si $M - \lambda I_n$ est non-inversible. Pour qu'une matrice triangulaire ne soit pas inversible, il faut et il suffit qu'un de ses termes diagonaux soit nul. La non-inversibilité de $M - \lambda I_n$ équivaut donc bien à $\lambda \in \{\alpha_1, \alpha_2, \dots, \alpha_n\}$.

PARTIE II. *La factorisation LU.*

1. Il est clair que $C_{11} = A_{11} B_{11}$ d'où $\det C_{11} = \det A_{11} \det B_{11}$.

2. a) • Les éléments de $\mathcal{L}_n(\mathbb{K})$ et $\mathcal{U}_n(\mathbb{K})$ sont des matrices triangulaires à éléments diagonaux non nuls, et donc sont dans $\mathrm{GL}_n(\mathbb{K})$.

   • Les ensembles $\mathcal{L}_n(\mathbb{K})$ et $\mathcal{U}_n(\mathbb{K})$ contiennent I_n.

   • Le produit de deux matrices triangulaires supérieures (resp. inférieures) est triangulaire supérieure et ses termes diagonaux sont les produits des termes diagonaux correspondants. Il en résulte que $\mathcal{L}_n(\mathbb{K})$ et $\mathcal{U}_n(\mathbb{K})$ sont stables pour le produit.

- Enfin, si $M \in \mathcal{L}_n(\mathbb{K})$ (resp. $\mathcal{U}_n(\mathbb{K})$), M^{-1} est triangulaire inférieure (resp. supérieure), ses termes diagonaux étant les inverses de ceux de M. Donc on a $M^{-1} \in \mathcal{L}_n(\mathbb{K})$ (resp. $\mathcal{U}_n(\mathbb{K})$).

On a démontré que $\mathcal{L}_n(\mathbb{K})$ et $\mathcal{U}_n(\mathbb{K})$ sont des sous-groupes de $\mathrm{GL}_n(\mathbb{K})$.

b) Si $M \in \mathcal{L}_n(\mathbb{K}) \cap \mathcal{U}_n(\mathbb{K})$, M est triangulaire inférieure, triangulaire supérieure, et ses coefficients diagonaux valent 1. Donc $\mathcal{L}_n(\mathbb{K}) \cap \mathcal{U}_n(\mathbb{K})$ est égal à $\{I_n\}$.

3. Si $LU = L'U'$, alors $UU'^{-1} = L^{-1}L'$. Or, d'après a), $UU'^{-1} \in \mathcal{U}_n(\mathbb{K})$ et $L^{-1}L' \in \mathcal{L}_n(\mathbb{K})$. Donc $UU'^{-1} = L^{-1}L' \in \mathcal{L}_n(\mathbb{K}) \cap \mathcal{U}_n(\mathbb{K}) = \{I_n\}$ et $L = L'$, $U = U'$.

4. Pour calculer le k-ième mineur principal de M, écrivons

$$L = \begin{pmatrix} L_{11} & 0 \\ L_{21} & L_{22} \end{pmatrix} \begin{matrix} \}k \\ \}n-k \end{matrix} \quad , \quad U = \begin{pmatrix} U_{11} & U_{12} \\ 0 & U_{22} \end{pmatrix} \begin{matrix} \}k \\ \}n-k \end{matrix} \quad .$$
$$\underbrace{}_{k} \underbrace{}_{n-k} \qquad \underbrace{}_{k} \underbrace{}_{n-k}$$

Alors $M = LU = \begin{pmatrix} L_{11}U_{11} & L_{11}U_{12} \\ L_{21}U_{11} & L_{21}U_{12} + L_{22}U_{22} \end{pmatrix}$, et le k-ième mineur

principal de M est $\det(L_{11}U_{11}) = \displaystyle\prod_{i=1}^{k} u_i$.

5. L'implication $(i) \Rightarrow (ii)$ découle directement de la question 3. La réciproque se démontre par récurrence sur n, le cas $n = 1$ étant évident. Supposons le résultat acquis à l'ordre $n-1$ ($n \geqslant 2$), et soit $M \in \mathcal{M}_n(\mathbb{K})$ à mineurs principaux non nuls. Écrivons

$$M = \begin{pmatrix} M_{11} & M_{12} \\ M_{21} & M_{22} \end{pmatrix} \begin{matrix} \}n-1 \\ \}1 \end{matrix}$$
$$\underbrace{}_{n-1} \underbrace{}_{1}$$

Par hypothèse de récurrence, M_{11} peut s'écrire $L'U'$, où $L' \in \mathcal{L}_{n-1}(\mathbb{K})$ et $U' \in \mathcal{U}_{n-1}(\mathbb{K})$. Posons

$$L = \begin{pmatrix} L' & 0 \\ M_{21}U'^{-1} & 1 \end{pmatrix} \text{ et } U = \begin{pmatrix} U' & L'^{-1}M_{12} \\ 0 & M_{22} - M_{21}U'^{-1}L'^{-1}M_{12} \end{pmatrix}.$$

Il est clair que $L \in \mathcal{L}_n(\mathbb{K})$, que U est triangulaire supérieure, et que l'on a $M = LU$. D'autre part, puisque $M \in \mathrm{GL}_n(\mathbb{K})$, il en est de même de U, et donc les termes diagonaux de U sont non nuls, ce qui montre que $U \in \mathcal{U}_n(\mathbb{K})$.

6. On écrit $M = LU$ avec $L \in \mathcal{L}_n(\mathbb{K})$ et $U \in \mathcal{U}_n(\mathbb{K})$. Les termes diagonaux de L sont égaux à 1. Grâce à la question 4, il en est de même de ceux de U.

En posant $\Delta = \begin{pmatrix} \alpha_1 & & 0 \\ & \ddots & \\ 0 & & \alpha_n \end{pmatrix}$, on a $M = (L\Delta)(\Delta^{-1}U)$ et le résultat

suit.

PARTIE III. *Conjugaison de $M \in \mathrm{SL}_n(\mathbb{K})$ à une matrice dont tous les mineurs principaux valent* 1.

1. On vérifie aussitôt que $P_U P_{-U} = I_n$. L'inverse de P_U est donc P_{-U}.

2. a) Ecrivons $M = \begin{pmatrix} 0 & -1 \\ 1 & a \end{pmatrix}$ (car $\det(M) = 1$). Si $T_\lambda = \begin{pmatrix} 1 & \lambda \\ 0 & 1 \end{pmatrix}$, T_λ est dans $\mathrm{GL}_2(\mathbb{K})$, $T_\lambda^{-1} = T_{-\lambda}$, et

$$T_\lambda^{-1} M T_\lambda = \begin{pmatrix} -\lambda & -\lambda^2 - a\lambda - 1 \\ 1 & \lambda + a \end{pmatrix}.$$

Il suffit de choisir $\lambda = -1$ pour conclure.

   b) D'après I.1.c), M est semblable à une matrice dont la première colonne est $\begin{pmatrix} 0 \\ 1 \end{pmatrix}$. Il reste à appliquer la question précédente en utilisant le caractère transitif de la relation de similitude des matrices.

3. On calcule $M'_{11} = M_{11} + U M_{21}$. Notons $C_1 = 0, C_2, \ldots, C_{n-1}$ les colonnes de M_{11} et posons $M_{21} = (1, x_2, \ldots, x_{n-1})$. Si e est la base canonique de $\mathcal{M}_{n-1,1}(\mathbb{K})$,

$$\begin{aligned} \det(M'_{11}) &= \det_e(U, C_2 + x_2 U, \ldots, C_{n-1} + x_{n-1}U) \\ &= \det_e(U, C_2, \ldots, C_{n-1}) \end{aligned}$$

D'après I.2.d), $\mathrm{rg}(M_{11}) \geqslant n - 2$. Comme $C_1 = 0$, ceci implique que $C_2, C_3, \ldots, C_{n-1}$ forment une famille libre de $\mathcal{M}_{n-1,1}(\mathbb{K})$. On peut donc trouver un vecteur colonne U' tel que $\det_e(U', C_2, \ldots, C_{n-1}) = 1$. Reste à voir que l'on peut trouver $\lambda_2, \ldots, \lambda_{n-1}$ dans K tels que, si on pose $U = U' + \sum_{i=2}^{n-1} \lambda_i C_i$, la première colonne U de M'_{11} ne soit pas dans l'espace vectoriel $\mathcal{V}$ des vecteurs colonnes de la forme

$$\begin{pmatrix} \alpha \\ 0 \\ \vdots \\ 0 \end{pmatrix}, \ \alpha \in \mathbb{K}.$$

Il en résultera que M'_{11} n'est pas dans $\mathbb{K}I_n$ tout en étant dans $\mathrm{SL}_{n-1}(\mathbb{K})$. Si un tel $(n-2)$-uplet n'existait pas, toute colonne $U' + \sum_{i=2}^{n-1} \lambda_i C_i$ serait dans $\mathcal{V}$. En faisant des soustractions, chaque C_i serait dans $\mathcal{V}$. Comme $\dim(\mathcal{V}) = 1$, ceci imposerait $n - 2 = 1$, et $n = 3$. Mais alors, C_2 et U' seraient dans $\mathcal{V}$, donc liés, ce qui contredit $\det_e(U', C_2, \ldots, C_{n-1}) = 1$.

4. On raisonne par récurrence sur n. Le cas $n = 2$ a été traité en 2. Supposons le résultat vrai à l'ordre $(n-1)$, avec $n \geqslant 3$. Soit M_1 dans $\mathrm{SL}_n(\mathbb{K}) \setminus KI_n$. D'après I.1.c), M_1 est semblable à $M \in \mathrm{SL}_n(\mathbb{K}) \setminus \mathbb{K}I_n$ de première colonne

$$\begin{pmatrix} 0 \\ \vdots \\ 0 \\ 1 \end{pmatrix}.$$

La question 3 montre que M est semblable à une matrice M' telle que $M'_{11} \in \mathrm{SL}_{n-1}(\mathbb{K}) \setminus \mathbb{K}I_{n-1}$. L'hypothèse de récurrence dit qu'il existe P dans $\mathrm{GL}_{n-1}(\mathbb{K})$ telle que $P^{-1}M'_{11}P$ ait tous ses mineurs principaux égaux à 1. Soit $Q = \begin{pmatrix} P & 0 \\ 0 & 1 \end{pmatrix}$. La matrice Q est dans $\mathrm{GL}_n(\mathbb{K})$ et son inverse est $Q^{-1} = \begin{pmatrix} P^{-1} & 0 \\ 0 & 1 \end{pmatrix}$. On a donc

$$Q^{-1}M'Q = \begin{pmatrix} P^{-1}M'_{11}P & P^{-1}M'_{12} \\ M'_{21}P & M'_{22} \end{pmatrix}.$$

Il en résulte que $Q^{-1}M'Q$ a tous ses mineurs principaux égaux à 1. Mais $Q^{-1}M'Q$ est semblable à M', donc à M, donc à M_1.

PARTIE IV. *Les commutateurs de* $\mathrm{GL}_n(\mathbb{K})$.

1. a) C'est évident car, si $(A, B) \in \mathrm{GL}_n(\mathbb{K})^2$,

$$\det(ABA^{-1}B^{-1}) = \det(A)\det(B)\det(A)^{-1}\det(B)^{-1} = 1.$$

   b) Si $M \in \mathcal{E}_n(\mathbb{K})$, M s'écrit $ABA^{-1}B^{-1}$, où A, B sont dans $\mathrm{GL}_n(\mathbb{K})$. On pose $R = A$, $S = BA^{-1}B^{-1}$, et le résultat suit.
   Inversement, si $M = RS$ où R et S sont dans $\mathrm{GL}_n(\mathbb{K})$ et R^{-1} semblable à S, on peut écrire $S = TR^{-1}T^{-1}$ où $T \in \mathrm{GL}_n(\mathbb{K})$, et $M = RTR^{-1}T^{-1} \in \mathcal{E}_n(\mathbb{K})$.

2. a) D'après III.4, M est semblable à M' dont tous les mineurs principaux valent 1 : $M = PM'P^{-1}$, $P \in \mathrm{GL}_n(\mathbb{K})$. Choisissons $\alpha_1, \ldots, \alpha_n$ dans $\mathbb{K}^*$ deux à deux distincts, ce qui est possible puisque $\mathbb{K}$ est infini. La question III.6 permet d'écrire $M' = AB$ où A et B sont de la forme

$$A = \begin{pmatrix} \alpha_1 & & 0 \\ & \ddots & \\ * & & \alpha_n \end{pmatrix}, \quad B = \begin{pmatrix} \dfrac{1}{\alpha_1} & & * \\ & \ddots & \\ 0 & & \dfrac{1}{\alpha_n} \end{pmatrix}.$$

La question I.3.b) montre que A et B^{-1} sont toutes deux semblables à la matrice diagonale

$$\Delta = \begin{pmatrix} \alpha_1 & & 0 \\ & \ddots & \\ 0 & & \alpha_n \end{pmatrix},$$

donc sont semblables. Finalement on a $M = PAP^{-1}PBP^{-1}$ et les matrices $PAP^{-1} = R$, $PBP^{-1} = S$ sont dans $\mathrm{GL}_n(\mathbb{K})$, avec S semblable à R^{-1}. La question IV.1.b) montre alors $M \in \mathcal{E}_n(\mathbb{K})$.

b) Il reste à voir que si $M \in \mathrm{SL}_n(\mathbb{K})$ est une homothétie, alors M est dans $\mathcal{E}_n(\mathbb{K})$. Ecrivons donc $M = \alpha I_n$, avec $\alpha^n = 1$. Alors :

$$A = \begin{pmatrix} 1 & & & & \\ & \alpha^{n-1} & & & \\ & & \alpha^{n-2} & & \\ & & & \ddots & \\ & & & & \alpha \end{pmatrix} \begin{pmatrix} \alpha & & & & \\ & \alpha^2 & & & \\ & & \ddots & & \\ & & & \alpha^{n-1} & \\ & & & & 1 \end{pmatrix}.$$

Il est clair que R et S sont dans $\mathrm{GL}_n(\mathbb{K})$, que R et S^{-1} sont semblables (il s'agit de matrices diagonales ayant mêmes valeurs propres avec les mêmes multiplicités puisque $1/\alpha^k = \alpha^{n-k}$ pour tout $k \in [\![1, n]\!]$).

3. • $(i) \Rightarrow (ii)$: si $A = X_1 X_2 X_3$ et $B = X_2 X_1 X_3$ alors

$$\det(A) = \det(B) = \det(X_1)\det(X_2)\det(X_3).$$

• $(ii) \Rightarrow (i)$: inversement, supposons $\det(A) = \det(B)$. La question IV.2 montre que AB^{-1} s'écrit $XYX^{-1}Y^{-1}$ où X et Y sont dans $\mathrm{GL}_n(\mathbb{K})$. Posons $X_1 = X$, $X_2 = Y$, $X_3 = X^{-1}Y^{-1}B$. On a alors

$$\begin{cases} X_2 X_1 X_3 = B \\ X_1 X_2 X_3 = XYX^{-1}Y^{-1}B = AB^{-1}B = A \end{cases}$$

Commentaires. *Le résultat de la partie II (factorisation LU) est utilisé en analyse numérique matricielle. Le lecteur pourra consulter le livre de P.G. Ciarlet, "Analyse numérique matricielle et optimisation" (Masson), pour des précisions. La factorisation LU peut être vue comme cas particulier du théorème de décomposition de Bruhat. Pour énoncer ce dernier, notons si $\sigma \in \mathcal{S}_n$, P_σ la matrice de permutation $(p_{ij})_{1 \leqslant i,j \leqslant n}$ définie par $p_{ij} = 0$ si $j \neq \sigma(i)$ et $p_{ij} = 1$ si $j = \sigma(i)$, et désignons par E_σ l'ensemble des matrices de la forme $LP_\sigma U$ où $L \in \mathcal{L}_n(\mathbb{K})$ et $U \in \mathcal{U}_n(\mathbb{K})$. On a le :*

Théorème. *Les E_σ pour $\sigma \in \mathcal{S}_n$ forment une partition de $\mathrm{GL}_n(\mathbb{K})$.*

On peut ainsi réinterpréter la factorisation LU comme la description de l'ensemble E_{id} ; pour $\mathbb{K} = \mathbb{R}$ ou $\mathbb{C}$, le théorème de factorisation LU montre ainsi que E_{id} est ouvert et dense dans $\mathrm{GL}_n(\mathbb{K})$ (donc dans $\mathcal{M}_n(\mathbb{K})$), ce qui justifie la dénomination "grosse cellule" traditionnellement donnée à E_{id}. La *preuve de la décomposition de Bruhat est un excellent exercice pour le lecteur, qui pourra par exemple utiliser judicieusement les opérations élémentaires. On trouvera une correction détaillée dans S. Francinou, H. Gianella, S. Nicolas, "Exercices de Mathématiques, Oraux X-ENS", Cassini, 2001 exercices 6.3 et 7.16.*

Le théorème prouvé dans ce problème est l'analogue d'un résultat "additif" plus connu, qui fournit, si $\mathbb{K}$ est un corps de caractéristique nulle et M dans $\mathcal{M}_n(\mathbb{K})$, l'équivalence entre

    (i) $\operatorname{Tr} M = 0$,

    (ii) il existe $(A, B) \in \mathcal{M}_n(\mathbb{K})^2$, $M = AB - BA$.

Seule l'implication (i) $\Longleftarrow$ (ii) mérite une preuve. L'argument le plus classique consiste à montrer que si $\operatorname{Tr} M = 0$, M est semblable à une matrice N à diagonale nulle. On observe alors, si D est une matrice diagonale à termes diagonaux deux à deux distincts, qu'il existe $C \in \mathcal{M}_n(\mathbb{K})$ telle que l'on ait $N = CD - DC$ (c'est un calcul facile). En combinant ces deux points, on montre aisément le résultat. Pour l'analogue multiplicatif établi dans ce problème, on a suivi une démarche similaire, en montrant que si $\det M = 1$, M est semblable à une matrice dont tous les mineurs principaux valent 1, puis en montrant qu'une telle matrice est de la forme $CDC^{-1}D^{-1}$. Les deux résultats sont dus à K. Shoda (1936). Dans le livre de R.A. Horn et C.R. Johnson, "Topics in Matrix Analysis" (Cambridge University Press), on trouvera des énoncés plus généraux et beaucoup de renseignements complémentaires.

Si G est un groupe, les éléments de G de la forme $aba^{-1}b^{-1}$ sont appelés les commutateurs de G. En dehors du cas très particulier où $n = 2$ et $\mathbb{K}$ est le corps $\mathbb{Z}/2\mathbb{Z}$, on montre classiquement que le sous-groupe de $\operatorname{GL}_n(\mathbb{K})$ engendré par les commutateurs est $\operatorname{SL}_n(\mathbb{K})$. Le résultat du problème est plus précis, puisqu'il établit que tout élément de $\operatorname{SL}_n(\mathbb{K})$ est un commutateur.

Solution du problème 25
Produits d'endomorphismes nilpotents

PARTIE I. *Généralités.*

1. Puisque u_1 est nilpotent, il n'est pas injectif. En effet, si r est le plus petit entier k tel que $u^k = 0$, on a $u^r = 0$ et $u^{r-1} \neq 0$ de sorte que $\operatorname{Im} u^{r-1} \subset \operatorname{Ker} u$. Par suite, $u_p \circ \cdots \circ u_1$ n'est pas injectif, donc n'est pas inversible. *Notons que comme on est en dimension finie, on aurait aussi pu utiliser le déterminant.*

2. Posons $M = (m_{ij})_{1 \leqslant i,j \leqslant n}$. Pour tout $k \geqslant 1$, la matrice M^k est triangulaire supérieure avec pour coefficients diagonaux les m_{ii}^k. Pour que M soit nilpotente, il faut donc que tous ses coefficients diagonaux soient nuls. Si réciproquement cette condition est satisfaite, alors on démontre aisément par récurrence sur k la propriété

   "si $j < i + k$, alors le coefficient $(M^k)_{i,j}$ est nul"

   Pour $k = 1$, cela revient à la condition "M est triangulaire supérieure à diagonale nulle". Pour la propagation de la propriété du rang k au rang $k+1$, cela résulte directement des formules du produit matriciel.

3. Soit $(e_1, e_2, \ldots, e_p)$ une base de F, que l'on peut complèter en une base $(e_1, e_2, \ldots, e_n)$ de E. Soit f l'endomorphisme de E défini par $f(e_i) = 0$ pour $1 \leqslant i \leqslant p$ et $f(e_i) = e_{i-1}$ pour $p+1 \leqslant i \leqslant n$. Il est clair que le noyau de f est exactement F. Par ailleurs, pour tout i, $f^{n-p+1}(e_i) = 0$, de sorte que $f^{n-p+1} = 0$. Donc f est nilpotent.

4. a) Supposons par l'absurde que $F \cup G = E$. Soit x un vecteur de E qui n'est pas dans F (il en existe par hypothèse). Alors x appartient forcément à G. De même, il existe $y \in F$ tel que $y \notin G$. Mais alors le vecteur $x + y$ ne peut appartenir ni à F ni à G sans amener une contradiction avec ce qui précède.

   b) Parmi les sous-espaces de E qui sont en somme directe avec E_1 et avec E_2 (il y en a, par exemple l'espace nul) prenons en un qui est de dimension maximale. Notons le H. Supposons que $\dim(E_1 \oplus H) = \dim(E_2 \oplus H) < n$. D'après la question précédente, il existe un vecteur x dans $E \setminus ((E_1 \oplus H) \cup (E_2 \oplus H))$. Posons $H' = H \oplus \mathbb{K}x$. Le sous-espace H' est encore en somme directe avec E_1 et E_2, contredisant ainsi la maximalité de H. On a donc $\dim(E_1 \oplus H) = \dim(E_2 \oplus H) = n$ et H est un supplémentaire commun à E_1 et E_2.

PARTIE II. *Lemme de factorisation.*

1. • $(iii) \Longrightarrow (i)$: évident.
   • $(i) \Longrightarrow (ii)$: considérons $x \in \operatorname{Ker} c$. On a alors $a(x) = b(c(x)) = b(0) = 0$, donc $x \in \operatorname{Ker} a$.

- $(ii) \implies (iii)$: l'unicité d'une solution éventuelle est évidente, car la relation $a = b \circ c$ impose b sur $\operatorname{Im} c$, et, comme $b_{|S} = 0$ et $S \oplus \operatorname{Im} c = E$, il y a un seul choix possible pour b. L'existence repose sur l'observation suivante : si x et y sont dans E et $c(x) = c(y)$, alors $y - x \in \operatorname{Ker} c$ donc, par (ii), $y - x \in \operatorname{Ker} a$ et $a(x) = a(y)$. On peut ainsi définir de façon cohérente b sur $\operatorname{Im} c$ par $b(c(x)) = a(x)$ pour tout $x \in E$. Il est facile de voir que b est linéaire sur $\operatorname{Im} c$ et admet un unique prolongement linéaire à E nul sur S.

2. a) Comme u n'est pas inversible, $\dim \operatorname{Ker} u \in [\![1, n]\!]$ et l'existence de v provient alors de I.3.

   b) Par le théorème du rang, $\operatorname{rg} u = \operatorname{rg} v$ et l'existence d'un supplémentaire commmun T à $\operatorname{Im} u$ et $\operatorname{Im} v$ découle de I.4.b).

   c) Cela résulte de la question II.1 puisque $\operatorname{Ker} v \subset \operatorname{Ker} u$.

   d) Puisque $u = w \circ v$, on a $\operatorname{Im} u \subset \operatorname{Im} w$. D'autre part, w est nul sur T qui est un supplémentaire de $\operatorname{Im} u$ dans E, donc de dimension égale à $\dim \operatorname{Ker} u$. On a donc $\operatorname{rg} u \leqslant \operatorname{rg} w$ et $\dim \operatorname{Ker} u \leqslant \dim \operatorname{Ker} w$. Le théorème du rang montre que ces deux inégalités sont des égalités. Reprenant les considérations précédentes, cela implique $\operatorname{Im} u = \operatorname{Im} w$ et $\operatorname{Ker} w = T$. Comme T est non nul (car u n'est pas inversible), w est non inversible et appartient donc à $\mathcal{F}(E)$.

PARTIE III. *Génération du groupe linéaire.*

1. a) On $T_{r,s}^{(p)}(\lambda) T_{r,s}^{(p)}(\lambda') = T_{r,s}^{(p)}(\lambda + \lambda')$. Comme $T_{r,s}^{(p)}(0) = \operatorname{Id}$, $T_{r,s}^{(p)}(\lambda)$ est inversible, d'inverse $T_{r,s}^{(p)}(-\lambda)$.

   b) Cela découle de la question précédente, et du fait que si $X_1, \ldots, X_r$ sont dans $\operatorname{GL}_p(\mathbb{K})$, $X_1 \ldots X_r$ est dans $\operatorname{GL}_p(\mathbb{K})$, d'inverse $X_r^{-1} \ldots X_1^{-1}$.

2. a) Rappelons les résultats suivants concernant les opérations élémentaires sur les lignes et colonnes.

   • Si $M' = T_{r,s}^{(p)}(\lambda) M$, les lignes de M' d'indice $i \neq r$ sont celles de M, et la r-ième ligne de M' s'obtient à partir de la r-ième ligne de M en ajoutant la s-ième ligne de M multipliée par λ.

   • Si $M'' = M T_{r,s}^{(p)}(\lambda)$, les colonnes de M'' d'indice $i \neq s$ sont celles de M, et la s-ième colonne de M'' s'obtient à partir de la s-ième colonne de M en ajoutant la r-ième colonne de M multipliée par λ.

   b) Observons que la deuxième colonne de M est non nulle, sans quoi M ne serait pas inversible.

   • Premier cas : $m_{12} \neq 0$. Dans ce cas, la matrice $M' = M T_{2,1}^{(p)}(\lambda)$ vérifie $m'_{11} = m_{11} + \lambda m_{12}$ et il suffit de choisir λ tel que l'on ait la relation $m_{11} + \lambda m_{12} = 1$.

   • Deuxième cas : $m_{12} = 0$. Soit $i \in [\![2, p]\!]$ tel que $m_{i2} \neq 0$. On multiplie M à gauche par $T_{1,i}^{(p)}(1)$ obtenant ainsi M'' telle que $m''_{1,2} = m_{i2}$, ce qui permet de se ramener au premier cas.

   c) On peut supposer, grâce à la question précédente, que $m_{11} = 1$. On multiplie alors M à droite par $T_{1,2}^{(p)}(-m_{12}) \ldots T_{1,p}^{(p)}(-m_{1p})$ obtenant ainsi une matrice N dont la première ligne est $(1, 0, \ldots, 0)$. Puis on multiplie N à gauche par $T_{2,1}^{(p)}(-n_{21}) \ldots T_{p,1}^{(p)}(-n_{p1})$ et on obtient une matrice ayant la forme désirée

3. a) Cela découle des règles du produit par blocs, qui imposent, si A, B sont dans $\mathcal{M}_{p-1}(\mathbb{K})$

$$
\begin{pmatrix} 1 & 0 & \cdots & 0 \\ 0 & & & \\ \vdots & & A & \\ 0 & & & \end{pmatrix}
\begin{pmatrix} 1 & 0 & \cdots & 0 \\ 0 & & & \\ \vdots & & B & \\ 0 & & & \end{pmatrix}
=
\begin{pmatrix} 1 & 0 & \cdots & 0 \\ 0 & & & \\ \vdots & & AB & \\ 0 & & & \end{pmatrix}
$$

et de l'égalité

$$
\begin{pmatrix} 1 & 0 & & \cdots & & 0 \\ 0 & & & & & \\ \vdots & & & T_{r,s}^{(p-1)}(\lambda) & & \\ 0 & & & & & \end{pmatrix}
= T_{r+1,s+1}^{(p)}(\lambda)
$$

b) Le cas $p = 1$ est banal. Supposons le résultat acquis à l'ordre $p - 1$, où $p \geqslant 2$, et considérons M dans $\mathrm{GL}_p(\mathbb{K})$. La question III.2.c) prouve qu'il existe U et V dans G_p telles que UMV soit de la forme

$$
\begin{pmatrix} 1 & 0 & \cdots & 0 \\ 0 & & & \\ \vdots & & \widetilde{M} & \\ 0 & & & \end{pmatrix}
$$

La matrice $\widetilde{M}$ est nécessairement inversible (car U, V le sont) et on peut lui appliquer l'hypothèse de récurrence. Il existe donc R, S dans G_{p-1} et $\mu \in \mathbb{K}^*$ tels que $R\widetilde{M}S = D_\mu^{p-1}$. D'où

$$
\begin{pmatrix} 1 & 0 & \cdots & 0 \\ 0 & & & \\ \vdots & & R & \\ 0 & & & \end{pmatrix}
UMV
\begin{pmatrix} 1 & 0 & \cdots & 0 \\ 0 & & & \\ \vdots & & S & \\ 0 & & & \end{pmatrix}
= D_\mu^p
$$

et le résultat suit étant donné que U, V sont dans G_p ainsi que les deux autres matrices d'après la question a).

Commentaires. *Le lecteur connaissant la notion de sous-groupe engendré par une partie observera que G_p est exactement le sous-groupe engendré par les $T_{r,s}^{(p)}(\lambda)$. D'autre part, le résultat de III.3.b) montre aussitôt que $G_p = \mathrm{SL}_p(\mathbb{K})$ (groupe des matrices de déterminant 1), tandis que les matrices $T_{r,s}^{(p)}(\lambda)$ et*

$D_\mu^{(p)}$, pour r, s décrivant $[\![1, p]\!]^2$ avec $r \neq s$, λ décrivant $\mathbb{K}$ et μ décrivant $\mathbb{K}^*$, engendrent $\mathrm{GL}_p(\mathbb{K})$. Le système de générateurs obtenu est très utile. Comme application, le lecteur pourra en déduire tous les morphismes continus de $\mathrm{GL}_p(\mathbb{R})$ dans $(\mathbb{R}^*, \times)$.

PARTIE IV. *Le résultat.*

1. • $(i) \implies (ii)$: on prend $(e_1, \ldots, e_d)$ une base de $\mathrm{Im}\, g$ et $(e_{d+1}, \ldots, e_n)$ une base de $\mathrm{Ker}\, g$. Comme $\mathrm{Ker}\, g \oplus \mathrm{Im}\, g = E$, $e = (e_1, \ldots, e_n)$ est une base de E dans laquelle la matrice de g a la forme indiquée (l'inversibilité de P provient de ce que P est de rang $\mathrm{rg}\, g = d$).
   • $(ii) \implies (i)$: les d premières colonnes de $\mathrm{Mat}_e(g)$ sont linéairement indépendantes (car P est inversible) et les $n - d$ dernières sont nulles. Il en résulte que $\mathrm{rg}\, g = d$ (en particulier g n'est pas inversible) et que le noyau de g est égal à $\mathrm{Vect}(e_{d+1}, \ldots, e_n)$. Comme $\mathrm{Im}\, g$ est égal à $\mathrm{Vect}(e_1, \ldots, e_d)$, le résultat suit.

2. Cela résulte immédiatement de la partie III, puisque $T_{r,s}^{(d)}(\lambda)$ est dans $\mathcal{T}_d^+(\mathbb{K})$ si $r < s$, dans $\mathcal{T}_n^-(\mathbb{K})$ si $r > s$, et que $D_\mu^{(p)}$ est dans $\mathcal{T}_d^+(\mathbb{K})$.

3. Écrivons $Q = T_r \ldots T_1$ où chaque $T_i \in \mathcal{M}_d(\mathbb{K})$ est triangulaire (supérieure ou inférieure). Posons $T_i' = \begin{pmatrix} T_i & 0 \\ 0 & 0 \end{pmatrix} \in \mathcal{M}_n(\mathbb{K})$. Le calcul par blocs montre que $\begin{pmatrix} Q & 0 \\ 0 & 0 \end{pmatrix} = T_r' \ldots T_1'$, ce qui est bien un produit de matrices de $\mathcal{T}_n^+(\mathbb{K}) \cup \mathcal{T}_n^-(\mathbb{K})$, ayant toutes leur dernière ligne et leur dernière colonne nulles.

4. Notons $e = (e_1, \ldots, e_n)$ la base canonique de $\mathbb{K}^n$, de sorte que l'on ait $J_n e_i = e_{i+1}$ si $1 \leqslant i \leqslant n - 1$ et $J_n e_n = 0$. La relation $M = N J_n$ se traduit par $M e_i = N e_{i+1}$ si $1 \leqslant i \leqslant n - 1$ et $M e_n = 0$. La dernière relation n'apporte rien, puisqu'on sait que la dernière colonne de M est nulle. Il reste à voir s'il existe $N \in \mathcal{M}_n(\mathbb{K})$ nilpotente, telle que pour tout $i \in [\![1, n - 1]\!]$, on ait $N e_{i+1} = M e_i$. En fait, il suffit de définir N par ces relations et la condition supplémentaire $N e_n = 0$. Puisque $M \in \mathcal{T}_n^+(\mathbb{K})$, $M e_i \in \mathrm{Vect}(e_1, \ldots, e_i)$ pour tout i, ce qui implique que N est triangulaire supérieure à termes diagonaux nuls, donc nilpotente par I.2.

5. Comme dans la question précédente, on montre que toute matrice triangulaire inférieure $M \in \mathcal{T}_n^-(\mathbb{K})$ ayant sa dernière ligne nulle s'écrit comme produit de deux matrices nilpotentes (il suffit en fait de transposer). Il en résulte, avec les notations de IV.3, que $\begin{pmatrix} Q & 0 \\ 0 & 0 \end{pmatrix}$ est produit de matrices nilpotentes. Compte-tenu de IV.1, cela prouve que tout $g \in \mathcal{F}(E)$ est produit d'endomorphismes nilpotents. Mais si u n'est pas inversible, u s'écrit (d'après II.2.) $u = w \circ v$ où $w \in \mathcal{F}(E)$ et $v \in \mathcal{N}(E)$ et est donc produit de nilpotents. La question I.1 a par ailleurs montré qu'un produit d'endomorphismes nilpotents est non inversible. On a donc prouvé le

Théorème. *Les endomorphismes de E qui peuvent s'écrire comme produit d'endomorphismes nilpotents sont exactement les endomorphismes non inversibles.*

Commentaires. *La plupart des résultats établis dans ce problème sont très classiques, et le lecteur aura avantage à les connaître. Citons en vrac : condition de nilpotence d'une matrice triangulaire (I.2), existence d'un supplémentaire commun pour deux sous-espaces de même dimension d'un espace de dimension finie (I.4), caractérisation matricielle des endomorphismes dont l'image et le noyau sont en somme directe (IV.1), générateurs de $\mathrm{GL}_n(\mathbb{K})$ (III).*

Le dernier de ces points est particulièrement utile. Le lecteur pourra, par exemple, l'appliquer aux questions suivantes :

- *Détermination des morphismes de $\mathrm{GL}_n(\mathbb{K})$ dans $\mathbb{K}^*$ vérifiant certaines conditions (continuité si $\mathbb{K} = \mathbb{R}$ ou $\mathbb{C}$, caractère polynomial dans le cas général).*
- *Détermination des composantes connexes (par arcs) de $\mathrm{GL}_n(\mathbb{R})$. Il y en a deux, constituées des matrices de déterminant strictement positif, ou de déterminant strictement négatif.*

Chapitre 7
Géométrie

Vrai ou faux ?

1. Si F est un sous-espace d'un espace euclidien, alors $(F^\perp)^\perp = F$.

2. Si $(e_1, \ldots, e_r)$ est une famille orthonormée de vecteurs d'un espace euclidien E, et si x est dans E, alors $\|x\|^2 \geqslant \displaystyle\sum_{i=1}^{r} <x, e_i>^2$.

3. Dans l'espace euclidien orienté $\mathbb{R}^3$, si $\vec{u} \wedge \vec{v} = \vec{0}$, alors $\vec{u} = \vec{0}$ ou $\vec{v} = \vec{0}$.

4. Un projecteur orthogonal d'un espace euclidien E est un endomorphisme orthogonal de E.

5. Si p_1 et p_2 sont deux projecteurs orthogonaux d'un espace euclidien E, et si $x \in E$ vérifie $p_2 \circ p_1(x) = x$, alors $p_1(x) = p_2(x) = x$.

6. Tout endomorphisme de déterminant 1 d'un espace euclidien E est une isométrie de E.

7. Si u, v, w sont trois isométries d'un espace euclidien E, et sont telles que $u = \dfrac{1}{2}(v + w)$, alors $u = v = w$

8. Si u est une application affine de l'espace vectoriel E dans lui-même, et si K est une partie convexe de E, alors $u(K)$ est convexe.

9. Si u est une application de $\mathbb{R}^2$ dans lui-même telle que l'image par u de tout convexe de $\mathbb{R}^2$ est un convexe de $\mathbb{R}^2$, alors u est affine.

10. Deux droites de $\mathbb{R}^3$ admettent une perpendiculaire commune.

11. L'intersection de deux sphères de $\mathbb{R}^3$ est un cercle, éventuellement vide.

12. L'image d'un cercle du plan par une application affine est un cercle.

13. Une application affine f de $\mathbb{R}^3$ dans $\mathbb{R}^3$ telle que $\overrightarrow{Mf(M)}$ soit de norme constante, est une translation.

14. Soit $\mathcal{C}$ une conique de $\mathbb{R}^2$ qui n'est pas un cercle. Alors l'image de $\mathcal{C}$ par une similitude est une conique de même excentricité.

15. Si r et r' sont deux rotations (affines) de $\mathbb{R}^3$, et si $r' \circ r$ est une translation, les axes de r et r' sont parallèles.

16. Soit I un intervalle ouvert de $\mathbb{R}$, et $M : I \to \mathbb{R}^2$ un arc de classe $\mathcal{C}^1$ régulier. Soit $A \in \mathbb{R}^2$. Si le point de paramètre t_0 et l'arc M est tel que pour tout $t \in I, \|\overrightarrow{AM(t)}\| \geqslant \|\overrightarrow{AM(t_0)}\|$, alors la tangente à M au point de paramètre t_0 est orthogonale à $\overrightarrow{AM(t_0)}$.

17. Si un arc de classe $\mathcal{C}^2$ birégulier est contenu dans un cercle de rayon $r > 0$, la valeur absolue du rayon de courbure de cet arc est en tout point majorée par r.

18. Tout arc birégulier de classe $\mathcal{C}^2$ dont la courbure est constante non nulle est contenu dans un arc de cercle.

Pour la solution, voir page 237.

Problème 26
Parties intégrales du plan

Prérequis. *Coniques, nombres complexes.*

Définitions et notations.

- On se place dans le plan affine euclidien $\mathbb{R}^2$.
- On dira qu'une partie X du plan est *intégrale* si la distance entre deux points quelconques de X est toujours un entier.

Introduction. *La première partie est consacrée à la description des parties intégrales infinies, et la seconde montre que pour tout entier n, il existe des parties intégrales de n points dont 3 quelconques ne sont pas alignés.*

PARTIE I. *Parties intégrales infinies.*

Dans cette partie X désigne une partie intégrale infinie.

1. Donner un exemple de partie intégrale infinie.
2. Soit F, F' deux points distincts du plan, a un réel positif et

$$(\mathcal{H}) = \{M \in \mathbb{R}^2, \ |MF - MF'| = 2a\}.$$

   Décrire l'ensemble $(\mathcal{H})$ en fonction de la position de $2a$ par rapport à la distance FF'.
3. On suppose qu'il existe trois points A, B, C de X non alignés. Pour tout entier naturel k, on considère $\mathcal{H}_k = \{M \in \mathbb{R}^2, \ |MA - MB| = k\}$ et $\mathcal{H}'_k = \{M \in \mathbb{R}^2, \ |MA - MC| = k\}$. On pose $p = AB \in \mathbb{N}^*$ et $q = AC \in \mathbb{N}^*$.

   a) Montrer que $X \subset \bigcup_{k=0}^{p} \mathcal{H}_k$.

   b) En déduire qu'il existe $i \in [\![0, p]\!]$ et $j \in [\![0, q]\!]$ tel que $\mathcal{H}_i \cap \mathcal{H}'_j$ est infini.

   c) Montrer par ailleurs que $\mathrm{Card}(\mathcal{H}_i \cap \mathcal{H}'_j) \leqslant 4$. Conclure.
4. Décrire X.

PARTIE II. *Parties intégrales finies.*

Dans cette partie on identifie le plan $\mathbb{R}^2$ avec $\mathbb{C}$. On note G l'ensemble des complexes $a + ib$ de module 1 avec $(a, b) \in \mathbb{Q}^2$.

1. Donner une partie intégrale formée de 3 points non alignés.
2. Soient θ, θ' deux réels. Calculer le module de $e^{i\theta} - e^{i\theta'}$.

3. En utilisant les formules donnant $\cos\theta$ et $\sin\theta$ en fonction de $\tan\dfrac{\theta}{2}$, montrer que G est infini.

4. Montrer que si $z \in G$ alors il en est de même de z^2.

5. On pose $G' = \{z^2,\ z \in G\}$. Montrer que G' est infini.

6. Montrer que la distance entre deux points quelconques de G' est dans $\mathbb{Q}$.

7. En déduire qu'il existe pour tout entier $n \geqslant 1$ une partie intégrale formée de n points cocycliques.

Pour la solution, voir page 242.

Problème 27
Le groupe de Weyl F_4

Prérequis. *Espaces euclidiens, structure de groupe.*

Définitions et notations.

- On se place dans un espace euclidien E de dimension 4, muni d'une base orthonormée (e_1, e_2, e_3, e_4). Le produit scalaire est noté $\langle\ ,\ \rangle$.
- On considère

$$R_1 = \{\varepsilon e_i, \quad 1 \leqslant i \leqslant 4, \quad \varepsilon = \pm 1\}$$

$$R_2 = \{\varepsilon_i e_i + \varepsilon_j e_j, \quad 1 \leqslant i < j \leqslant 4, \quad \varepsilon_i = \pm 1, \quad \varepsilon_j = \pm 1\}$$

$$R_3 = \left\{\frac{1}{2}\sum_{i=1}^{4} \varepsilon_i e_i, \quad \forall i, \ \varepsilon_i = \pm 1\right\}$$

- On pose $R = R_1 \cup R_2 \cup R_3$ et on note G l'ensemble des éléments f de $O(E)$ tels que $f(R) \subset R$.
- Pour tout vecteur non nul u de E, on désigne par s_u la reflexion orthogonale par rapport à l'hyperplan $(\mathbb{R}u)^\perp$.
- Si X est une partie finie non vide de E, on note $W(X)$ l'ensemble des produits finis $s_{u_1} \circ \cdots \circ s_{u_r}$, où $r \in \mathbb{N}^*$ et où les u_i sont des vecteurs non nuls de X.

Introduction. *L'objectif du problème est de montrer que G est un groupe engendré par un nombre fini de réflexion et de déterminer son cardinal. Ce groupe, traditionnellement noté F_4, est un des "groupes de Coxeter" exceptionnels (cf. commentaire après la solution).*

PARTIE I. *Généralités.*

1. Soit u un vecteur non nul de E. Montrer qu'il existe un unique vecteur v de E, à préciser, tel que pour tout $x \in E$,

$$s_u(x) = x - \langle v, x\rangle u.$$

2. Soit X une partie finie non vide de E. Montrer que $W(X)$ est un sous-groupe de $O(E)$.
3. Quels sont les cardinaux des ensembles R_1, R_2, R_3 et R? Préciser la norme d'un vecteur de R_1, R_2, R_3.
4. Soit $f \in G$. Montrer que $f(R) = R$ et que f induit une bijection de R sur lui-même. En déduire que G est un sous-groupe de $O(E)$.

5. En observant que R contient la base (e_1, e_2, e_3, e_4), montrer que G est fini.

6. Soit $f \in O(E)$. Montrer qu'on a l'équivalence : $f \in G \iff f(R_2) = R_2$.

PARTIE II. *Un sous-groupe de G.*

On note H le sous-groupe de G formé des éléments f tels que $f(R_1) = R_1$.

1. Décrire les éléments de H et déterminer le cardinal de H.

2. Etablir que

$$H = W(\{e_1, e_2, e_3, e_4\} \cup \{e_i - e_j, \ i \neq j\}) = W(R_1 \cup R_2)$$

PARTIE III. *G est un groupe de Coxeter.*

1. Soit $f \in G$. On suppose qu'il existe $i \in [\![1, 4]\!]$ tel que $f(e_i) \in R_1$. Montrer que $f \in H$.

2. Soit $u = \dfrac{1}{2} \sum_{i=1}^{4} \varepsilon_i e_i$ un élément de R_3. Déterminer les composantes de $s_u(e_1)$ dans la base (e_1, e_2, e_3, e_4).

3. Soit $f \in G$, $f \notin H$. Montrer qu'il existe $u \in R_3$ et $\varepsilon \in \{\pm 1\}$ tels que $s_u(e_1) = \varepsilon f(e_1)$.

4. Montrer que $G = W(R)$.

PARTIE IV. *Le cardinal de G.*

1. Soit u et v dans R_3. Montrer que $s_u \circ s_v \in H$ si et seulement si il existe $i \in [\![1, 4]\!]$ et $\varepsilon \in \{\pm 1\}$ tels que $s_v(e_1) = \varepsilon s_u(e_i)$.

2. Soit $u = \dfrac{1}{2} \sum_{i=1}^{4} \varepsilon_i e_i$ un élément de R_3. Déterminer les valeurs $\delta_1, \delta_2, \delta_3, \delta_4$ dans $\{\pm 1\}$ telles que $v = \dfrac{1}{2} \sum_{i=1}^{4} \delta_i e_i$ vérifie $s_u \circ s_v \in H$.

3. Quel est le cardinal de G?

Pour la solution, voir page 245.

Problème 28
Le grand théorème de Poncelet

Prérequis. *Géométrie du plan, arcs paramétrés, nombres complexes.*

Définitions et notations.

- Le plan $\mathbb{R}^2$ est muni de sa structure affine euclidienne canonique, et il est identifié à $\mathbb{C}$.
- On pose $S = \{z \in \mathbb{C}, |z| = 1\}$ (sphère unité) et $D = \{z \in \mathbb{C}, |z| < 1\}$ (disque unité ouvert).
- G désigne l'ensemble des applications $f \in \mathcal{C}^1(\mathbb{R}, \mathbb{R})$ telles que :
  (i) $\forall t \in \mathbb{R}, f'(t) > 0$.
  (ii) $\forall t \in \mathbb{R}, f(t + 2\pi) = f(t) + 2\pi$.
- De plus, pour $\alpha \in \mathbb{R}$ on notera τ_α l'élément de G défini par $\tau_\alpha(t) = t + \alpha$.

Introduction. *Soient deux cercles Γ_1 et Γ_2 du plan, tels que Γ_2 soit contenu dans le disque ouvert délimité par Γ_1. Si M est un point de Γ_1, il passe par M deux tangentes à Γ_2, et chacune d'entre elles recoupe Γ_1. Ceci permet de définir deux applications de Γ_1 dans lui-même. Le but du problème est l'étude de ces applications, notamment de leurs itérées.*

PARTIE I. *Conjugaison dans G.*

1. a) Soit $f \in G$. Montrer que $\lim_{t \to +\infty} f(t) = +\infty$ et que $\lim_{t \to -\infty} f(t) = -\infty$.
   b) En déduire que G est un sous-groupe du groupe des bijections de $\mathbb{R}$ dans $\mathbb{R}$.
2. Si $f \in G$, vérifier que f' est 2π-périodique. Réciproquement, si h est une fonction continue 2π-périodique de $\mathbb{R}$ dans $\mathbb{R}_+^*$, à quelle condition existe-t-il une fonction $f \in G$ telle que $f' = h$?
3. Dans cette question, $f \in G$ est fixé.
   a) On suppose que l'on peut trouver $(\alpha, \varphi) \in \mathbb{R} \times G$ tels que
   $$\varphi \circ f \circ \varphi^{-1} = \tau_\alpha.$$
   Comparer φ' et $f' \times (\varphi' \circ f)$.
   b) On suppose que l'on peut trouver $h \in \mathcal{C}^1(\mathbb{R}, \mathbb{R}^{+*})$, 2π-périodique, telle que $h = f' \times (h \circ f)$. Montrer que l'on peut trouver $(\alpha, \varphi) \in \mathbb{R} \times G$ tels que
   $$\varphi \circ f \circ \varphi^{-1} = \tau_\alpha.$$

4. Si $f \in G$, montrer qu'il existe une unique application $\widehat{f}$ de S dans S, telle que pour tout $t \in \mathbb{R}$,

$$\widehat{f}(e^{it}) = e^{if(t)}.$$

Calculer $\widehat{f \circ g}$ en fonction de $\widehat{f}$ et $\widehat{g}$, et reconnaître $\widehat{\tau_\alpha}$.

PARTIE II. *L'application de Poncelet.*

1. Soient u et p dans $\mathbb{R}$ et Δ la droite d'équation $x \cos u + y \sin u = p$.
   a) Montrer que Δ coupe S si et seulement si $|p| \leqslant 1$.
   b) On suppose que $p = \cos v$. Déterminer $\Delta \cap S$.

Dans la suite, γ est une application de $\mathbb{R}$ dans $\mathbb{C}$, de classe $\mathcal{C}^1$ et 2π-périodique. On note $\Gamma = \gamma(\mathbb{R})$. De plus, on suppose qu'il existe une application p dans $\mathcal{C}^1(\mathbb{R}, \mathbb{R})$, 2π-périodique, telle que la droite $D_t : x \cos t + y \sin t = p(t)$ soit tangente à Γ au point de paramètre t. On suppose enfin que $\Gamma \subset D$.

2. On pose $\gamma(t) = x(t) + iy(t)$. Après avoir vérifié que pour tout $t \in \mathbb{R}$ on a $x(t) \cos t + y(t) \sin t = p(t)$, montrer que $x'(t) \cos t + y'(t) \sin t = 0$ et en déduire que

$$\gamma(t) = e^{it}(p(t) + ip'(t)).$$

3. On considère les fonctions φ_1 et φ_2 définies pour $t \in \mathbb{R}$ par

$$\varphi_1(t) = t + \arccos p(t) \text{ et } \varphi_2(t) = t - \arccos p(t).$$

   a) Justifier ces définitions. Vérifier que $D_t \cap S = \{e^{i\varphi_1(t)}, e^{i\varphi_2(t)}\}$.
   b) Montrer que φ_1 et φ_2 sont dans G.
4. Montrer qu'on peut trouver $f \in G$ telle que, si $\theta \in \mathbb{R}$, les deux tangentes à Γ passant par $e^{i\theta}$ soient les droites passant par $e^{i\theta}$ et $e^{if(\theta)}$ pour l'une, et par $e^{i\theta}$ et $e^{if^{-1}(\theta)}$ pour l'autre.
5. Montrer que le point de Γ en lequel la droite passant par $e^{i\theta}$ et $e^{if(\theta)}$ est tangente à Γ est

$$z(\theta) = \frac{f'(\theta)e^{i\theta} + e^{if(\theta)}}{f'(\theta) + 1}.$$

6. Exprimer $f'(\theta)$ à l'aide de $e^{i\theta}, e^{if(\theta)}, z(\theta)$. Interpréter géométriquement.

PARTIE III. *Le théorème de Poncelet.*

Dans cette dernière partie, on reprend entièrement les notations des parties I et II. On suppose ici que Γ est un cercle inclus dans D, non forcément concentrique avec S.

1. Trouver γ et p de sorte que les hypothèses qui précèdent la question II.2 soient satisfaites.
2. Comparer géométriquement $|e^{if(\theta)} - z(\theta)|$ et $|e^{if(\theta)} - z(f(\theta))|$ pour $\theta \in \mathbb{R}$.

3. Montrer finalement qu'on peut trouver $\alpha \in \mathbb{R}$ et $\varphi \in G$ tels que

$$\varphi \circ f \circ \varphi^{-1} = \tau_\alpha.$$

4. On définit une suite $(w_n)_{n \geqslant 0}$ d'éléments de S de la façon suivante :
   - w_0 et w_1 sont distincts tels que la corde entre w_0 et w_1 soit tangente à Γ.
   - Si $n \geqslant 1$, la corde joignant w_n à w_{n+1} est tangente à Γ et distincte de la corde joignant w_n à w_{n-1}.

Montrer que le comportement périodique ou apériodique de (w_n) ne dépend pas du choix de w_0 et w_1.

Ce dernier résultat constitue le grand théorème de Poncelet.

Pour la solution, voir page 249.

Problème 29
Géométrie hyperbolique

Prérequis. *Nombres complexes, géométrie euclidienne, intégration, intégrale double, formule de Green-Riemann.*

Introduction. *La géométrie hyperbolique est un cas particulier de la géométrie riemannienne, développée par Riemann à la fin du XIXième siècle. En géométrie euclidienne, la norme d'un vecteur n'est aucunement liée à un point particulier de l'espace. L'idée de Riemann consiste à attribuer à un vecteur une longueur qui dépend du point où l'on se trouve. On pourrait dire que la "métrique" varie en fonction du point (c'est le cadre naturelle de la théorie de la relativité générale d'Einstein où la métrique est modifiée par la présence d'une masse). Le chemin le plus court permettant d'aller d'un point à un autre, qu'on appelle une géodésique, n'est alors pas forcément la ligne droite (il peut même en exister plusieurs, comme sur la sphère). Ce problème se propose de faire découvrir au lecteur le modèle du demi-plan de Poincaré de la géométrie hyperbolique. La première partie met en place les notions d'homographie et de birapport et établit qu'une homographie est une application conforme. Dans la seconde partie, le plan hyperbolique est défini, ainsi que sa métrique. Les géodésiques sont déterminées et l'on montre que la somme des angles d'un triangle hyperbolique est toujours inférieure à π. Enfin, la troisième partie est consacrée à une étude plus détaillée des isométries hyperboliques, qui sont à la géométrie hyperbolique ce que sont les isométries affines à la géométrie euclidienne.*

Définitions et notations.

- On désigne par *sphère de Riemann* l'ensemble obtenu en complétant le plan complexe d'un point "à l'infini" : $\widetilde{\mathbb{C}} = \mathbb{C} \cup \{\infty\}$.

- On appelle *homographie* toute application de $\widetilde{\mathbb{C}}$ dans $\widetilde{\mathbb{C}}$ de la forme

$$h : z \longmapsto \frac{az + b}{cz + d}$$

où $a, b, c, d \in \mathbb{C}$ vérifient $ad - bc \neq 0$, avec les conventions suivantes : si $c = 0$, h est définie *a priori* sur $\mathbb{C}$ (c'est une similitude directe) et prolongée à $\widetilde{\mathbb{C}}$ par $h(\infty) = \infty$. Si $c \neq 0$, la fonction n'est définie *a priori* que sur $\mathbb{C} \setminus \left\{ -\dfrac{d}{c} \right\}$. On pose alors $h\left(-\dfrac{d}{c} \right) = \infty$ et $h(\infty) = \dfrac{a}{c}$. On vérifie aisément qu'une homographie est une bijection de $\widetilde{\mathbb{C}}$. L'ensemble des homographies est noté $\mathcal{H}$.

PARTIE I. *Préliminaires.*

1. a) Vérifier effectivement qu'une homographie est une bijection de $\widetilde{\mathbb{C}}$.

   b) Soit $\Phi : \mathrm{GL}_2(\mathbb{C}) \to \mathcal{H}$ l'application qui à la matrice $\begin{pmatrix} a & b \\ c & d \end{pmatrix}$ associe l'homographie $z \longmapsto \dfrac{az+b}{cz+d}$. Montrer que Φ vérifie

   $$\Phi(AB) = \Phi(A) \circ \Phi(B)$$

   En déduire que l'ensemble $\mathcal{H}$ des homographies est un groupe pour la loi $\circ$.

   c) Montrer que le groupe $\mathcal{H}$ est engendré par l'ensemble des homographies de la forme $z \longmapsto \dfrac{1}{z}$, $z \longmapsto z + b$ $(b \in \mathbb{C})$, et $z \longmapsto az$ $(a \in \mathbb{C}^*)$.

2. Soit $h : z \longmapsto \dfrac{az+b}{cz+d}$ une homographie.

   a) Soit $\gamma : [0,1] \to \mathbb{C}$ un chemin de classe $\mathcal{C}^1$ ne passant pas par $-d/c$ si $c \neq 0$. Calculer la dérivée de l'application $h \circ \gamma : t \longmapsto \dfrac{a\gamma(t)+b}{c\gamma(t)+d}$.

   b) Soient $\gamma_1 : [0,1] \to \mathbb{C}$, $\gamma_2 : [0,1] \to \mathbb{C}$ deux applications de classe $\mathcal{C}^1$ ne passant pas par $-d/c$ si $c \neq 0$ et vérifiant

   $$\gamma_1(0) = \gamma_2(0) = z_0, \quad \gamma_1'(0) \neq 0, \quad \gamma_2'(0) \neq 0$$

   Montrer que l'angle $(\gamma_1'(0), \gamma_2'(0))$ est égal à l'angle $((h \circ \gamma_1)'(0), (h \circ \gamma_2)'(0))$. *On vient de montrer qu'une homographie conserve l'angle formé par deux courbes passant par z_0. On dit qu'une homographie est conforme en z_0.*

On appellera $\widetilde{\mathbb{C}}$-cercle toute partie de $\widetilde{\mathbb{C}}$ qui est

- soit un cercle de $\mathbb{C}$.
- soit une droite de $\mathbb{C}$ complétée par le point ∞.

Soient $a, c \in \mathbb{R}$, $b \in \mathbb{C}$ non tous nuls. On conviendra que $z = \infty$ vérifie la relation $a|z|^2 + 2\,\mathrm{Re}(bz) + c = 0$ si et seulement si $a = 0$. On pose alors, lorsque cet ensemble n'est ni vide ni réduit à un point,

$$\mathcal{C}_{(a,b,c)} = \{z \in \mathbb{C}, \ a|z|^2 + 2\,\mathrm{Re}(bz) + c = 0\}.$$

3. a) Montrer que $\mathcal{C}_{(a,b,c)}$ est un $\widetilde{\mathbb{C}}$-cercle, et que tout $\widetilde{\mathbb{C}}$-cercle admet une équation de cette forme.

   b) Montrer que l'image d'un $\widetilde{\mathbb{C}}$-cercle par une homographie est encore un $\widetilde{\mathbb{C}}$-cercle. On pourra utiliser la question 1.c).

Soient z_1, z_2, z_3, z_4 des éléments deux à deux distincts de $\widetilde{\mathbb{C}}$. On appelle *birapport* de ces éléments la quantité

$$[z_1, z_2, z_3, z_4] = \frac{z_3 - z_1}{z_3 - z_2} \frac{z_4 - z_2}{z_4 - z_1} \in \widetilde{\mathbb{C}}.$$

Ce birapport se prolonge naturellement dans le cas où deux (et seulement deux) des éléments sont égaux en considérant que si trois des z_i sont fixés, la dépendance vis-à-vis du quatrième est homographique. Le lecteur pourra vérifier que cela est bien cohérent.

4.   a) Soit h une homographie. Montrer que

$$[h(z_1), h(z_2), h(z_3), h(z_4)] = [z_1, z_2, z_3, z_4]$$

   (on pourra là aussi utiliser la question 1.c).

   b) Soient z_1, z_2, z_3 des points deux à deux distincts de $\widetilde{\mathbb{C}}$, ainsi que w_1, w_2, w_3 des points deux à deux distincts de $\widetilde{\mathbb{C}}$. Montrer qu'il existe une unique homographie h vérifiant $h(z_k) = w_k$ pour $k = 1, 2, 3$.

5.   a) Montrer que par les points 0, 1, et ∞ passe un unique $\widetilde{\mathbb{C}}$-cercle. En déduire que par trois points distincts de $\widetilde{\mathbb{C}}$ passe un unique $\widetilde{\mathbb{C}}$-cercle. *Quatre points de $\widetilde{\mathbb{C}}$ seront dits cocycliques ou alignés s'ils appartiennent à un même $\widetilde{\mathbb{C}}$-cercle.*

   b) Montrer que $z \in \widetilde{\mathbb{C}}$ est réel si et seulement si $[0, \infty, z, 1] \in \mathbb{R} \cup \{\infty\}$. En déduire que quatre points z_1, z_2, z_3, z_4 deux à deux distincts sont cocycliques ou alignés si et seulement si $[z_1, z_2, z_3, z_4] \in \mathbb{R}$. Quelle propriété classique du plan affine euclidien retrouve-t-on ainsi ?

PARTIE II. *Le plan hyperbolique.*

On commence par quelques définitions supplémentaires.

• On appelle *demi-plan de Poincaré* l'ensemble

$$\mathbb{H} = \{z \in \mathbb{C}; \ \mathrm{Im}(z) > 0\}.$$

On appelle bord de $\mathbb{H}$ le $\widetilde{\mathbb{C}}$-cercle $\partial\mathbb{H} = \mathbb{R} \cup \{\infty\}$, dont les éléments sont qualifiés de *points à l'infini* de $\mathbb{H}$.

• Etant donné $z_0 = x_0 + iy_0 \in \mathbb{H}$, on définit la norme relative au point z_0 par :

$$\forall u \in \mathbb{C}, \quad \|u\|_{z_0} = \frac{|u|}{y_0}$$

• Si $\gamma : [a, b] \to \mathbb{H}$ est une application de classe $\mathcal{C}^1$, on désigne par *longueur hyperbolique* de γ le réel

$$L_{\mathbb{H}}(\gamma) = \int_a^b \|\gamma'(t)\|_{\gamma(t)} dt$$

• Etant donnés z_0 et z_1 dans $\mathbb{H}$, on appelle *distance hyperbolique* de z_0 à z_1 le réel

$$d_{\mathbb{H}}(z_0, z_1) = \inf_{\gamma}(L_{\mathbb{H}}(\gamma)),$$

où γ parcourt tous les chemins de classe $\mathcal{C}^1$ joignant z_0 à z_1. On vérifie sans mal que $d_{\mathbb{H}}$ possède bien les propriétés d'une distance, à savoir, pour tous z_0, z_1, $z_2 \in \mathbb{H}$:

$$d_{\mathbb{H}}(z_0, z_1) \geqslant 0 \text{ et } d_{\mathbb{H}}(z_0, z_1) = 0 \iff z_0 = z_1$$
$$d_{\mathbb{H}}(z_0, z_1) = d_{\mathbb{H}}(z_1, z_0)$$
$$d_{\mathbb{H}}(z_0, z_2) \leqslant d_{\mathbb{H}}(z_0, z_1) + d_{\mathbb{H}}(z_1, z_2)$$

- Une *isométrie* de $\mathbb{H}$ est une bijection g de $\mathbb{H}$ dans lui-même vérifiant, pour tous z_0, $z_1 \in \mathbb{H}$, $d_{\mathbb{H}}(g(z_0), g(z_1)) = d_{\mathbb{H}}(z_0, z_1)$, c'est-à-dire une bijection qui conserve la distance hyperbolique.
- Enfin, un chemin $\gamma : [a, b] \to \mathbb{H}$ régulier (c'est-à-dire dont la dérivée ne s'annule pas) vérifiant $L_{\mathbb{H}}(\gamma) = d_{\mathbb{H}}(\gamma(a), \gamma(b))$, est appelée une *géodésique*.

1. Soient $\gamma : [a, b] \to \mathbb{H}$ une application de classe $\mathcal{C}^1$, $\phi : [a', b'] \to [a, b]$ de classe $\mathcal{C}^1$, dont la dérivée ne s'annule pas et vérifiant $\phi(a') = a$, $\phi(b') = b$, et $\delta = \gamma \circ \phi$. Montrer que $L_{\mathbb{H}}(\delta) = L_{\mathbb{H}}(\gamma)$. Comment interpréter cette relation ?

On note $\mathcal{GH}$ l'ensemble des homographies de la forme $z \longmapsto \dfrac{uz + v}{rz + s}$, où u, v, r, s sont des *réels* vérifiant $us - vr > 0$.

2. a) Montrer que $\mathcal{GH}$ est un sous-groupe du groupe des homographies.
   b) Prouver qu'une homographie de $\mathcal{GH}$ induit une bijection de $\mathbb{H}$ dans lui-même.
   c) En s'inspirant de I.1.c), indiquer un système de générateurs de $\mathcal{GH}$.
   d) Soient $h \in \mathcal{GH}$, et $\gamma : [a, b] \to \mathbb{H}$ de classe $\mathcal{C}^1$. Montrer que $L_{\mathbb{H}}(h \circ \gamma) = L_{\mathbb{H}}(\gamma)$. En déduire que h est une isométrie de $\mathbb{H}$.

3. a) Soient $x \in \mathbb{R}$, $y_0 > 0$, $y_1 > 0$, $z_0 = x + iy_0$, $z_1 = x + iy_1$. Etablir que
   $$d_{\mathbb{H}}(z_0, z_1) = \left| \ln\left(\frac{y_1}{y_0}\right) \right|.$$
   b) Soient z_0, $z_1 \in \mathbb{H}$, de parties réelles distinctes. Montrer l'existence d'un unique cercle C passant par z_0 et z_1, et rencontrant orthogonalement $\mathbb{R}$. On note z_2 et z_3 les points d'intersection de ce cercle avec $\mathbb{R}$, et on désigne par h l'homographie vérifiant $h(z_1) = i$, $h(z_2) = 0$, et $h(z_3) = \infty$. Montrer que $h \in \mathcal{GH}$. En déduire que
   $$d_{\mathbb{H}}(z_0, z_1) = |\ln(|[z_0, z_1, z_2, z_3]|)|.$$

   c) Etant donnés deux points z_0 et z_1 de $\mathbb{H}$, montrer qu'il existe une géodésique, unique à changement de paramétrage près, joignant z_0 à z_1, et que cette géodésique est soit un arc de cercle dont le prolongement rencontre orthogonalement $\mathbb{R}$ soit un segment "vertical".

Ce résultat invite à appeler droite hyperbolique *toute partie de* $\mathbb{H}$ *qui est*

- *soit l'intersection avec* $\mathbb{H}$ *d'un cercle de* $\mathbb{C}$ *qui rencontre* $\mathbb{R}$ *orthogonalement.*
- *soit l'intersection avec* $\mathbb{H}$ *d'une droite affine de* $\mathbb{C}$ *parallèle à la droite des imaginaires purs.*

Il résulte de ce que l'on vient de faire que par deux points distincts de $\mathbb{H}$ *passe une unique droite hyperbolique.*

4. On considère un triangle géodésique T de H, c'est-à-dire une figure à trois côtés C_1, C_2, C_3, qui sont des arcs de droites hyperboliques qu'on oriente dans le sens trigonométrique (un ou plusieurs des sommets peuvent être "à l'infini", c'est-à-dire dans $\mathbb{R} \cup \{\infty\}$).

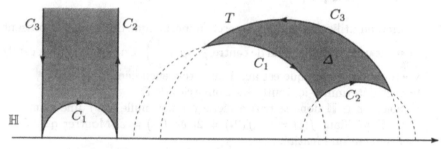

Fig. 1. *Exemples de triangles hyperboliques.*

On désigne ensuite par Δ le triangle "plein", et on appelle aire hyperbolique de T la quantité :

$$A(T) = \int\int_{\Delta} \frac{dx\,dy}{y^2}$$

a) Montrer que $A(T) = \int_T \dfrac{dx}{y}$.

b) On note $\delta_i \in [-\pi/2, \pi/2]$ la variation de l'angle du vecteur tangent le long du côté C_i pour $i = 1, 2, 3$. Montrer que $A(T) = -(\delta_1 + \delta_2 + \delta_3)$.

c) Montrer que dans un triangle géodésique, la somme des angles intérieurs aux sommets est toujours inférieure à π (on admettra que la "variation totale" du vecteur tangent le long de T, y compris la "variation aux sommets", vaut 2π).

PARTIE III. *Les isométries hyperboliques.*

1. Soit $z_0 \in \mathbb{H}$ et $\theta \in \mathbb{R}$. Montrer qu'il existe une unique "demi-droite" hyperbolique d'origine z_0 dont la demi-tangente en z_0 fait un angle θ avec la demi-droite affine $\{z \in \mathbb{H};\ \mathrm{Re}(z) = \mathrm{Re}(z_0),\ \mathrm{Im}(z) \geqslant \mathrm{Im}(z_0)\}$.

On notera $D_{z_0,\theta}$ cette demi-droite hyperbolique.

2. Montrer qu'une application $f \in \mathcal{GH}$ admet au plus un point fixe dans $\mathbb{H}$.

3. Soit $f \in \mathcal{GH}$ admettant un point fixe $z_0 \in \mathbb{H}$. On pose $h(z) = \dfrac{z - z_0}{z - \bar{z_0}}$.

   a) Montrer que $h(\mathbb{H})$ est le disque unité $\Delta = \{z \in \mathbb{C}; \ |z| < 1\}$.

   b) Quelle est l'image d'une demi-droite hyperbolique $D_{z_0, \theta}$ par h?

   c) Montrer l'existence de $\alpha \in \mathbb{R}$ tel que : $\forall w \in \widetilde{\mathbb{C}}, \ h \circ f \circ h^{-1}(w) = e^{i\alpha} w$.

   d) Quelle est l'image de $D_{z_0, \theta}$ par f?

   On dit que f est *la rotation hyperbolique* de centre z_0 et d'angle α.

   e) Montrer que la rotation hyperbolique de centre i et d'angle θ est l'homographie
   $$z \longmapsto \frac{\cos(\theta/2)z + \sin(\theta/2)}{-\sin(\theta/2)z + \cos(\theta/2)}.$$

On appelle *cercle hyperbolique* de centre $z_0 \in \mathbb{H}$ et de rayon $R > 0$ l'ensemble des $z \in \mathbb{H}$ vérifiant $d_\mathbb{H}(z_0, z) = R$.

4. Montrer, en utilisant 3.e), que le cercle hyperbolique de centre i et passant par iy est un cercle euclidien de centre $\dfrac{i}{2}\left(y + \dfrac{1}{y}\right)$. En déduire qu'un cercle hyperbolique quelconque est aussi un cercle euclidien.

5. On veut déterminer ici toutes les isométries de $\mathbb{H}$.

   a) Soient $c \in \mathbb{H}$ dont la partie réelle est non nulle, et f une isométrie de $\mathbb{H}$ vérifiant $f(i) = i$, $f(2i) = 2i$ et $f(c) = c$. Montrer que f est l'application identité.

   b) Soit f une isométrie de $\mathbb{H}$, différente de l'application identité, vérifiant $f(i) = i$ et $f(2i) = 2i$. Montrer que $f(z) = -\bar{z}$ pour tout $z \in \mathbb{H}$.

   c) Montrer que les isométries de $\mathbb{H}$ sont
   • Les éléments de $\mathcal{GH}$.
   • Les applications de la forme $f(z) = -\overline{g(z)}$, où $g \in \mathcal{GH}$.

Pour la solution, voir page 255.

Solutions des problèmes du chapitre 7

Solution du vrai ou faux

1. *Si F est un sous-espace d'un espace euclidien, alors $(F^\perp)^\perp = F$.*

   Vrai. L'inclusion $F \subset (F^\perp)^\perp$ provient de la définition de l'orthogonal d'une partie. La réciproque vient de l'étude des dimensions :

   $$\dim (F^\perp)^\perp = \dim E - \dim (F^\perp) = \dim E - (\dim E - \dim F) = \dim F$$

   Ce résultat ne subsiste pas en dimension infinie. Soient par exemple E l'espace des fonctions continues de $[0,1]$ dans $\mathbb{R}$, et F le sous-espace des fonctions polynomiales. On munit E du produit scalaire défini par $< f,g >= \int_0^1 fg$. Le théorème d'approximation de Weierstrass permet de montrer que $(F^\perp) = \{0\}$, et donc que $(F^\perp)^\perp = E$.

2. *Si $(e_1,\ldots,e_r)$ est une famille orthonormée, alors $\|x\|^2 \geqslant \sum_{i=1}^{r} < x,e_i >^2$.*

   Vrai. Le cours assure que la projection orthogonale de x sur l'espace $\text{Vect}(e_1,\ldots,e_r)$ est $y = \sum_{i=1}^{r} < x,e_i > e_i$. Le théorème de Pythagore donne alors $\|y\|^2 = \sum_{i=1}^{r} < x,e_i >^2$, et aussi $\|y\|^2 + \|x - y\|^2 = \|x\|^2$. Le résultat suit.

3. *Si $\overrightarrow{u} \wedge \overrightarrow{v} = \overrightarrow{0}$, alors $\overrightarrow{u} = \overrightarrow{0}$ ou $\overrightarrow{v} = \overrightarrow{0}$.*

   Faux. La relation $\overrightarrow{u} \wedge \overrightarrow{v} = \overrightarrow{0}$ équivaut à $(\overrightarrow{u}, \overrightarrow{v})$ liée.

4. *Un projecteur orthogonal d'un espace euclidien E est un endomorphisme orthogonal de E.*

   Faux. Un projecteur orthogonal p distinct de l'identité n'est pas inversible (car de noyau non nul), ce qui est par contre le cas des applications orthogonales.

5. *Si p_1 et p_2 sont deux projecteurs orthogonaux d'un espace euclidien E, et si $x \in E$ vérifie $p_2 \circ p_1(x) = x$, alors $p_1(x) = p_2(x) = x$.*

   Vrai. Si p est un projecteur orthogonal, on a grace au théorème de Pythagore :
   $$\|x\|^2 = \|p(x)\|^2 + \|x - p(x)\|^2 \geqslant \|p(x)\|^2$$
   avec égalité si et seulement si $p(x) = x$. Par suite, sous les hypothèses de la question, on a :

$$p_2 \circ p_1(x) = x \implies \|p_2 \circ p_1(x)\| = \|x\| \geqslant \|p_1(x)\|$$
$$\implies p_2 \circ p_1(x) = p_1(x)$$
$$\implies x = p_1(x) \text{ et } x = p_2(x)$$

6. *Tout endomorphisme de déterminant 1 d'un espace euclidien E est une isométrie de E.*

   Faux. Il suffit de considérer la matrice $\begin{pmatrix} 1 & 2 \\ 2 & 5 \end{pmatrix}$, qui est de déterminant 1, mais n'est manifestement pas orthogonale.

   Dire que $\det u = 1$, c'est dire que u conserve les volumes orientés ; dire que $\det u \in \{-1, 1\}$, c'est dire que u conserve les volumes non orientés ; dire que u est une isométrie (resp. une isométrie directe), c'est dire que u conserve les distances et les angles non orientés (resp. les distances et les angles orientés).

7. *Si u, v, w sont trois isométries d'un espace euclidien E, et sont telles que $u = \dfrac{1}{2}(v + w)$, alors $u = v = w$.*

   Vrai. Soit x dans E. Les trois vecteurs $u(x), v(x), w(x)$ ont tous la même norme que x. Or, si trois vecteurs d'un espace euclidien ont même norme, et si l'un est le milieu des deux autres, il résulte du théorème de la médiane que ces trois vecteurs sont égaux. Ici on a donc $u(x) = v(x) = w(x)$. L'argument étant valable pour tout x, $u = v = w$.

   En fait, le théorème de la médiane ne sert qu'à justifier la stricte convexité de la norme euclidienne : si $\|x\| = \|y\|$ et $x \neq y$, alors

$$\left\| \frac{x+y}{2} \right\| < \frac{1}{2}(\|x\| + \|y\|).$$

   Cette propriété est également équivalente au fait que la sphère unité d'un espace euclidien ne contient pas de segment.

8. *Si u est une application affine et si K est une partie convexe de E, alors $u(K)$ est convexe.*

   Vrai. Ceci découle immédiatement de la définition de la convexité, et du fait qu'une application affine conserve les barycentres.

9. *Si u est une application de $\mathbb{R}^2$ dans lui-même telle que l'image par u de tout convexe de $\mathbb{R}^2$ est un convexe de $\mathbb{R}^2$, alors u est affine.*

   Faux. Considérons l'application φ de $\mathbb{R}^2$ dans lui-même qui à (x, y) associe $(x^2, 0)$. Cette application est clairement non affine. D'autre part, soient K un convexe de $\mathbb{R}^2$, $a = (x, y)$ et $a' = (x', y')$ deux points de K. L'application qui à $t \in [0, 1]$ associe $\varphi((1-t)a + ta')$ est clairement continue. Il résulte alors du théorème des valeurs intermédiaires que son image contient le segment $[\varphi(a), \varphi(a')]$. Ceci étant valable pour tout couple (a, a') de points de K, $\varphi(K)$ est convexe.

En fait l'argument précédent montre que $\varphi(K)$ est de la forme $I \times \{0\}$ où I est un intervalle de $\mathbb{R}$. De plus, si on rajoute l'hypothèse que φ est injective, le résultat devient vrai, mais sa preuve n'est pas immédiate. Elle s'obtient à l'aide du "théorème fondamental de la géométrie affine", que l'on peut trouver par exemple dans le traité "Géométrie" de Marcel Berger (Nathan).

10. *Deux droites de $\mathbb{R}^3$ admettent une perpendiculaire commune.*

Vrai. Soient $\mathcal{D}$ et $\mathcal{D}'$ deux droites de l'espace.

• Si $\mathcal{D}$ et $\mathcal{D}'$ sont parallèles, on se place dans un plan $\mathcal{P}$ qui les contient toutes deux, et alors toute perpendiculaire à l'une (dans ce plan) est perpendiculaire à l'autre.

• Si $\mathcal{D}$ et $\mathcal{D}'$ ne sont pas parallèles, on considère $\vec{u}$ et $\vec{u'}$ deux vecteurs directeurs respectifs de $\mathcal{D}$ et $\mathcal{D}'$. Comme les droites ne sont pas parallèles, ces vecteurs sont libres, et donc $\vec{v} = \vec{u} \wedge \vec{u'} \neq \vec{0}$. Alors le plan contenant $\mathcal{D}$ et $\vec{v}$ coupe $\mathcal{D}'$ en un unique point A'. Il est alors clair que la droite issue de A' et dirigée par $\vec{v}$ est à la fois perpendiculaire à $\mathcal{D}$ et à $\mathcal{D}'$.

11. *L'intersection de deux sphères de $\mathbb{R}^3$ est un cercle, éventuellement vide.*

Vrai. Soient O et O' les centres des sphères, r et r' leurs rayons respectifs. Dire que M est dans l'intersection des deux sphères revient à dire que $OM^2 = r^2$ et $OM'^2 = r'^2$. Ces deux équations se ramènent à

$$\begin{cases} OM^2 = r^2 \\ 2\overrightarrow{OM'}.\overrightarrow{OI} = r'^2 - r^2 \end{cases}$$

où I est le milieu de $[O, O']$. Puisque l'ensemble des points M qui vérifient $2\overrightarrow{OM'}.\overrightarrow{OI} = r'^2 - r^2$ est un plan, l'ensemble cherché est l'intersection d'un plan et d'une sphère, c'est-à-dire un cercle (ou l'ensemble vide).

Rappelons comment on prouve que l'intersection de la sphère $\mathcal{S}$ de centre Ω et de rayon R et du plan $\mathcal{P}$ est un cercle (éventuellement vide) de $\mathcal{P}$. Il suffit d'introduire la projection orthogonale H de Ω sur $\mathcal{P}$, et d'observer que, grâce au théorème de Pythagore,

$$\mathcal{S} \cap \mathcal{P} = \{M \in \mathcal{P}, HM^2 = R^2 - \Omega H^2\}.$$

12. *L'image d'un cercle du plan par une application affine est un cercle.*

Faux. L'image d'un cercle de rayon r par une projection orthogonale sur une droite, est un segment de longueur $2r$.

Plus généralement, le lecteur pourra prouver que l'image d'un cercle par une application affine est une ellipse, éventuellement dégénérée en un segment.

13. *Si $\overrightarrow{Mf(M)}$ est de norme constante, f est une translation.*

Vrai. On fixe un point A de l'espace $\mathbb{R}^3$ et on note $\overrightarrow{f}$ la partie linéaire de f. On a l'égalité suivante, valable si $M \in \mathbb{R}^3$:

$$\overrightarrow{Mf(M)} = \overrightarrow{Af(A)} + (\overrightarrow{f} - Id)(\overrightarrow{AM})$$

Si l'application linéaire $(\overrightarrow{f} - Id)$ n'est pas nulle, l'ensemble

$$\{(\overrightarrow{f} - Id)(\overrightarrow{AM}), \overrightarrow{AM}, M \in \mathbb{R}^3\}$$

est un sous-espace vectoriel non nul de $\mathbb{R}^3$, et l'égalité précédente montre que $\overrightarrow{Mf(M)}$ ne peut être de norme constante. Par suite, $\overrightarrow{f} = Id$, et f est une translation.

14. *L'image d'une conique par une similitude est une conique de même excentricité.*

Vrai. Soit F un foyer de la conique , $\mathcal{D}$ la directrice associée, e l'excentricité de $\mathcal{C}$, de sorte que

$$\mathcal{C} = \{M \in \mathcal{P}, FM = e\, d(M, \mathcal{D})\}.$$

Soit f une similitude de $\mathcal{P}$ de rapport $K > 0$. Puisque f est une bijection de $\mathcal{P}$ dans lui-même, qu'elle conserve l'orthogonalité et multiplie les distances entre deux points par K, on obtient successivement que f multiplie par K la distance d'un point à une droite, et que

$$f(\mathcal{C}) = \{N \in \mathcal{P}, f(F)N = e\, d(N, f(\mathcal{D}))\}.$$

Ainsi, $f(\mathcal{C})$ est une conique d'excentricité e, dont $f(F)$ est un foyer et $f(\mathcal{D})$ la directrice associée.

Le lecteur pourra prouver, inversement, que deux coniques qui ont même excentricité sont semblables (c'est facile en tenant compte de la description de $f(\mathcal{C})$ ci-dessus). Dans le même esprit, il pourra se demander à quelle condition deux coniques fixées sont isométriques (resp. affinement équivalentes).

15. *Si r et r' sont deux rotations (affines) de $\mathbb{R}^3$, et si $r' \circ r$ est une translation, les axes de r et r' sont parallèles.*

Vrai. Si $r' \circ r$ est une translation, les parties vectorielles $\overrightarrow{r'}$ et $\overrightarrow{r}$ vérifient $\overrightarrow{r'} \circ \overrightarrow{r} = Id$, et donc $\overrightarrow{r'} = \overrightarrow{r}^{-1}$. En particulier $\overrightarrow{r'}$ et $\overrightarrow{r}$ ont même axe, ce qui signifie que les axes de r et r' sont parallèles.

Le lecteur pourra établir de même que si $r' \circ r$ est une rotation, les axes de r' et r sont coplanaires et, plus généralement, déterminer la nature géométrique de $r' \circ r$ dans tous les cas.

16. *Si pour tout $t \in I$, $\|\overrightarrow{AM(t)}\| \geqslant \|\overrightarrow{AM(t_0)}\|$, alors la tangente à M au point de paramètre t_0 est orthogonale à $\overrightarrow{AM(t_0)}$.*

   Vrai. Pour $t \in I$, soit $\varphi(t) = \|\overrightarrow{AM(t)}\|^2$. La dérivée de φ est donnée par $\varphi'(t) = 2\overrightarrow{AM(t)}.\overrightarrow{M'(t)}$. Par suite, si φ atteint un extremum local en un point t_0 de I, $\varphi'(t_0) = 0$.

17. *Si un arc de classe $\mathcal{C}^2$ birégulier est contenu dans un cercle de rayon $r > 0$, la valeur absolue du rayon de courbure de cet arc est en tout point majorée par r.*

   Faux. Soit $\mathcal{P}$ la parabole d'équation $x = \dfrac{y^2}{2p}$ dans le repère orthonormé canonique de $\mathbb{R}^2$ ($p \in \mathbb{R}^+$). La valeur absolue du rayon de courbure de $\mathcal{P}$ en son sommet O est p. Or, dans tout disque de centre O centré on peut enfermer un arc de $\mathcal{P}$ contenant O.

   En revanche, on a le résultat suivant : si l'arc M est contenu dans le cercle de centre A et de rayon $r > 0$, et est tangent à ce cercle au point de paramètre t_0, alors la valeur absolue du rayon de courbure à M en t_0 est majorée par r. Pour le prouver, le lecteur pourra considérer que l'arc est paramétré par abcisse curviligne, calculer les deux premières dérivées de $\varphi(s) = \|\overrightarrow{AM(s)}\|^2$, et utiliser l'exercice précédent.

18. *Tout arc birégulier de classe $\mathcal{C}^2$ dont la courbure est constante non nulle est contenu dans un arc de cercle.*

   Vrai. On paramètre l'arc normalement, on note α une fonction de classe $\mathcal{C}^1$ telle que $\overrightarrow{M'(s)} = (\cos\alpha(s), \sin\alpha(s))$ (l'existence de α est assurée par le théorème du relèvement). Il est alors classique que $\alpha'(s)$ est la courbure de l'arc au point de paramètre s. Ici, $\overrightarrow{M'(s)} = (\cos(\gamma s + s_0), \sin(\gamma s + s_0))$, et, par intégration :

$$\overrightarrow{OM(s)} = \left(x_0 + \frac{\sin(\gamma s + s_0)}{\gamma}, y_0 - \frac{\cos(\gamma s + s_0)}{\gamma} \right)$$

ce qui établit le résultat.

Solution du problème 26
Parties intégrales du plan

PARTIE I. *Parties intégrales infinies.*

1. L'ensemble des points de coordonnées $(n, 0)$ où n décrit $\mathbb{Z}$ est un ensemble intégral infini.

2. Par inégalité triangulaire, on a $|MF - MF'| \leqslant FF'$. Il en résulte que si $2a > FF'$ l'ensemble $(\mathcal{H})$ est vide. Lorsque $a = 0$ il s'agit de la médiatrice du segment $[F, F']$. Le cours sur les coniques nous apprend que lorsque $0 < 2a < FF'$, $(\mathcal{H})$ est une hyperbole ayant F et F' pour foyers. Enfin dans le cas $2a = FF'$, le cas d'égalité dans l'inégalité triangulaire montre que $(\mathcal{H})$ est la droite (FF') privée de $]F, F'[$.

3. a) Comme X est une partie intégrale, tout point M de X est à distance entière de A et B. Alors, $|MA - MB| \in \mathbb{N}$ et $M \in \displaystyle\bigcup_{k \in \mathbb{N}} \mathcal{H}_k$. Comme $\mathcal{H}_k$ est vide pour $k > p$ on a donc $X \subset \displaystyle\bigcup_{k=0}^{p} \mathcal{H}_k$.

    b) Le raisonnement de la question précédente s'applique aussi avec les points A et C. La partie X est donc incluse dans

    $$\left(\bigcup_{i=0}^{p} \mathcal{H}_i\right) \cap \left(\bigcup_{j=0}^{q} \mathcal{H}_i\right) = \bigcup_{\substack{0 \leqslant i \leqslant p \\ 0 \leqslant j \leqslant q}} \mathcal{H}_i \cap \mathcal{H}'_j$$

    Comme X est supposée infinie, il existe $i \in [\![0, p]\!]$ et $j \in [\![0, q]\!]$ tel que $\mathcal{H}_i \cap \mathcal{H}'_j$ est infini (car la réunion d'un nombre fini d'ensembles finis est encore finie).

    c) D'après la question 2, $\mathcal{H}_i$ est soit la médiatrice de $[A, B]$, soit une hyperbole de foyers A et B, soit la droite (AB) privée de $]A, B[$ selon respectivement que $i = 0$, $1 \leqslant i \leqslant p - 1$ ou $i = p = AB$. Distinguons plusieurs cas.
    • Si $i = 0$ et $j = 0$. Les médiatrices de $[A, B]$ et $[B, C]$ se coupent en un unique point car A, B, C ne sont pas alignés.
    • Si $i = 0$ et $j = q$. La médiatrice de $[A, B]$ est distincte de (BC) donc $\mathcal{H}_0 \cap \mathcal{H}'_q$ est soit un singleton, soit vide. C'est pareil si $i = p$ et $j = 0$.
    • Si $i = p$ et $j = q$. Les droites (AB) et (BC) ne se coupent qu'en B, donc $\mathcal{H}_p \cap \mathcal{H}'_q = \{B\}$.
    • Si $1 \leqslant i \leqslant p - 1$ et $1 \leqslant j \leqslant q - 1$. Alors $\mathcal{H}_i \cap \mathcal{H}'_j$ est l'intersection de deux hyperboles, l'une de foyers A et B, l'autre de foyers A et C. Il est clair géométriquement qu'on ne peut pas avoir plus de 4 points d'intersection. Pour le voir analytiquement, on peut se placer dans

un repère (pas forcément orthonormé) lié aux asymptotes de $\mathcal{H}_i$ dans lequel l'équation de $\mathcal{H}_i$ est $xy = 1$. L'équation de $\mathcal{H}'_j$ dans ce même repère est de la forme $ax^2 + by^2 + cxy + dx + ey + f = 0$. La recherche de l'intersection conduit, en remplaçant y par $1/x$, à l'équation

$$ax^4 + dx^3 + (c + f)x^2 + ex + b = 0$$

Il s'agit d'une équation de degré inférieur à 4 et non nulle car les deux hyperboles sont distinctes (elles n'ont pas les mêmes foyers). Il y a donc bien au plus 4 points d'intersection.

Conclusion : l'hypothèse initiale est absurde, c'est-à-dire que tous les points de X sont alignés.

4. Notons D l'unique droite qui contient X. Choisissons un point O de X comme origine sur cette droite D et prenons $\overrightarrow{u}$ un vecteur unitaire dirigeant D. Comme X est intégrale, tout point M de X a une abscisse entière dans le repère $(O, \overrightarrow{u})$ de D. Autrement dit, si on identifie D à $\mathbb{R}$, X s'identifie à une partie infinie de $\mathbb{Z}$.

Réciproquement, pour tout vecteur unitaire $\overrightarrow{u}$, pour tout point O du plan et toute partie infinie S de $\mathbb{N}$, l'ensemble des points $\{O + k\overrightarrow{u}, k \in S\}$ est une partie intégrale infinie.

PARTIE II. *Parties intégrales finies.*

1. Il suffit de prendre les sommets d'un triangle équilatéral de côté 1, ou les sommets d'un triangle rectangle de côtés $3, 4$ et 5.

2. On a
$$|e^{i\theta} - e^{i\theta'}| = |e^{i\frac{\theta+\theta'}{2}}(e^{i\frac{\theta-\theta'}{2}} - e^{-i\frac{\theta-\theta'}{2}})| = 2\left|\sin\frac{\theta - \theta'}{2}\right|$$

3. On a $\sin\theta = \dfrac{2t}{1 + t^2}$ et $\cos\theta = \dfrac{1 - t^2}{1 + t^2}$ où $t = \tan\dfrac{\theta}{2}$. Pour tout réel t, le point $z(t) = \dfrac{1 - t^2}{1 + t^2} + i\dfrac{2t}{1 + t^2}$ est donc dans le cercle unité de $\mathbb{C}$. Or si on choisit t dans $\mathbb{Q}$, le point $z(t)$ est dans G. L'application $t \longmapsto z(t)$ étant injective, on en déduit que G est infini.

4. Il est immédiat que si z est un complexe de parties réelles et imaginaires rationnelles, alors il en est de même de z^2. De plus, $|z^2| = |z|^2 = 1$. Donc z^2 est bien dans G.

5. Chaque élément de G' est le carré d'au plus deux éléments de G. Donc G' est encore infini.

6. Soit z, z' deux points de G'. On écrit $z = e^{i2\theta}$ et $z' = e^{i2\theta'}$ avec $e^{i\theta}$ et $e^{i\theta'}$ qui sont dans G. D'après la question 2, $|z - z'| = 2|\sin(\theta - \theta')|$. Or, comme $\sin\theta, \cos\theta, \sin\theta'$ et $\cos\theta'$, sont rationnels, il en est de même de $\sin(\theta - \theta') = \sin\theta\cos\theta' - \sin\theta'\cos\theta$. D'où le résultat.

7. Soit $n \geqslant 1$. Comme G' est infini, on peut choisir n points distincts dans G'. Les distances entre deux quelconques de ces points sont toutes

rationnelles. Notons h le ppcm des dénominateurs de toutes ces distances. L'image par l'homothétie de centre 0 et de rapport h de ces n points conduit à une partie intégrale de cardinal n formée de points cocycliques. En particulier 3 quelconques de ces points ne sont pas alignés.

Commentaires. *L'argument utilisé en I.3.c) peut se généraliser: deux coniques non dégénérées distinctes ont au plus quatre points d'intersection. Le plus simple pour prouver cet énoncé est de le généraliser aux "coniques complexes". Appelons conique complexe non dégénérée de $\mathbb{C}^2$ toute partie définie par une équation*

$$ax^2 + bxy + cy^2 + dx + ey + f = 0$$

où a, b, c, d, e, f sont des complexes vérifiant $ac - b^2 \neq 0$ (condition de non-dégénérescence). Si on effectue un changement de repère affine de $\mathbb{C}^2$, on obtient une équation de même forme dans le nouveau repère. Le point clef est que l'on peut choisir un repère de sorte que la conique précédente ait pour équation dans ce nouveau repère, $XY = 1$. Ceci n'est pas possible dans $\mathbb{R}^2$, où l'on ne peut mettre sous cette forme que les coniques de type hyperbole. On peut alors reprendre le raisonnement fait en I.3.c), en se plaçant dans un repère dans laquelle la première conique a pour équation $XY = 1$, et voir que les abscisses des points d'intersection avec la seconde conique vérifient "en général" une équation de degré 4, l'étude des cas d'exception étant laissée au lecteur.

Les résultats de ce problème ont été obtenus en 1945 par Paul Erdös. La démonstration de I fournit, en fait, le résultat plus général suivant: soient A, B, C trois points non alignés du plan, et $k = max(AB, AC)$. Alors il y a au plus $4(k + 1)^2$ points P tels que $PA - PB$ et $PA - PC$ soient entiers.

Solution du problème 27
Le groupe de Weyl F_4

PARTIE I. *Généralités.*

1. Analysons les propriétés que doit avoir le vecteur v. Il n'est pas nul car $s_u \neq \text{Id}$. Si x est orthogonal à v, on obtient $s_u(x) = x$, donc x est orthogonal à u. On a donc $(\mathbb{R}v)^\perp \subset (\mathbb{R}u)^\perp$ et même égalité car les deux espaces sont de dimension 3. Par suite, v est colinéaire à u. Posons $v = \lambda u$. On a $s_u(u) = -u$, ce qui donne $u - \langle \lambda u, u \rangle u = -u$, et donc $\lambda = \dfrac{2u}{\|u\|^2}$.

    Réciproquement, il est aisé de vérifier que pour tout x,

    $$s_u(x) = x - 2\frac{\langle u, x \rangle}{\|u\|^2} u$$

2. $W(X)$ contient l'identité (si $u \in X$, $s_u^2 = \text{Id}$), est clairement stable pour la composition, et aussi pour l'inverse, puisque

    $$(s_{u_1} \circ \cdots \circ s_{u_r})^{-1} = s_{u_r}^{-1} \circ \cdots \circ s_{u_1}^{-1} = s_{u_r} \circ \cdots \circ s_{u_1}$$

    Donc $W(X)$ est un sous-groupe de $O(E)$.

3. L'indépendance linéaire de la base $(e_i)_{1 \leqslant i \leqslant 4}$ montre d'abord que $|R_1| = 8$, $|R_2| = 24$, $|R_3| = 16$, puis que les trois ensembles R_1, R_2, R_3 sont deux à deux disjoints, de sorte que $|R| = 48$. Les vecteurs de R_1 et R_3 sont unitaires, et ceux de R_2 ont pour norme $\sqrt{2}$.

4. Comme f est bijective et que $f(R) \subset R$, f induit une injection de R dans lui-même. Or R est fini, donc cette injection est bijective et $f(R) = R$. Il est clair que $\text{Id} \in G$ et que G est stable par composition. Si $f \in G$, comme $f(R) = R$, on a $f^{-1}(R) = R$ et par suite $f^{-1} \in G$. Donc G est un sous-groupe de $O(E)$.

5. Un élément f de G est linéaire, donc parfaitement déterminé par la connaissance de $f(e_1), f(e_2), f(e_3), f(e_4)$. Comme ces 4 vecteurs doivent être dans R et deux à deux distincts, G est fini et $|G| \leqslant 48 \cdot 47 \cdot 46 \cdot 45$.

Cette majoration est bien entendu assez grossière, et le cardinal de G sera calculé plus loin.

6. Soit $f \in G$. Comme f conserve la norme, on a obligatoirement $f(R_2) = R_2$ d'après la question I.3.

    Réciproquement, soit $f \in O(E)$ vérifiant $f(R_2) = R_2$. On doit montrer que $f(R_1 \cup R_3) = R_1 \cup R_3$. Or tout vecteur x de $R_1 \cup R_3$ peut s'écrire comme demi-somme de deux vecteurs de R_2 : pour tout i,

$$e_i = \frac{(e_i + e_j) + (e_i - e_j)}{2}$$

où j est choisi distinct de i. Il en résulte que $f(x)$ s'écrit

$$f(x) = \frac{\varepsilon_i e_i + \varepsilon_j e_j + \varepsilon_k e_k + \varepsilon_l e_l}{2}$$

où i, j, k, l ne sont pas nécessairement distincts et où $\varepsilon_i, \varepsilon_j, \varepsilon_k, \varepsilon_l$ valent ± 1. Mais n'oublions pas que $f(x)$ doit être unitaire. Discutons selon le cardinal p de l'ensemble $\{i, j, k, l\}$.
- Si $p = 4$, $f(x) \in R_3$.
- Si $p = 3$, on a par exemple $k = l$ et i, j, k deux à deux distincts, et alors soit $f(x) = \dfrac{\varepsilon_i e_i + \varepsilon_j e_j}{2}$, soit $f(x) = \dfrac{2\varepsilon_k e_k + \varepsilon_i e_j + \varepsilon_j e_j}{2}$. Mais dans les deux cas les vecteurs obtenus ne sont pas de norme 1.
- Le même raisonnement montre que le cas $p = 2$ ne convient pas non plus.
- Enfin, pour $p = 1$, on a $f(x) = \dfrac{\alpha e_i}{2}$ où $\alpha \in \{4, 2, 0, -2, -4\}$. Seuls $\alpha = \pm 2$ donnent un vecteur de norme 1 et alors $f(x) \in R_1$.

Bref, $f(R_1 \cup R_3) \subset R_1 \cup R_3$ et $f \in G$.

PARTIE II. *Un sous-groupe de G.*

1. Soit $f \in H$. Pour tout i, il existe $\sigma(i) \in [\![1, 4]\!]$ et $\varepsilon(i) \in \{\pm 1\}$ tels que $f(e_i) = \varepsilon(i) e_{\sigma(i)}$. Puisque $f \in O(E)$, f est injective et on ne peut avoir $\sigma(i) = \sigma(j)$ pour $i \neq j$, de sorte que σ est une permutation de $\{1, 2, 3, 4\}$. Ainsi, la matrice de f dans la base (e_1, e_2, e_3, e_4) est une matrice de permutation (c'est-à-dire contenant un unique coefficient non nul par ligne et par colonne) où les coefficients non nuls valent ± 1. Il y a $16 \cdot 4! = 384$ telles matrices (4! permutations et $16 = 2^4$ choix de signes).

   Inversement, soit $f \in O(E)$ défini par une telle matrice dans la base (e_1, e_2, e_3, e_4). L'application f permute les vecteurs e_1, e_2, e_3, e_4 en les changeant éventuellement de signe. On a bien $f(R_1) = R_1$ et il est clair que $f(R_2) = R_2$ et $f(R_3) = R_3$. Donc $f \in H$. On a donc $|H| = 384$.

2. Montrons d'abord que $H = W(\{e_1, e_2, e_3, e_4\} \cup \{e_i - e_j, \ i \neq j\})$.

   Il est clair que $s_{e_i} \in H$: c'est une réflexion qui envoie e_i sur $-e_i$ et fixe les autres vecteurs le la base. De même, $s_{e_i - e_j}$ échange e_i et e_j et laisse les deux autres vecteurs de la base fixes. C'est encore un élément de H. Il en résulte que $W(\{e_1, e_2, e_3, e_4\} \cup \{e_i - e_j, \ i \neq j\})$ est inclus dans H. Inversement, soit $f \in H$. On note comme dans la question 2 $f(e_i) = \varepsilon(i) e_{\sigma(i)}$. Soit g définie par $g(e_i) = e_{\sigma(i)}$ pour tout i (g a pour matrice la matrice de permutation associée à σ : on a enlevé les signes $-$.) Comme les transpositions engendrent S_4, g s'écrit comme un produit de $s_{e_i - e_j}$ et on a,

$$f = \left(\prod_{\varepsilon(i)=-1} s_{e_i} \right) g \in W(\{e_1, e_2, e_3, e_4\} \cup \{e_i - e_j, \ i \neq j\})$$

Comme $\{e_1, e_2, e_3, e_4\} \cup \{e_i - e_j, \ i \neq j\} \subset R_1 \cup R_2$ on a évidemment $W(\{e_1, e_2, e_3, e_4\} \cup \{e_i - e_j, \ i \neq j\}) \subset W(R_1 \cup R_2)$. Mais, $s_{-e_i} = s_{e_i}$ et il est facile de vérifier que pour $i \neq j$, $s_{e_i + e_j} = s_{e_i} \circ s_{e_j} \circ s_{e_i - e_j}$ (par exemple en prenant les matrices dans la base (e_1, e_2, e_3, e_4)). D'où l'inclusion inverse.

PARTIE III. *G est un groupe de Coxeter.*

1. On suppose qu'il existe $i \in [\![1, 4]\!]$ tel que $f(e_i) \in R_1$. Montrons que $f \in H$. On a $f(-e_i) = -f(e_i) \in R_1$. Soit $j \neq i$. Alors

$$f(\varepsilon_j e_j) = \underbrace{f(\varepsilon_j e_j - e_i)}_{\in R_2} + \underbrace{f(e_i)}_{\in R_1}$$

Or, la somme d'un élément de R_1 et d'un élément de R_2 ne peut jamais appartenir à R_3. Il en résulte que $f(\varepsilon_j e_j) \in R_1$ puisque c'est un élément de norme 1. Donc $f(R_1) = R_1$ et finalement $f \in H$.

2. Un calcul immédiat avec l'expression analytique de s_u donnée par I.1, conduit à

$$s_u(e_1) = \frac{e_1 - \varepsilon_1 \varepsilon_2 e_2 - \varepsilon_1 \varepsilon_3 e_3 - \varepsilon_1 \varepsilon_4 e_4}{2}$$

3. D'après la question 1, on sait que $f(e_1) \in R_3$. Ecrivons

$$f(e_1) = \frac{\varepsilon_1' e_1 + \varepsilon_2' e_2 + \varepsilon_3' e_3 + \varepsilon_4' e_4}{2}$$

On prend alors $\varepsilon = \varepsilon_1'$ et la question 2 permet alors, par identification, de trouver un vecteur $u \in R_3$ unique au signe près (c'est normal puisque $s_{-u} = s_u$) tel que $s_u(e_1) = \varepsilon f(e_1)$.

4. On sait déjà que $W(R_1 \cup R_2) = H \subset G$. Une vérification facile, laissée au lecteur, permet de voir que pour tout $x \in R_3$, la reflexion s_x est dans G. On a donc l'inclusion $W(R) \subset G$. Pour l'inclusion inverse, soit $f \in G$, $f \notin H$, et $u \in R_3$ comme dans la question 3. On a alors $(s_u \circ f)(e_1) = \varepsilon e_1$. Donc $s_u \circ f \in H$. Comme $H = W(R_1 \cup R_2)$ on en déduit que $f \in W(R)$.

PARTIE IV. *Le cardinal de G.*

1. S'il existe $i \in [\![1, 4]\!]$ et $\varepsilon \in \{\pm 1\}$ tels que $s_v(e_1) = \varepsilon s_u(e_i)$, alors le vecteur $s_u \circ s_v(e_1) = \varepsilon e_i$ appartient à R_1 et la question III.1 prouve que $s_u \circ s_v \in H$. Inversement, si $s_u \circ s_v \in H$, on a $s_u \circ s_v(e_1) = \varepsilon e_i$ pour un certain $\varepsilon \in \{\pm 1\}$ et un certain $i \in [\![1, 4]\!]$. En composant par s_u il vient $s_v(e_1) = \varepsilon s_u(e_i)$.

2. D'après la question précédente, on est ramené à chercher les vecteurs $v \in R_3$ tels que $s_v(e_1) = \varepsilon s_u(e_i)$ pour un certain $\varepsilon \in \{\pm 1\}$ et un certain $i \in [\![1, 4]\!]$. Les vecteurs $\varepsilon s_u(e_i)$ sont au nombre de 8. Mais seuls 4 d'entre eux ont une composante en e_1 qui est positive. Pour ces quatre vecteurs il y a deux solutions en v. Au total il y a donc 8 solutions. De manière explicite, les quadruplets $(\delta_1, \delta_2, \delta_3, \delta_4)$ correspondants sont

$$\pm(\varepsilon_1, \varepsilon_2, \varepsilon_3, \varepsilon_4) \ \pm(\varepsilon_1, \varepsilon_2, -\varepsilon_3, -\varepsilon_4) \ \pm(\varepsilon_1, -\varepsilon_2, \varepsilon_3, -\varepsilon_4) \ \pm(\varepsilon_1, -\varepsilon_2, -\varepsilon_3, \varepsilon_4)$$

3. On a vu en III.4 que si $f \in G$, $f \notin H$, il existe $u \in R_3$ tel que $s_u \circ f \in H$. On peut alors écrire $f = h \circ s_u$ où $h \in H$. Notons Hs_u l'ensemble des éléments de G qui s'écrivent sous cette forme : c'est un ensemble qui a le cardinal de H car l'application $h \in H \longmapsto h \circ s_u$ est une bijection de H sur Hs_u. Comme H est un sous-groupe de G, deux ensembles Hs_u et Hs_v sont soit égaux, soit disjoints. De plus, pour u, v dans R_3, $Hs_u = Hs_v$ si et seulement si $s_u \circ s_v \in H$. Les 16 éléments de R_3 ne conduisent donc d'après la question précédente qu'à 2 ensembles distincts qui avec H forment une partition de G. On a donc $|G| = 3 \cdot |H| = 1152$.

Commentaires. *Le lecteur connaissant la preuve du théorème de Lagrange remarquera que dans la dernière question on a montré que G a trois classes modulo H.*

Les groupes de la forme $W(X)$, engendrés par un nombre fini de réflexions d'un espace euclidien, sont appelés des groupes de Coxeter. L'ensemble R est ce qu'on appelle un système de racines, c'est-à-dire qu'il conduit à un groupe $W(R)$ qui est fini. On peut dresser une classification complète des systèmes de racines et en déduire une classification des groupes de Coxeter finis. Cette classification comprend, outre plusieurs "familles" naturelles, 5 groupes exceptionnels, notés classiquement E_6, E_7, E_8, G_2 et F_4 qui est celui étudié dans le problème. Le lecteur trouvera la preuve de ce résultat (démontré par Coxeter en 1935) dans le livre de J.E. Humphreys, "Reflection Groups and Coxeter Groups". Il est à noter que les systèmes de racines permettent de classer d'autres objets mathématiques, notamment les algèbres de Lie semi-simples.

Solution du problème 28
Le grand théorème de Poncelet

PARTIE I. *Conjugaison dans G.*

1. a) Nous proposons deux preuves de ce résultat :
    • Première méthode : l'application g définie par $g(x) = f(x) - x$ est
    2π-périodique et continue. Elle est donc bornée sur $\mathbb{R}$, et si M est un
    majorant de $|g|$, l'encadrement $x - M \leqslant f(x) \leqslant x + M$ fournit les
    limites demandées. Notons que cette méthode n'utilise pas la propriété
    (i).
    • Deuxième méthode : la fonction f est strictement croissante par (i),
    donc admet en $+\infty$ une limite finie ou égale à $+\infty$ par le théorème des
    limites monotones. Or une limite finie donnerait une contradiction en
    passant à la limite dans (ii). C'est pareil en $-\infty$.

    b) • On voit d'abord que si $f \in G$, f est injective puisqu'elle est continue,
    strictement croissante. L'image de f est un intervalle, donc c'est $\mathbb{R}$
    d'après la question précédente. Ainsi f est une bijection de $\mathbb{R}$ sur $\mathbb{R}$.
    • Il est clair que $Id \in G$ et que si f et g sont dans G, $f \circ g$ aussi.
    • Montrons enfin que si $f \in G$ alors $f^{-1} \in G$. Comme f' ne s'annule
    jamais, f^{-1} est de classe $\mathcal{C}^1$ et de plus $(f^{-1})' = \dfrac{1}{f' \circ f^{-1}}$ est stricte-
    ment positive. Si on note $h = f^{-1}$, on a bien

    $$h(t + 2\pi) = h(f(h(t)) + 2\pi) = h(f(h(t) + 2\pi)) = h(t) + 2\pi.$$

    Donc G est un sous-groupe du groupe des permutations de $\mathbb{R}$.

2. Pour la première partie de la question, il suffit de dériver l'égalité fonction-
    nelle (ii). Pour la réciproque, si f est une primitive de h, alors

    $$f(x + 2\pi) - f(x) = \int_x^{x+2\pi} h(t)dt = \int_0^{2\pi} h(t)dt$$

    par périodicité de h. Donc f est dans G si et seulement si l'intégrale de h
    sur une période est égale à 2π.

3. a) On dérive l'égalité fonctionnelle $\varphi \circ f = \tau_\alpha \circ \varphi$. On obtient alors

    $$f' \times (\varphi' \circ f) = \varphi'.$$

    b) C'est une réciproque de la question précédente. On est évidemment
    tenté de considérer une primitive φ de h, mais φ n'est pas dans G si
    l'intégrale de h sur une période ne fait pas 2π. Cela dit, en multipliant
    la relation $h = f' \times (h \circ f)$ par n'importe quelle constante strictement
    positive, on voit qu'on peut remplacer h par λh pour tout $\lambda > 0$.
    Comme à l'origine h est strictement positive, son intégrale sur une

période est strictement positive. On choisit alors λ tel que l'intégrale sur une période de λh soit 2π (cela détermine λ de manière unique). On prend φ une primitive quelconque de λh, qui est donc dans G, et $\alpha \in \mathbb{R}$ tel que les fonctions $\varphi \circ f$ et $\tau_\alpha \circ \varphi$ coïncident en zéro.

Les fonctions $\varphi \circ f$ et $\tau_\alpha \circ \varphi$ ont alors même dérivée, et coincident en un point : elles sont donc égales. On a ainsi $\varphi \circ f = \tau_\alpha \circ \varphi$ et l'égalité demandée en découle.

4. • Il existe clairement une unique application $\widehat{f}$ de S dans S telle que $\widehat{f}(e^{it}) = e^{if(t)}$ pour tout $t \in [0, 2\pi[$. Cela donne déjà l'unicité au problème posé. Il n'y a plus qu'à vérifier que la relation précédente reste valable pour tout réel t. Or, si $t \in \mathbb{R}$, il existe n dans $\mathbb{Z}$ et $t' \in [0, 2\pi[$ tels que $t = t' + 2n\pi$. On a alors par (ii),

$$\widehat{f}(e^{it}) = \widehat{f}(e^{it'}) = e^{if(t')} = e^{i(f(t')+2n\pi)} = e^{if(t'+2n\pi)} = e^{if(t)}.$$

• On a pour tout réel t, $(\widehat{f \circ g})(e^{it}) = e^{if(g(t))} = \widehat{f}(e^{ig(t)}) = (\widehat{f} \circ \widehat{g})(e^{it})$. Donc $\widehat{f \circ g} = \widehat{f} \circ \widehat{g}$.

• D'autre part $\widehat{\tau_\alpha}$ est la rotation du cercle d'angle α.

PARTIE II. *L'application de Poncelet.*

1. a) Le point $(\cos\theta, \sin\theta)$ de S appartient à Δ si et seulement si on a $\cos(\theta - u) = p$. On a donc des solutions si et seulement si $|p| \leqslant 1$.
   La droite Δ est donnée par son équation d'Euler. $|p|$ représente la distance de O à la droite et u l'angle polaire de la normale à Δ (cf. figure suivante).

   a) En posant $p = \cos v$, les solutions sont les points $e^{i\theta_1}$ et $e^{i\theta_2}$ où $\theta_1 = u + v$ et $\theta_2 = u - v$. Ils sont confondus si et seulement si $|p| = 1$, c'est-à-dire $v \equiv 0$ $[\pi]$.

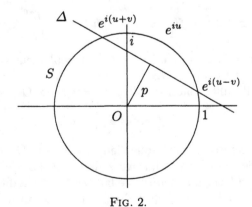

FIG. 2.

2. On a déjà $x(t)\cos t + y(t)\sin t = p(t)$ car $\gamma(t) \in D_t$. De plus, le fait que D_t soit tangente à Γ implique que $x'(t)\cos t + y'(t)\sin t = 0$ puisque la tangente est dirigée par le vecteur $(x'(t), y'(t))$. En dérivant la première équation, on obtient alors

$$p'(t) = -x(t)\sin t + y(t)\cos t.$$

L'égalité demandée s'en déduit : $p(t) + ip'(t) = e^{-it}(x(t) + iy(t))$.

3. a) Comme $\Gamma \subset D$, on a $|p(t)| < 1$ pour tout t, donc l'arccosinus est bien défini. L'intersection est immédiate après la question II.1.b).
    b) Les deux fonctions sont bien de classe $\mathcal{C}^1$ (car arccos est de classe $\mathcal{C}^1$ sur $]-1, 1[$) et vérifient la condition (ii) car p est 2π-périodique. On a

$$\varphi_1'(t) = 1 - \frac{p'(t)}{\sqrt{1 - p(t)^2}}.$$

Or, l'égalité de II.2 passée au module donne

$$p(t)^2 + p'(t)^2 = |\gamma(t)|^2 < 1.$$

On en déduit que $\varphi_1' > 0$. Le raisonnement est le même pour φ_2'.

4. Si la tangente au point de paramètre t passe par $e^{i\theta}$, alors modulo 2π, $\theta = \varphi_1(t)$ ou $\theta = \varphi_2(t)$. Comme φ_1 et φ_2 sont bijectives, cela conduit (toujours modulo 2π) à deux paramètres t possibles, et donc à deux tangentes possibles. Si $\theta = \varphi_1(t)$, il faut $f(\theta) = \varphi_2(t) = \varphi_2 \circ \varphi_1^{-1}(\theta)$.
Réciproquement, la fonction $f = \varphi_2 \circ \varphi_1^{-1}$ est bien dans G puisque G est un groupe. Et d'après ce qui précède, la droite passant par $e^{i\theta}$ et $e^{if(\theta)}$ est la tangente à Γ au point de paramètre $t = \varphi_1^{-1}(\theta)$. De même la droite passant par $e^{i\theta}$ et $e^{if^{-1}(\theta)}$ est la tangente à Γ au point de paramètre $\varphi_1^{-1}(f^{-1}(\theta)) = \varphi_2^{-1}(\theta)$.

5. Le point de Γ recherché est le point dont le paramètre t vérifie $\varphi_1(t) = \theta$. Or, $f(\theta) = \varphi_2(t) = t - \arccos p(t)$. En faisant la somme, on en déduit $\theta + f(\theta) = 2t$, soit $t = \dfrac{\theta + f(\theta)}{2}$ (cela est d'ailleurs clair sur une figure).
Posons $t(\theta) = \dfrac{\theta + f(\theta)}{2}$. On a donc

$$z(\theta) = e^{it(\theta)}(p(t(\theta)) + ip'(t(\theta))).$$

Or, en faisant la différence $\varphi_1(t(\theta)) - \varphi_2(t(\theta))$, on a $p(t(\theta)) = \cos\dfrac{\theta - f(\theta)}{2}$.
D'où en dérivant,

$$t'(\theta)p'(t(\theta)) = -\frac{1}{2}(1 - f'(\theta))\sin\frac{\theta - f(\theta)}{2}.$$

En combinant avec $t'(\theta) = \dfrac{1}{2}(1 + f'(\theta))$, il vient

$$p'(t(\theta)) = -\frac{1 - f'(\theta)}{1 + f'(\theta)} \sin \frac{\theta - f(\theta)}{2}.$$

On peut alors conclure,

$$
\begin{aligned}
z(\theta) &= e^{i\frac{\theta + f(\theta)}{2}} \left(\cos \frac{\theta - f(\theta)}{2} - i \frac{1 - f'(\theta)}{1 + f'(\theta)} \sin \frac{\theta - f(\theta)}{2} \right) \\
&= \frac{1}{1 + f'(\theta)} e^{i\frac{\theta + f(\theta)}{2}} \left(e^{i\frac{-\theta + f(\theta)}{2}} + f'(\theta) e^{i\frac{\theta - f(\theta)}{2}} \right) \\
&= \frac{e^{if(\theta)} + f'(\theta) e^{i\theta}}{1 + f'(\theta)}
\end{aligned}
$$

6. Il résulte de la question précédente que

$$f'(\theta) = \frac{e^{if(\theta)} - z(\theta)}{z(\theta) - e^{i\theta}} = \frac{|e^{if(\theta)} - z(\theta)|}{|z(\theta) - e^{i\theta}|}$$

car f' est positive ($f \in G$). Géométriquement, la dérivée de f' est proportionnelle au rapport des longueurs, comme on peut le voir sur le dessin suivant :

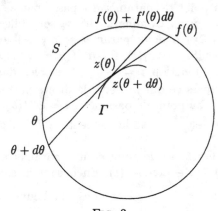

FIG. 3.

On a indiqué les angles. Lorsqu'on fait varier l'angle θ de $d\theta$, la tangente "pivote" autour du point $z(\theta)$, et la variation de l'angle $f(\theta)$ qui vaut $f'(\theta)d\theta$ est égale au rapport des longueurs $\dfrac{|e^{if(\theta)} - z(\theta)|}{|z(\theta) - e^{i\theta}|} d\theta$.

PARTIE III. *Le théorème de Poncelet.*

1. Supposons que Γ ait pour centre (x_0, y_0) et pour rayon r. Alors Γ est paramétré par $x(t) = x_0 + r\cos(t), y(t) = y_0 + r\sin(t)$. Ce paramétrage convient parfaitement ici et conduit à $p(t) = r + x_0 \cos t + y_0 \sin t$.

2. Avec un dessin et le théorème de Pythagore, il est clair que les deux longueurs sont égales.

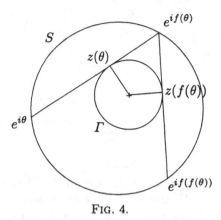

FIG. 4.

3. D'après la question I.3, il suffit de trouver h de classe $\mathcal{C}_1$, 2π−périodique et strictement positive telle que $h = f' \times (h \circ f)$. Or, en considérant les deux égalités

$$f'(\theta) = \frac{|e^{if(\theta)} - z(\theta)|}{|z(\theta) - e^{i\theta}|}$$

$$\text{et } |e^{if(\theta)} - z(\theta)| = |e^{if(\theta)} - z(f(\theta))|,$$

il apparait que la fonction $h(\theta) = \dfrac{1}{|e^{i\theta} - z(\theta)|}$ convient.

4. D'après la question II.4, la suite (w_n) vérifie soit $w_{n+1} = \widehat{f}(w_n)$ pour tout n, soit $w_{n+1} = \widehat{f^{-1}}(w_n)$ pour tout n. Plaçons nous dans le premier cas. D'après la question I.4, il vient $w_n = (\widehat{f})^n(w_0) = \widehat{\varphi}^{-1} \circ \widehat{\tau}_{n\alpha} \circ \widehat{\varphi}(w_0)$. Supposons qu'il existe une condition initiale w_0 pour laquelle il existe un entier $n > 0$ tel que $w_n = w_0$. Alors $\widehat{\varphi}(w_0) = \widehat{\tau}_{n\alpha}(\widehat{\varphi}(w_0))$. Donc $\widehat{\tau}_{n\alpha}$ est une rotation du cercle qui admet un point fixe : c'est nécessairement l'identité de S. Mais dans ce cas,

$$(\widehat{f})^n = \widehat{\varphi}^{-1} \circ \widehat{\tau}_{n\alpha} \circ \widehat{\varphi} = \widehat{\varphi}^{-1} \circ \widehat{\varphi} = id_S.$$

Donc la suite est périodique, de même période n pour tout point initial.

Conclusion : soit la suite (w_n) est périodique pour une condition initiale w_0 et dans ce cas elle l'est pour toute condition initiale, soit elle n'est jamais périodique. C'est le grand théorème de Poncelet dans le cas du cercle.

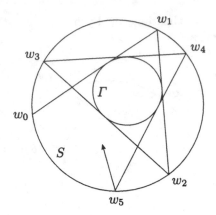

FIG. 5.

Commentaires. *Le résultat essentiel est celui de III.3. Il dit que "l'application de Poncelet" qui a $e^{i\theta}$ associe $e^{if(\theta)}$ est conjuguée, dans le groupe des rotations du cercle S, à une rotation de centre O. Si α est l'angle de cette rotation, il est clair que le caractère périodique de la suite (w_n) pour une (ou toute) valeur de w_0 équivaut à l'appartenance de $\dfrac{\alpha}{\pi}$ à $\mathbb{Q}$.*

Le lecteur connaissant les résultats classiques sur les sous-groupes additifs de $\mathbb{R}$ pourra montrer que si la suite (w_n) n'est pas périodique, c'est-à-dire si $\dfrac{\alpha}{\pi} \notin \mathbb{Q}$, alors elle est dense dans le cercle.

Le grand théorème de Poncelet s'étend au cas où S et Γ sont deux ellipses, Γ étant intérieure à S. Il y a plusieurs façons de prouver cette généralisation. L'une d'entre elles consiste à se ramener par une "transformation projective" au cas des cercles. On la trouvera dans la partie III du problème contenu dans le livre de F. Sauvageot "Petits problèmes de géométries et d'algèbre" (même collection). Incidemment, les parties I et II de ce problème traitent le cas des cercles par une méthode différente de celle suivie ici.

Le grand théorème de Poncelet a été établi en 1822. Il s'agit d'un des résultats les plus célèbres (et les plus difficiles) de la géométrie élémentaire. Pour en savoir plus, le lecteur pourra consulter le livre de S. Tabachnikov "Billards" (SMF), où il trouvera plusieurs esquisses de démonstration.

Grossièrement dit, la preuve présentée ici se résume de la façon suivante. Tout d'abord, on caractérise les applications de classe C^1 de S dans lui-même conjuguées dans G à une rotation: ce sont celles qui préservent une certaine forme différentielle sur S, ce qui se traduit élémentairement par la question I.3. Ensuite, grâce à III.2, on montre que, si Γ est un cercle, l'application de Poncelet vérifie cette condition. On a besoin, pour cela, du calcul et de l'interprétation géométrique de la dérivée de l'application de Poncelet, obtenus en fin de partie II. Si le résultat est géométriquement clair (cf. solution de la question II.5), sa mise en forme demande du soin. La méthode choisie ici consiste à décrire Γ comme "enveloppe de ses tangentes", les équations de ces dernières étant présentées sous forme normale.

Solution du problème 29
Géométrie hyperbolique

PARTIE I. *Préliminaires.*

1. a) Soit $h : z \longmapsto \dfrac{az + b}{cz + d}$ une homographie. Lorsque $c = 0$, h est une similitude directe de $\mathbb{C}$ et établit une bijection de $\mathbb{C}$ dans $\mathbb{C}$. Comme on pose alors $h(\infty) = \infty$ on a bien une bijection de $\widetilde{\mathbb{C}}$. Supposons dans la suite $c \neq 0$. Soit z' un complexe, distinct de a/c. On résout l'équation $h(z) = z'$. On obtient, $(a - cz')z = dz' - b$ et comme $z' \neq a/c$, il admet pour unique antécédent par h le complexe $z = \dfrac{dz' - b}{a - cz'}$ (on vérifie immédiatement que $z \neq -d/c$). Ainsi, h établit une bijection de $\mathbb{C} \setminus \{-d/c\}$ sur $\mathbb{C} \setminus \{a/c\}$. Vue la manière dont h est prolongée à $\widetilde{\mathbb{C}}$, il s'agit bien d'une bijection de $\widetilde{\mathbb{C}}$. *On observe que h^{-1} est encore une homographie.*

    b) Soient $A = \begin{pmatrix} a & b \\ c & d \end{pmatrix}$ et $B = \begin{pmatrix} e & f \\ g & h \end{pmatrix}$ deux matrices de $\mathrm{GL}_2(\mathbb{C})$. Si z est un point de la sphère de Riemann distinct de ∞, de $-h/g$ (lorsque $g \neq 0$) et de l'antécédent de $-d/c$ (lorsque $c \neq 0$) par $\Phi(B)$, on peut écrire le calcul suivant :

    $$
    \begin{aligned}
    [\Phi(A) \circ \Phi(B)](z) &= \dfrac{a\frac{ez+f}{gz+h} + b}{c\frac{ez+f}{gz+h} + d} \\
    &= \dfrac{(ae + bg)z + af + bh}{(ce + dg)z + cf + dh} \\
    &= \Phi\left(\begin{pmatrix} ae + bg & af + bh \\ ce + dg & cf + dh \end{pmatrix} \right)(z) \\
    &= \Phi(AB)(z)
    \end{aligned}
    $$

    On vérifie aisément que cette égalité reste encore vraie pour les trois points particuliers précédents. Par exemple, si $g \neq 0$ et $c \neq 0$, $-h/g$ est envoyé sur ∞ par $\Phi(B)$ de sorte que $[\Phi(A) \circ \Phi(B)](-h/g) = a/c$. C'est bien la valeur de $\Phi(AB)$ en $-h/g$.

    Donc Φ est un morphisme de groupe de $\mathrm{GL}_2(\mathbb{C})$ dans le groupe des permutations de $\widetilde{\mathbb{C}}$. Comme $\mathcal{H}$ est par définition l'image de Φ, il s'agit bien d'un sous-groupe du groupe des permutations de $\widetilde{\mathbb{C}}$.

    c) Avec une notation très légèrement abusive, cela résulte des relations $az + b = (z + b) \circ (az)$ et, pour $c \neq 0$:

    $$
    \begin{aligned}
    \dfrac{az + b}{cz + d} &= \dfrac{a}{c} - \dfrac{ad - bc}{c(cz + d)} \\
    &= \left(\dfrac{a}{c} - \dfrac{ad - bc}{c}z \right) \circ \dfrac{1}{z} \circ (cz + d)
    \end{aligned}
    $$

2. a) D'après le cours, on sait qu'on dispose, pour les fonctions à valeurs complexes, des mêmes théorèmes d'opération sur les dérivées (somme, produit, quotient...) que pour les fonctions réelles. En particulier, on obtient ici

$$(h \circ \gamma)'(t) = \frac{(ad - bc)\gamma'(t)}{(c\gamma(t) + d)^2}$$

   b) Il résulte du calcul précédent que si on pose $w = \dfrac{(ad - bc)}{(cz_0 + d)^2}$, alors $(h \circ \gamma_1)'(0) = w\gamma_1'(0)$ et $(h \circ \gamma_2)'(0) = w\gamma_2'(0)$. Comme l'application $z \longmapsto wz$ est une similitude directe ($w \neq 0$), elle conserve les angles orientés.

3. a) Soient a, b, c tels que soit défini l'ensemble $\mathcal{C}_{(a,b,c)}$. Posons $b = u + iw$ et $z = x + iy$. L'équation de $\mathcal{C}_{(a,b,c)}$ devient (pour $z \neq \infty$) :

$$a(x^2 + y^2) + 2(ux - vy) + c = 0.$$

   Si $a = 0$, $\mathcal{C}_{(0,b,c)}$ est la réunion de $\{\infty\}$ et d'une droite de $\mathbb{C}$. Et comme toute droite de $\mathbb{C}$ admet une équation de cette forme, les ensembles $\mathcal{C}_{(0,b,c)}$ sont exactement les $\widetilde{\mathbb{C}}$-cercles "passant" par le point ∞. Si $a \neq 0$, on reconnait l'équation d'un cercle euclidien (d'un vrai cercle, puisque cet ensemble n'est ni vide, ni réduit à un point), et tout cercle admet une équation de cette forme. Les $\widetilde{\mathbb{C}}$-cercles ne "passant" pas par ∞ sont donc exactement les $\mathcal{C}_{(a,b,c)}$, $a \neq 0$.

   b) Compte tenu de 1.c), il suffit de montrer que l'image d'un $\widetilde{\mathbb{C}}$-cercle par une homographie de la forme $z \mapsto az$, $z \mapsto z + b$, $z \mapsto \dfrac{1}{z}$ est encore un $\widetilde{\mathbb{C}}$-cercle. C'est évident en ce qui concerne les deux premières. Cherchons l'image de $\mathcal{C}_{(a,b,c)}$ par $h : z \mapsto \dfrac{1}{z}$. On a, si $w \in \widetilde{\mathbb{C}} \setminus \{0, \infty\}$,

$$\begin{aligned}
w \in h(\mathcal{C}_{(a,b,c)}) &\iff \frac{1}{w} \in \mathcal{C}_{(a,b,c)} \\
&\iff \frac{a}{|w|^2} + 2\,\mathrm{Re}\left(\frac{b}{w}\right) + c = 0 \\
&\iff a + 2\,\mathrm{Re}(\bar{b}w) + c|w|^2 = 0,
\end{aligned}$$

   cet ensemble n'étant d'ailleurs ni vide, ni réduit à un point (puisque c'est l'image par h d'un ensemble infini). Comme h échange les points 0 et ∞, on constate que l'image de $\mathcal{C}_{(a,b,c)}$ est le $\widetilde{\mathbb{C}}$-cercle $\mathcal{C}_{(c,\bar{b},a)}$.

4. a) Il suffit d'établir que le birapport est invariant par les homographies de la forme $z \mapsto az$, $z \mapsto z + b$, $z \mapsto \dfrac{1}{z}$, ce qui est évident dans les deux premiers cas, et résulte du calcul suivant pour le dernier cas :

$$\begin{aligned}
\left[\frac{1}{z_1}, \frac{1}{z_2}, \frac{1}{z_3}, \frac{1}{z_4}\right] &= \frac{\frac{1}{z_3} - \frac{1}{z_1}}{\frac{1}{z_3} - \frac{1}{z_2}} \cdot \frac{\frac{1}{z_4} - \frac{1}{z_2}}{\frac{1}{z_4} - \frac{1}{z_1}} = \frac{z_1 - z_3}{z_2 - z_3} \cdot \frac{z_2 - z_4}{z_1 - z_4} \\
&= [z_1, z_2, z_3, z_4].
\end{aligned}$$

b) Soient ϕ et ψ les homographies définies par $\psi(z) = [w_1, w_2, w_3, z]$ et $\phi(z) = [z_1, z_2, z_3, z]$. Une homographie h telle que $h(z_k) = w_k$ doit, compte tenu de a), vérifier $[w_1, w_2, w_3, h(z)] = [z_1, z_2, z_3, z]$, c'est-à-dire $\psi \circ h = \phi$. L'unique solution est donc

$$h = \psi^{-1} \circ \phi.$$

5. a) Un $\widetilde{\mathbb{C}}$-cercle contenant ∞ est une droite euclidienne complétée par ∞. La seule droite euclidienne passant par 0 et 1 étant la droite des réels, il est clair que le seul $\widetilde{\mathbb{C}}$-cercle passant par les points 0, 1, ∞ est $\mathbb{R} \cup \{\infty\}$. Soient maintenant z_1, z_2, et z_3 trois points distincts de $\widetilde{\mathbb{C}}$, et h l'homographie vérifiant $h(z_1) = 0$, $h(z_2) = 1$ et $h(z_3) = \infty$. Un $\widetilde{\mathbb{C}}$-cercle passant par z_1, z_2, et z_3 est envoyé par h sur un $\widetilde{\mathbb{C}}$-cercle passant par 0, 1 et ∞, c'est-à-dire sur $\mathbb{R} \cup \{\infty\}$. Il existe donc un unique $\widetilde{\mathbb{C}}$-cercle passant par z_1, z_2, et z_3, à savoir $h^{-1}(\mathbb{R} \cup \{\infty\})$.

b) Le premier énoncé est immédiat puisque $[0, \infty, z, 1] = z$. Soient maintenant $z_1, z_2, z_3, z_4 \in \widetilde{\mathbb{C}}$ deux à deux distincts, et h l'homographie définie par $h(z_1) = 0$, $h(z_2) = \infty$, et $h(z_4) = 1$ Alors

z_1, z_2, z_3, z_4 sont cocycliques ou alignés
$\Longleftrightarrow$ z_3 appartient au $\widetilde{\mathbb{C}}$-cercle passant par z_1, z_2 et z_4
$\Longleftrightarrow$ $h(z_3)$ appartient au $\widetilde{\mathbb{C}}$-cercle
passant par $h(z_1), h(z_2)$ et $h(z_4)$
$\Longleftrightarrow$ $h(z_3) \in \mathbb{R} \cup \{\infty\}$
$\Longleftrightarrow$ $[0, \infty, h(z_3), 1] \in \mathbb{R} \cup \{\infty\}$
$\Longleftrightarrow$ $[h(z_1), h(z_2), h(z_3), h(z_4)] \in \mathbb{R} \cup \{\infty\}$
$\Longleftrightarrow$ $[z_1, z_2, z_3, z_4] \in \mathbb{R} \cup \{\infty\}$

la dernière équivalence ayant lieu par conservation du birapport. Lorsque les z_i sont dans $\mathbb{C}$, on peut les regarder comme affixes de quatre points distincts A_i d'un plan euclidien muni d'un repère orthonormé. L'énoncé obtenu devient :

A_1, A_2, A_3, A_4 sont cocycliques ou alignés
$\Longleftrightarrow$ $\dfrac{z_3 - z_1}{z_3 - z_2} \dfrac{z_4 - z_2}{z_4 - z_1} \in \mathbb{R}$
$\Longleftrightarrow$ $\arg\left(\overrightarrow{A_2 A_3}, \overrightarrow{A_1 A_3}\right) + \arg\left(\overrightarrow{A_1 A_4}, \overrightarrow{A_2 A_4}\right) \equiv 0 \ [\pi]$
$\Longleftrightarrow$ $\arg\left(\overrightarrow{A_1 A_4}, \overrightarrow{A_2 A_4}\right) \equiv \arg\left(\overrightarrow{A_1 A_3}, \overrightarrow{A_2 A_3}\right) \ [\pi]$

ce qui est la condition bien connue d'alignement ou de cocyclicité de quatre points.

PARTIE II. *Le plan hyperbolique.*

1. En effectuant le changement de variable $t = \phi(u)$ dans l'intégrale définissant $L_{\mathbb{H}}(\gamma)$, il vient (on notera que $\phi' > 0$ car $a < b$ et $a' < b'$) :

$$L_{\mathbb{H}}(\gamma) \;=\; \int_a^b \|\gamma'(t)\|_{\gamma(t)}dt = \int_{a'}^{b'} \|\gamma'(\phi(u))\|_{\gamma(\phi(u))}\phi'(u)du$$

$$=\; \int_{a'}^{b'} \|\gamma'(\phi(u))\phi'(u)\|_{\gamma(\phi(u))}du = \int_{a'}^{b'} \|\delta'(u)\|_{\delta(u)}du = L_{\mathbb{H}}(\delta)$$

La longueur d'un chemin est invariante par changement admissible de paramétrage, et ne dépend donc que de l'arc géométrique qu'il définit.

2. a) $\mathcal{GH}$ est l'image du sous-groupe $\{A \in \mathrm{GL}_2(\mathbb{R}); \; \det(A) > 0\}$ de $\mathrm{GL}_2(\mathbb{C})$ par le morphisme Φ de la question I.1.b). C'est donc un sous-groupe de $\mathcal{H}$.

b) Une homographie $h \in \mathcal{GH}$ envoie le $\widetilde{\mathbb{C}}$-cercle $\mathbb{R} \cup \{\infty\}$ sur lui-même. Notons aussi que

$$h(i) = \frac{ui+v}{ri+s} = \frac{(ui+v)(-ri+s)}{r^2+s^2} = \frac{(vs+ur)+i(us-vr)}{r^2+s^2} \in \mathbb{H}.$$

Si $z \in \mathbb{H}$, le segment $[i,z]$ ne rencontre pas $\mathbb{R} \cup \{\infty\}$. Donc $h([i,z])$ est un arc de cercle qui ne rencontre pas $\mathbb{R} \cup \{\infty\}$. Ceci montre que $h(z) \in \mathbb{H}$. Enfin, puisque $h(\overline{z}) = \overline{h(z)}$, un élément de $\widetilde{\mathbb{C}} \setminus \mathbb{H}$ est envoyé dans $\widetilde{\mathbb{C}} \setminus \mathbb{H}$. Donc $h(\mathbb{H}) = \mathbb{H}$.

c) $\mathcal{GH}$ est engendré par les homographies $z \longmapsto uz$ $(u \in \mathbb{R}_+^*)$, $z \longmapsto z+v$ $(v \in \mathbb{R})$, et $z \longmapsto \dfrac{-1}{z}$. On le voit en écrivant, pour $u \in \mathbb{R}_+^*$ et $v \in \mathbb{R}$,

$$uz + v = (z+v) \circ (uz)$$

ainsi que, pour $r > 0$ (cas auquel on se ramène sans mal) :

$$\frac{uz+v}{rz+s} \;=\; \frac{u}{r} - \frac{us-vr}{r(rz+s)}$$

$$=\; \left(\frac{u}{r} + \frac{us-vr}{r}z\right) \circ \left(-\frac{1}{z}\right) \circ (rz+s)$$

d) Les homographies de $\mathcal{GH}$ peuvent s'écrire comme composées d'homographies de la forme $z \mapsto uz$ $(u > 0)$, $z \mapsto z+v$ $(v \in \mathbb{R})$, $z \mapsto \dfrac{-1}{z}$. Il suffit donc d'établir le résultat pour celles-ci. Ecrivons-le par exemple pour la dernière. Posant $h(z) = \dfrac{-1}{z}$, il vient

$$L_{\mathbb{H}}(h \circ \gamma) \;=\; \int_a^b \|(h \circ \gamma)'(t)\|_{(h \circ \gamma)(t)}dt$$

$$=\; \int_a^b \frac{|(-1/\gamma)'(t)|}{\mathrm{Im}(-1/\gamma(t))}dt$$

$$=\; \int_a^b \frac{|\gamma'(t)/\gamma(t)^2|}{\mathrm{Im}\left(-\overline{\gamma(t)}\right)/|\gamma(t)^2|}dt$$

$$= \int_a^b \frac{|\gamma'(t)|}{\text{Im}(\gamma(t))} dt$$
$$= L_{\mathbb{H}}(\gamma)$$

Si γ est un chemin joignant z_0 à z_1, il vient

$$d_{\mathbb{H}}(h(z_0), h(z_1)) \leqslant L_{\mathbb{H}}(h \circ \gamma) = L_{\mathbb{H}}(\gamma)$$

puis, en passant à la borne inférieure sur l'ensemble de ces chemins, $d_{\mathbb{H}}(h(z_0), h(z_1)) \leqslant d_{\mathbb{H}}(z_0, z_1)$. En remplaçant h par $h^{-1} = h$, z_0 par $h(z_0)$ et z_1 par $h(z_1)$, on démontre l'inégalité réciproque. Donc $d_{\mathbb{H}}(h(z_0), h(z_1)) = d_{\mathbb{H}}(z_0, z_1)$.

3. a) Soit $\gamma : [a, b] \to \mathbb{H}$ un chemin joignant $z_0 = x + iy_0$ à $z_1 = x + iy_1$. En posant $\gamma(t) = x(t) + iy(t)$, il vient

$$L_{\mathbb{H}}(\gamma) = \int_a^b \frac{(x'(t)^2 + y'(t)^2)^{1/2}}{y(t)} dt$$
$$\geqslant \int_a^b \frac{|y'(t)|}{y(t)} dt$$
$$\geqslant \left| \int_a^b \frac{y'(t)}{y(t)} dt \right| = |[\ln(y(t))]_a^b| = \left| \ln\left(\frac{y_1}{y_0}\right) \right|$$

d'où $d_{\mathbb{H}}(z_0, z_1) \geqslant \left| \ln\left(\frac{y_1}{y_0}\right) \right|$. Mais si l'on considère le chemin défini sur $[y_0, y_1]$ par $\gamma(t) = x + it$, on trouve $L_{\mathbb{H}}(\gamma) = \ln\left(\frac{y_1}{y_0}\right)$, ce qui achève de prouver $d_{\mathbb{H}}(z_0, z_1) = \left| \ln\left(\frac{y_1}{y_0}\right) \right|$.

b) Soit ω le point d'intersection de la droite réelle et de la médiatrice au segment $[z_0, z_1]$: le cercle C de centre ω et passant par z_0 passe clairement par z_1, et rencontre orthogonalement $\mathbb{R}$.

Désignons alors par h l'homographie définie par $h(z_1) = i$, $h(z_2) = 0$, et $h(z_3) = \infty$. h envoie C sur le $\widetilde{\mathbb{C}}$-cercle passant par 0, i et ∞, c'est-à-dire $i\mathbb{R} \cup \{\infty\}$ (ce qui nous permettra de poser $h(z_0) = iy_0$). Comme C et $\mathbb{R}$ s'intersectent orthogonalement, il en est de même de leur images (parce qu'une homographie est une application conforme, question I.2.b). Donc h envoie le $\widetilde{\mathbb{C}}$-cercle $\mathbb{R} \cup \{\infty\}$ sur un $\widetilde{\mathbb{C}}$-cercle passant par $h(z_2) = 0$, $h(z_3) = \infty$, et rencontrant $i\mathbb{R} \cup \{\infty\}$ orthogonalement, c'est-à-dire que $h(\mathbb{R} \cup \{\infty\}) = \mathbb{R} \cup \{\infty\}$. Soient maintenant $a, b, c, d \in \mathbb{C}$ tels que $h(z) = \dfrac{az + b}{cz + d}$. Si $c = 0$, on peut supposer $d = 1$ et l'on a alors $b = h(0) \in \mathbb{R}$, $a = h(1) - b \in \mathbb{R}$. Si $c \neq 0$, on peut supposer $c = 1$, et l'on a $d = -h^{-1}(\infty) \in \mathbb{R}$, $b = dh(0) \in \mathbb{R}$, $a = dh(1) - b \in \mathbb{R}$. Ainsi, h peut être mise sous la forme $h(z) = \dfrac{uz + v}{rz + s}$, avec $u, v, r, s \in \mathbb{R}$. Si l'on avait $us - vr < 0$, le même raisonnement qu'en II.2.b) montrerait que h envoie $\mathbb{H}$ dans $\{z;\ \mathrm{Im}(z) < 0\}$, ce qui n'est pas. Donc $us - vr > 0$, et $h \in \mathcal{GH}$. Il vient maintenant, puisque h est une isométrie de $\mathbb{H}$ et en utilisant II.3.a), $d_{\mathbb{H}}(z_0, z_1) = d_{\mathbb{H}}(h(z_0), h(z_1)) = d_{\mathbb{H}}(iy_0, i) = |\ln(y_0)|$. Comme par ailleurs

$$[z_0, z_1, z_2, z_3] = [h(z_0), h(z_1), h(z_2), h(z_3)] = [iy_0, i, 0, \infty] = -y_0$$

on a bien

$$d_{\mathbb{H}}(z_0, z_1) = |\ln(|[z_0, z_1, z_2, z_3]|)|\,.$$

c) Si $z_0 = x_0 + iy_0$ et $z_1 = x_0 + iy_1$ sont deux points de même abscisse, reprenons les notations et le calcul de 3.a) un chemin $\gamma = x(t) + iy(t)$ joignant z_0 à z_1 réalise l'égalité $d_{\mathbb{H}}(z_0, z_1) = L_{\mathbb{H}}(\gamma)$ si

$$\int_a^b \frac{(x'(t)^2 + y'(t)^2)^{1/2}}{y(t)}\,dt = \int_a^b \frac{|y'(t)|}{y(t)}\,dt = \left| \int_a^b \frac{y'(t)}{y(t)}\,dt \right|,$$

c'est-à-dire, puisque ces fonctions sont continues et en utilisant des résultats classiques du cours d'intégration, si $x'(t) = 0$ et si $y'(t)$ est de signe constant. Il existe donc, à changement de paramètre près, une unique géodésique joignant z_0 à z_1, qui est le segment vertical $[z_0, z_1]$ (parcouru de façon $\mathcal{C}^1$ et sans annulation de la dérivée). Si z_0 et z_1 n'ont pas même abscisse, on reprend les notations et le calcul de 3.b) Une géodésique γ joignant z_0 à z_1 a pour image par h une géodésique joignant $h(z_0)$ à $h(z_1)$, donc le segment vertical $[h(z_0), h(z_1)]$. Ainsi γ est l'image réciproque par h de ce segment, c'est-à-dire l'arc du cercle C qui joint z_0 à z_1.

4. a) C'est une application directe de la formule de Green-Riemann :

$$\int_T g(x, y)dx + h(x, y)dy = \iint_\Delta \left(\frac{\partial h}{\partial x} - \frac{\partial g}{\partial y} \right) dxdy$$

avec $g(x, y) = 1/y$ et $h = 0$.

b) C_1 est un arc de cercle centré sur $\mathbb{R}$. Paramétrons-le sous la forme

$$\begin{cases} x(\theta) = \omega + R\cos(\theta) \\ y(\theta) = R\sin(\theta) \end{cases}$$

pour $\theta_0 \leqslant \theta \leqslant \theta_1$. On a alors $\delta_1 = \theta_1 - \theta_0$ et

$$\int_{C_1} \frac{dx}{y} = \int_{\theta_0}^{\theta_1} \frac{-R\sin(\theta)d\theta}{R\sin(\theta)} = \theta_0 - \theta_1 = -\delta_1.$$

En effectuant le même calcul pour les deux autres côtés du triangle, il vient

$$A(T) = -(\delta_1 + \delta_2 + \delta_3).$$

c) Si on désigne par α, β, γ les angles aux sommets de T (c'est-à-dire les angles formés par les vecteurs tangents), on a

$$(\pi - \alpha) + \delta_1 + (\pi - \beta) + \delta_2 + (\pi - \gamma) + \delta_3 = 2\pi,$$

d'où $\alpha + \beta + \gamma = \pi - A(T) < \pi$.

PARTIE III. *Les isométries hyperboliques.*

1. Soit $\Delta_{z_0,\theta}$ la demi-droite affine formant un angle θ avec la demi-droite affine $\{z \in \mathbb{H};\ \mathrm{Re}(z) = \mathrm{Re}(z_0),\ \mathrm{Im}(z) \geqslant \mathrm{Im}(z_0)\}$. Si $\theta \equiv 0\ [2\pi]$, la demi-droite hyperbolique cherchée n'est autre que $\Delta_{z_0,0}$, et c'est $\Delta_{z_0,\pi}$ lorsque $\theta \equiv \pi\ [2\pi]$. Dans le cas général, désignons par ω le point d'intersection de $\mathbb{R}$ avec la droite affine passant par z_0, orthogonale à $\Delta_{z_0,\theta}$. Le cercle centré en ω et passant par z_0 est tangent à $\Delta_{z_0,\theta}$ en z_0. Il définit deux demi-droites hyperboliques, dont l'une est la solution (manifestement unique) de notre problème.

2. Soient $u, v, r, s \in \mathbb{R}, us - vr > 0$, et $f \in \mathcal{GH}$ définie par $f(z) = \dfrac{uz + v}{rz + s}$. Les points fixes dans $\mathbb{H}$ sont les solutions dans $\mathbb{H}$ de l'équation

$$rz^2 + (s - u)z - v = 0.$$

Comme c'est une équation à coefficients réels, elle admet soit deux racines non réelles et conjuguées (auquel cas il y a un point fixe unique), soit deux racines réelles distinctes ou confondues (auquel cas il n'y a pas de point fixe).

3. a) Il est immédiat que h envoie 0, 1 et ∞ sur des complexes de module 1. Donc h envoie le $\widetilde{\mathbb{C}}$-cercle $\mathbb{R} \cup \{\infty\}$ sur le cercle unité. Par un argument de même nature que celui utilisé en II.2.b), deux points quelconques de $\mathbb{H}$ sont alors envoyés par h soit tous deux à l'intérieur du cercle unité, soit tous deux à l'extérieur du cercle unité. Comme $h(z_0) = 0$, on voit que $h(\mathbb{H}) \subset \Delta$. On montre de même que $h^{-1}(\Delta) \subset \mathbb{H}$, ce qui montre bien que $h(\mathbb{H}) = \Delta$.

b) $D_{z_0,\theta}$ est un arc de cercle (ou une demi-droite affine) joignant z_0 à un point de $\mathbb{R} \cup \{\infty\}$, et rencontrant $\mathbb{R} \cup \{\infty\}$ orthogonalement. Donc $h(D_{z_0,\theta})$ est un arc de $\widetilde{\mathbb{C}}$-cercle joignant $h(z_0)$ à un point du cercle unité, et rencontrant ce dernier othogonalement. C'est donc un "rayon" du disque unité, de la forme $[0, w[$ (où $|w| = 1$) puisqu'un cercle passant par 0 ne peut pas être orthogonal au cercle unité. Un calcul immédiat montre que $h(D_{z_0,0}) = [0, 1[$. Comme h est conforme, l'angle formé par $[0, 1[$ et $[0, w[$ est égal à l'angle formé par $D_{z_0,0}$ et $D_{z_0,\theta}$. Donc $h(D_{z_0,\theta}) = [0, e^{i\theta}[$.

c) Posons $\tilde{f} = h \circ f \circ h^{-1}$. C'est une application homographique laissant Δ globalement invariant et 0 fixe ($h \circ f \circ h^{-1}(\Delta) = h \circ f(\mathbb{H}) = h(\mathbb{H}) = \Delta$, tandis que $\tilde{f}(0) = h \circ f \circ h^{-1}(0) = h \circ f(z_0) = h(z_0) = 0$). On a aussi, puisque $\overline{z_0}$ est un autre point fixe de f, $\tilde{f}(\infty) = h \circ f(\overline{z_0}) = h(\overline{z_0}) = \infty$. Ainsi, $\tilde{f}$ est une similitude et comme elle fixe 0, il existe $a \in \mathbb{C}$ tel que $\tilde{f}(z) = az$. Or, $a = \tilde{f}(1)$ appartient au cercle unité et on peut donc l'écrire $e^{i\alpha}$.

d) Il vient

$$
\begin{aligned}
f(D_{z_0,\theta}) &= h^{-1} \circ (h \circ f \circ h^{-1}) \circ h(D_{z_0,\theta}) \\
&= h^{-1} \circ (h \circ f \circ h^{-1})([0, e^{i\theta}[) = h^{-1}([0, e^{i(\theta+\alpha)}[) \\
&= D_{z_0,\theta+\alpha}
\end{aligned}
$$

e) C'est un simple calcul. Ici, $z_0 = i$, $h(z) = \dfrac{z-i}{z+i}$, $h^{-1}(w) = -i\dfrac{w+1}{w-1}$, et $f(z) = h^{-1}(e^{i\theta}h(z))$. D'où

$$
\begin{aligned}
f(z) &= -i\frac{e^{i\theta}\frac{z-i}{z+i}+1}{e^{i\theta}\frac{z-i}{z+i}-1} \\
&= -i\frac{(e^{i\theta}+1)z - i(e^{i\theta}-1)}{(e^{i\theta}-1)z - i(e^{i\theta}+1)} \\
&= -i\frac{(e^{i\frac{\theta}{2}}+e^{-i\frac{\theta}{2}})z - i(e^{i\frac{\theta}{2}}-e^{-i\frac{\theta}{2}})}{(e^{i\frac{\theta}{2}}-e^{-i\frac{\theta}{2}})z - i(e^{i\frac{\theta}{2}}+e^{-i\frac{\theta}{2}})} \\
&= \frac{\cos(\theta/2)z + \sin(\theta/2)}{-\sin(\theta/2)z + \cos(\theta/2)}
\end{aligned}
$$

4. Soient z et z' deux points d'un cercle hyperbolique de centre z_0, C et C' les géodésiques joignant z_0 à z et z' respectivement, et θ l'angle formé par les cercles C et C'. La rotation hyperbolique f de centre z_0 et d'angle θ envoie C sur C'. Comme $d_{\mathbb{H}}(z_0, z) = d_{\mathbb{H}}(z_0, z')$, et parce que cette rotation est une isométrie, $f(z) = z'$. D'où l'on déduit qu'on obtient tous les points du cercle hyperbolique à partir de z en prenant son image par toutes les rotations hyperboliques de centre z_0. Le cercle hyperbolique de centre i et passant par $z = iy$ est donc l'image de l'application

$$
\theta \mapsto \frac{\cos(\theta/2)z + \sin(\theta/2)}{-\sin(\theta/2)z + \cos(\theta/2)} = \frac{z + \tan(\theta/2)}{-\tan(\theta/2)z + 1}
$$

(en posant $\tan(\theta/2) = \infty$ lorsque $\theta \equiv \pi \, [2\pi]$). C'est donc aussi l'image de $\mathbb{R} \cup \{\infty\}$ par l'application $t \mapsto \dfrac{z+t}{-tz+1}$. Comme elle est homographique, il s'agit d'un $\widetilde{\mathbb{C}}$-cercle (ne passant pas par ∞ puisque $-tz+1$ ne s'annule pas pour $z \in \mathbb{H}$, donc d'un vrai cercle). Pour d'évidentes raisons de symétrie, son centre se trouve sur l'axe des imaginaires purs. Et les deux points d'intersection de ce cercle avec l'axe des imaginaires purs sont iy et l'image de iy par la rotation hyperbolique d'angle π, soit $\dfrac{1}{-z} = \dfrac{i}{y}$. Le centre (euclidien) de ce cercle est donc $\dfrac{iy + i/y}{2} = \dfrac{i}{2}\left(y + \dfrac{1}{y}\right)$. D'une façon générale, un cercle hyperbolique C de centre z_0 se trouve être aussi un cercle euclidien puisque, en notant h une homographie de $\mathcal{GH}$ envoyant z_0 sur i (il en existe), $h(C)$ est un cercle hyperbolique de centre i donc, on vient de le voir, un cercle euclidien. Par suite $C = h^{-1}(h(C))$ est un $\widetilde{\mathbb{C}}$-cercle contenu dans $\mathbb{H}$ ne contenant pas ∞, donc un vrai cercle euclidien.

5. a) Notons d'abord que trois cercles euclidiens qui se rencontrent en deux points distincts voient leurs centres (euclidiens) alignés.

Soit maintenant $z \in \mathbb{H} \setminus \{i, 2i, c\}$. Puisque f est une isométrie, z et $f(z)$ appartiennent au cercle hyperbolique de centre i et de rayon $d_{\mathbb{H}}(i, z)$, au cercle hyperbolique de centre $2i$ et de rayon $d_{\mathbb{H}}(2i, z)$, ainsi qu'au cercle hyperbolique de centre c et de rayon $d_{\mathbb{H}}(c, z)$. Mais ces trois cercles hyperboliques sont aussi des cercles euclidiens dont les centres euclidiens sont non alignés (car les deux premiers ont leur centre euclidien sur l'axe des imaginaires purs, pas le troisième). Donc $f(z) = z$ et f est l'identité de $\mathbb{H}$.

b) Soit $z \in \mathbb{H}$, de partie réelle non nulle. Puisque f est une isométrie, $f(z)$ appartient au cercle hyperbolique de centre i et de rayon $d_{\mathbb{H}}(i, z)$, ainsi qu'au cercle hyperbolique de centre $2i$ et de rayon $d_{\mathbb{H}}(2i, z)$. Ces deux cercles hyperboliques sont aussi des cercles euclidiens dont les centres appartiennent à l'axe des imaginaires purs et s'intersectent en z et, par conséquent, en $-\bar{z}$. Il en résulte que $f(z) = z$ ou $f(z) = -\bar{z}$. D'après la question précédente, $f(z) = -\bar{z}$. On vérifie ensuite sans mal que cette égalité subsiste si $\mathrm{Re}(z) = 0$.

c) Il est d'abord clair que ces applications sont bien des isométries. Soit f une isométrie de $\mathbb{H}$. Il est facile de trouver une homographie $h \in \mathcal{GH}$ vérifiant $h(f(i)) = i$. Soit r une rotation hyperbolique de centre i pour laquelle $r(h \circ f(2i))$ appartient à la demi-droite hyperbolique $\{iy, \ y \geqslant 1\}$ (là aussi, on voit aisément qu'il en existe). On a alors, puisque r, h et f sont des isométries,

$$d_{\mathbb{H}}(i, r \circ h \circ f(2i)) = d_{\mathbb{H}}(r \circ h \circ f(i), r \circ h \circ f(2i)) = d_{\mathbb{H}}(i, 2i).$$

$2i$ et $r \circ f \circ h(2i))$ appartenant à la même demi-droite hyperbolique issue de i, on a $r(h \circ f(2i)) = 2i$. De la question b), on déduit maintenant que :

$$\forall z, \ r \circ h \circ f(z) = z \ \text{ou} \ \forall z, \ r \circ h \circ f(z) = -\bar{z}.$$

En posant enfin $g = h^{-1} \circ r^{-1} \in \mathcal{GH}$, on a bien

$$f = g, \ \text{ou bien} \ \forall z, \ f(z) = g(-\bar{z}) = -\overline{g(z)}.$$

Commentaires. *L'origine des "géométries non euclidiennes" remonte aux tentatives destinées à prouver le "postulat des parallèles". Précisons ce dont il s'agit.*

Dans ses "Eléments" (IIIième siècle av. J.C.) Euclide a proposé une première approche axiomatique de la géométrie plane. Son texte s'ouvre sur 23 définitions concernant les points, droites, angles, segments, cercles... suivies de cinq postulats. Ces derniers sont des propriétés admises, suggérées par l'intuition physique, régissant les rapports entre les objets définis. Dans un langage moderne, ils peuvent s'énoncer comme suit :

1. *par deux points distincts passe exactement une droite*
2. *chaque segment est contenu dans une droite*
3. *il y a exactement un cercle de rayon et de centre donnés*
4. *tous les angles droits sont égaux*
5. *il y a exactement une droite passant par un point donné et parallèle à une droite donnée.*

Évidemment, la compréhension correcte de ces énoncés suppose la connaissance des définitions qui les précèdent. Ces définitions et postulats étant posés, Euclide démontre un grand nombre de théorèmes de géométrie plane.

L'axiomatique d'Euclide est loin d'être exempte de défauts : plusieurs définitions y sont insuffisantes, certains arguments fondés sur l'intuition géométrique sont difficiles à justifier faute d'une conception claire des nombres réels. Nous renvoyons le lecteur à l'"Histoire des Mathématiques" de J.P. Colette pour la liste (assez mal traduite) des définitions d'Euclide et une brève analyse des "Eléments", puis au texte sur les fondements des mathématiques dans les "Eléments d'histoire des Mathématiques" de Nicolas Bourbaki pour une analyse pertinente des problèmes épistémologiques afférents.

Seul nous intéresse ici le cinquième postulat. Son énoncé chez Euclide est nettement plus contourné que celui que nous avons indiqué, mais équivaut à ce dernier modulo les quatre premiers postulats. Assez rapidement, les mathématiciens ont attribué à "l'axiome des parallèles" un statut spécial, pensant généralement qu'on devait pouvoir le déduire des quatre autres. Au XVIIIième siècle, et au début du XIXième, Saccheri, Lambert et Legendre ont essayé d'obtenir ce résultat. Dans de tels travaux on raisonne par l'absurde en supposant les quatre premiers postulats et la négation du cinquième, dans le but d'obtenir une contradiction. On obtient de la sorte de nombreux énoncés surprenants : deux triangles semblables sont isométriques, la somme des angles d'un triangle n'est pas égale à π..., mais aucune contradiction. Cette constatation a amené Gauss, puis vers 1830, Lobatchevski et Bolyai à la conviction que la tâche entreprise était impossible et qu'existaient des géométries (dites non-euclidiennes) tout aussi cohérentes que la construction classique et ne vérifiant pas le cinquième postulat. Gauss n'a rien publié sur le sujet mais les deux derniers auteurs ont poursuivi l'étude de ces géométries, développant par exemple une trigonométrie non euclidienne. C'est un peu après qu'ont été proposés des modèles effectifs, d'abord spatiaux (on prend comme "plan non euclidien" une surface de courbure constante négative, comme droites les géodésiques...), notamment par Beltrami. Et c'est vers la fin du XIXième siècle seulement que Poincaré a indiqué des modèles plans, notamment celui *indiqué dans le problème. Un très bon exercice pour le lecteur est de prouver dans le cadre de ce texte, que toute similitude du plan hyperbolique est une isométrie.*

Il resterait à écrire énormément de commentaires pour effleurer le sujet. Le lecteur est renvoyé, pour de tels compléments, aux chapitres finaux du traité "Géométrie" de Marcel Berger (Nathan) ainsi qu'au très beau second chapitre du "Flavors of geometry" édité par S.Levy (Cambridge University Press). Quant à l'axiomatique euclidienne, elle a été définitivement mise au point par Hilbert à la fin du XIXième siècle, et fait l'objet de son célèbre ouvrage "Les fondements de la géométrie" (Dunod).

Index

SCOPOS